高等学校教材·经济学系列丛书

国际贸易实务

毛加强　主编

西北工业大学出版社

【内容简介】　　本书以国际贸易合同为主线，分别阐述了国际贸易合同条款的内容、合同的商定、合同的履行工作及贸易方式。由于贸易术语与很多章节的内容相关，因此第一章介绍了国际贸易术语；第二至第七章分别阐述了商品名称、品质、数量、包装、运输、保险、价格、货款收付、检验、索赔、仲裁和不可抗力等合同条款的内容及基本知识；第八章阐述了进出口合同商定的基本知识；第九章介绍了进出口合同履行工作环节的基本操作技能；第十章介绍了国际贸易方式。

本书的最大特点是在对进出口业务基本知识阐述的基础上，强化实际操作程序、操作方法和操作技能的训练。

图书在版编目（CIP）数据

国际贸易实务/毛加强主编. —西安：西北工业大学出版社，2005.8（2010.2 重印）
ISBN 978 - 7 - 5612 - 1969 - 0

Ⅰ.国… Ⅱ.毛… Ⅲ.国际贸易—贸易实务 Ⅳ.F740.4

中国版本图书馆 CIP 数据核字（2005）第 084119 号

出版发行：西北工业大学出版社
通信地址：西安市友谊西路 127 号　邮编：710072
电　　话：(029)88493844　88491757
网　　址：www.nwpup.com
印 刷 者：陕西向阳印务有限公司
开　　本：787 mm×960 mm　　1/16
印　　张：18.5
字　　数：414 千字
版　　次：2005 年 8 月第 1 版　2010 年 2 月第 2 次印刷
定　　价：28.00 元

前 言

    国际贸易实务是一门研究国际商品交换操作过程的学科,也称进出口业务。这门课程是国际经济与贸易专业和市场营销专业必修的核心专业课程。由于国内外有关法规及国际贸易惯例的修订,特别是我国外贸法的修订,国际贸易实务课程的相关内容必须调整。在我国已是WTO成员国的情况下,加之我国新的外贸法的实施,将有越来越多的企业直接从事进出口业务。为适应我国外经贸事业的发展和校内外教学与培训的需要,我们在总结教学实践和参考国内同类教材的基础上编写了这部教材。

    我们在编写这部教材时,注意把握好以下几点:第一,反映了国际贸易实务中出现的新做法和新情况;第二,内容表述既完整、系统和科学,又深入浅出,通俗易懂;第三,避免与其他相关课程内容上的重复;第四,注重实际操作性。有的章章后附有案例分析,相关章节附有国际贸易单证及制作方法。

    本书的总体编写框架由毛加强副教授负责设计,其他编写成员均来自西北工业大学人文与经法学院经济学系,这些作者都在从事国际经济与贸易专业的本科生教学工作。毛加强任主编,参加本书编写的成员及各自分工为毛加强(导论、第一章、第三章、第四章、第五章、第六章),毛加强、郭方(第七章),袁晓军(第八章),杨小勋(第九章),刘咏芳(第十章),李慧(第二章)。最后由毛加强总纂定稿。

    本教材在编写过程中,得到了人文与经法学院各位领导的大力支持,也得到了其他老师的帮助,并且参考了国内外同行学者的优秀著作。同时得到了西北工业大学出版社的大力支持。在此向他们表示衷心的感谢!

    由于作者水平有限,书中难免有不妥之处,希望读者提出宝贵的意见,以便修订时改正。

作 者

2005 年 6 月

目 录

导　论

一、国际货物买卖的特点

1. 国际贸易的困难大于国内贸易

这主要表现在：语言不同；法律、风俗习惯不同；贸易障碍多；市场调查不易；了解贸易对手资信困难；交易技术复杂；交易接洽不便。

2. 国际贸易的风险大

在国际市场上可能产生的风险很多，比较显著的有以下几种：信用风险、汇兑风险、运输风险、人格风险、政治风险及商业风险。

3. 国际贸易的营销手段及参与者多于国内

在国际市场上，市场营销的手段除产品、价格、渠道和促销四大营销因素之外，还有政治力量、公共关系以及其他超经济手段等。贸易的参与者也与国内有明显不同，除常规参加者外，立法人员、政府、代理人、政党、有关团体以及一般公众，也会被卷入营销活动之中。

4. 函电往来为主要业务沟通形式

5. 重视合同的签订和履行

二、进出口贸易的基本业务程序

对外贸易流程的环节很多，各个环节之间往往都有着密切联系。在实际工作中，还经常出现先后交叉进行的情况。总的说来，进出口业务程序大体可分为交易前准备、磋商和签订合同、履行合同三个阶段。我们以出口为例简要说明其业务环节。

1. 交易前的准备工作

主要包括进行国际市场调查研究、制定经营方案、选择市场和客户、组织和落实货源、开展广告宣传等。

2. 交易磋商和签订合同工作

主要是根据方针政策、国际规则和企业的经营意图，按照经营方案，运用国际市场的通用做法与国外客户就所经营的货物及其交易条件进行磋商，通过邀请发盘、发盘、还盘和接受的程序达成协议。

3. 履行合同

履行合同即买卖双方当事人根据合同规定各自履行的义务。任何一方违反合同的规定并使对方遭受损失时，均应依法承担赔偿对方损失的责任。

就进出口企业而言，履行出口合同的工作，主要包括：按照合同备妥货物，如系采用信用方式收汇的交易，则要向客户催开信用证并于收到后根据合同进行审核，发现不符又不能接受时应立即通知客户修改；然后向运输机构办理委托运输和装运等手续，其中包括租船（订舱）、报检、报关、保险及装船（或其他运输工具）等工作；在货物装运后，缮制单据，办理申领必要的出口凭证和证件；最后进行交单和向银行办理结汇（以收取货款）等手续。

在履行合同过程中，若发生违约并造成一方受损时，就要进行索赔和理赔工作。在处理索赔、理赔过程中，如果发生争议，则应以合同条款为依据，按照法律和惯例进行处理。

三、国际货物买卖合同的主要内容

国际货物买卖合同是确定合同双方当事人权利与义务的法律依据，也是判断合同是否有效的客观依据。订立一个内容明确、完备的合同，有利于实现当事人订立合同的目的，并对防止和减少以及迅速解决合同争议具有重要的意义。关于合同内容，《联合国国际货物销售合同公约》和各国合同法都有规定。根据我国合同法第 12 条的规定，一般应包括下列条款：①当事人的名称或者姓名和住所；②标的；③数量；④重量；⑤价格或报酬；⑥履行期限、地点和方式；⑦违约责任；⑧解决争议的办法。

四、本课程的研究对象及其主要内容

国际贸易实务课程的主要任务是，针对国际贸易的特点和要求，从实践和法律的角度，分析研究国际贸易适用的有关法律与惯例和国际商品交换过程的各种实际运作，总结国内外实践经验和吸收国际上一些行之有效的贸易习惯做法，以便掌握从事国际贸易的"生意经"。学会在进出口业务中，既能正确贯彻我国对外贸易的方针政策和经营意图，确保最佳经济效益，又能按国际规范办事，使我们的贸易做法能为国际社会普遍接受，做到同国际接轨。

国际间商品交换的具体过程，从一个国家的角度看，具体体现在进出口业务活动的各个环节。在这些环节中，由于存在彼此法律上的不同规定和贸易习惯上的差异，所以在涉及买卖双方的利害关系时，往往会出现矛盾和斗争。研究如何协调这种关系，在平等互利、公平合理的基础上达成交易，完成约定的进出口任务，乃是本课程研究的中心课题。

本课程的基本内容，主要包括下列四个方面：

1. 贸易术语

贸易术语（Trade Terms）是用来表示买卖双方所承担的风险、费用和责任划分的专门用语。在国际贸易业务中，人们经过反复实践，逐渐形成了一套习惯做法，把这种习惯的做法用某种专门的商业用语来表示，便出现了贸易术语。每种贸易术语都有其特定的含义，不同的贸易术语，不仅表示买卖双方各自承担不同的风险、费用和责任，而且也影响成交商品

的价格。在国际贸易中，买卖双方采用何种贸易术语成交，必须在合同中订明。为了合理地选用对自身有利的贸易术语成交和正确履行合同与处理履约当中的争议，外经贸人员对国际上通行的各种贸易术语的含义及有关贸易术语的国际惯例，必须深入了解。贸易术语体现在价格条款中，但在讲述其他内容时会涉及贸易术语，因此，我们在第一章介绍贸易术语。

2. 合同条款

合同条款是交易双方当事人在交接货物、收付货款和解决争议等方面的权利与义务的具体体现，也是交易双方履行合同的依据和调整双方经济关系的法律文件。按照各国法律规定，买卖双方可以根据"契约自主"的原则，在不违反法律的前提下，规定符合双方意愿的条款，这就必然导致合同内容的多样性。因此，研究合同中各项条款的法律含义及其所体现的权利与义务关系，乃是本课程最基本的内容。

在国际货物买卖合同中，应就成交商品的名称、品质、数量、包装、价格、运输、保险、支付、检验、索赔、不可抗力和仲裁等交易条件做出明确具体的规定。由于这些交易条件的内涵及其在法律上的地位和作用互不相同，故了解各种合同条款的基本内容及其规定办法，有着重要的法律和实践意义。本书第二章至第七章分别介绍这些条款。

3. 合同的商定

买卖双方通过函电磋商或当面谈判就各项交易条件取得一致协议后，交易即告达成，一般地说，合同即告成立。订立合同的过程，可能包括邀请发盘、发盘、还盘和接受各环节。其中发盘和接受是合同成立不可缺少的基本环节和必经的法律步骤。本书第八章介绍合同的商定。

4. 合同的履行

合同订立后，买卖双方就应重合同、守信用，各自享受合同规定的权利和承担约定的义务。合同的履行，是实现货物和资金按约定方式转移的过程。在履约过程中，环节很多，程序繁杂，情况多变，如稍有不慎，或某些环节出问题，或一方违约，都会影响合同的履行，甚至可能引起争议或法律纠纷。因此，外经贸人员必须要了解合同履行的基本程序。本书第九章介绍合同的履行。

5. 贸易方式

随着国际经济关系的日益密切和国际贸易的进一步发展，国际贸易方式、渠道日益多样化和综合化。在国际贸易方式中，除单边进口和单边出口外，还包括包销、代理、寄售、展卖、商品期货交易、招标投标、拍卖、对销贸易和加工贸易等，介绍和阐述这些贸易方式的性质、特点、作用、基本做法及其适用的场合，也属本课程内容一个重要的方面。本书在第十章介绍。

第一章　贸易术语

在国际货物买卖中，有关风险、责任和费用的划分问题，是交易双方在谈判和签约时需要明确的重要内容，因为它们直接关系到商品的价格。在实际业务中，对于上述问题，往往通过使用贸易术语加以确定。

第一节　贸易术语及其国际惯例

一、贸易术语的概念及其发展

1. 贸易术语的概念

在国际货物买卖中，不管是和谁进行交易，也不管是从事什么货物买卖，按理说有下述几个共同问题需要双方进行磋商，并在合同中明确规定：①卖方在什么地方，以什么方式办理交货；②货物发生损坏或灭失的风险何时由卖方转移给买方；③由谁负责办理货物的运输、保险以及通关过境的手续；④由谁承担办理上述事项时所需的各种费用；⑤买卖双方需要交接哪些有关的单据。

既然上述问题是共性问题，那么，能否规定一个统一的做法，使双方在谈判过程中不需要谈、合同中也不需要商定？国际上的有关组织根据长期的贸易实践总结出了一些习惯性的做法，这便形成了贸易术语的国际惯例。

在国际贸易中，确定一种商品的成交价，不仅取决于其本身的价值，还要考虑到商品从产地运至最终目的地的过程中，有关的手续由谁办理、费用由谁负担以及风险如何划分等一系列问题。如果由卖方承担的风险大、责任广、费用多，其价格自然要高一些；反之，如果由买方承担较多的风险、责任和费用，货价则要低一些。

贸易术语是在长期的国际贸易实践中产生的，说明货物交接过程中有关的风险、责任和费用划分问题的专门用语。同时它也表明了商品的价格构成，因此，也叫价格术语。

贸易术语是国际贸易发展过程中的产物，它的出现又促进了国际贸易的发展。这是因为贸易术语在实际业务中的广泛运用，对于简化交易手续、缩短磋商时间和节约费用开支，都具有重要的作用。

2. 贸易术语的产生与发展

随着商品生产的日益发展和国际贸易范围的不断扩大，到18世纪末19世纪初，出现了装运港船上交货的术语，即 Free on Board（FOB）。据有关资料介绍，当时所谓的 FOB，是指买方事先在装运港口租订一条船，并要求卖方将其售出的货物交到买方租好的船上。买方自始至终在船上监督交货的情况，并对货物进行检查，如果他认为货物与他先前看到的样品相符，就在当时当地偿付货款。这一描述的情景虽然有别于今天使用的凭单交货的 FOB 术语，但可以说它是 FOB 的雏形。随着科学技术的进步、运输和通讯工具的发展，国际贸易的条件发生了巨大的变化，为国际贸易服务的轮船公司、保险公司纷纷成立，银行参与了国际贸易结算业务。到 19 世纪中叶，以 CIF 为代表的单据买卖方式逐渐成为国际贸易中最常用的贸易做法。

国际贸易术语在长期的贸易实践中，无论在数量、名称及其内涵方面，都经历了很大的变化。随着贸易发展的需要，新的术语应运而生，过时的术语则逐渐被淘汰。国际商会于 1936 年制定并于 1953 年修订的《国际贸易术语解释通则》（以下简称《通则》）中只包括了 9 种贸易术语，后来，由于业务发展的需要，对《通则》做了多次修订。例如，为适应航空货运业务的发展，增加了启运地机场交货术语（FOA）；为适应集装箱多式联运业务发展的要求，增加了货交承运人（FRC）等术语。当《1980 年通则》问世时，它所包含的贸易术语已增加到 14 种。20 世纪 80 年代，随着科学技术的飞速发展，通过电脑进行的电子数据交换在发达国家得到日益广泛的运用，集装箱多式联运业务也在国际货物运输中进一步普及。为适应这种新的形势，国际商会又于 1990 年推出了《1990 年通则》。在《1990 年通则》中，删除了仅适用于单一运输方式的铁路交货（FOR/FOT）和启运地机场交货，增加了未完税交货（DDU）。这样，将原来的 14 种术语改为 13 种，并且对部分术语的国际代码做了适当的变动，对各种贸易术语的解释更加系统化、条理化和规范化。国际商会根据 20 世纪 90 年代的无关税区的广泛发展、交易中使用电子信息的增多以及运输方式的变化，对已使用了 10 年的《1990 年通则》做了进一步的修订，在此基础上推出了《2000 年通则》。新通则保留了原来的 13 种术语，只是在对当事人的有关义务的规定方面做了适当的变更。

二、贸易术语的国际惯例

贸易术语是在国际贸易实践中逐渐形成的，在相当长的时间内，国际上没有形成对各种贸易术语的统一解释。不同国家和地区在使用贸易术语和规定交货条件时，有着各种不同的解释和做法。这样一来，一个合同的当事人对于对方国家的习惯解释，往往不甚了解，这就会引起当事人之间的误解、争议和诉讼，既浪费了各自的时间和金钱，也影响了国际贸易的发展。为了解决这一问题，国际商会、国际法协会等国际组织以及美国一些著名商业团体经过长期的努力，分别制定了解释国际贸易术语的规则，这些规则在国际上被广泛采用，因而形成为一般的国际贸易惯例。

有关贸易术语的国际贸易惯例主要有 3 种：《1932 年华沙-牛津规则》、《1941 年美国对外贸易定义修订本》和《2000 年国际贸易术语解释通则》。

1. 《2000 年国际贸易术语解释通则》（INCOTERMS 2000）

《国际贸易术语解释通则》原文为 International Rules for the Interpretation of Trade Terms，缩写形式为 INCOTERMS，它是国际商会为了统一对各种贸易术语的解释而制定的。最早的《通则》产生于 1936 年，后来为适应国际贸易业务发展的需要，国际商会先后进行过多次修改和补充。现行的《2000 年通则》是国际商会根据国际贸易发展的需要，在《1990 年通则》的基础上修订产生的，并于 2000 年 1 月 1 日起生效。

国际商会推出《2000 年通则》时，在其引言中指出，进行国际贸易时，除了订立买卖合同外，还要涉及运输合同、保险合同、融资合同等。这些合同相互关联，互相影响，但《通则》只限于对货物买卖合同中交易双方权利义务的规定，而且该货物是有形的，不包括电脑软件之类的东西。作为买卖合同的卖方，其基本义务可概括为交货、交单和转移货物的所有权，而《通则》也仅仅涉及前两项内容，它不涉及所有权和其他产权的转移问题，也不涉及违约及其后果等问题。

《2000 年通则》对《1990 年通则》的改动不大，带有实质性内容的变动只涉及到 3 种术语，即 FCA，FAS 和 DEQ。但在规定各种术语下买卖双方承担的义务时，《2000 年通则》在文字上还做了一些修改，使其含义更加明确。

国际商会在对《2000 年通则》的介绍中，将各种常用的专业词语，如"发货人"（Shipper），"交货"（Delivery），"通常的"（Usual）等，做了明确的解释。

在内容和结构方面，《2000 年通则》保留了《1990 年通则》包含的 13 种术语，并仍将这 13 种术语分为 E，F，C，D 四个组。E 组只有 EXW 一种贸易术语；F 组包含有 FCA，FAS 和 FOB 三种术语；C 组包括 CFR，CIF，CPT 和 CIP 四种术语；D 组中包括 DAF，DES，DEQ，DDU 和 DDP 五种术语。

在有关贸易术语的国际贸易惯例中，《2000 年通则》包括的内容最多、使用范围最广，在世界范围内的影响越来越大，因此，国际商会在进行最近的修订时力图保持它的相对稳定性。

国际商会在推出《2000 年通则》时，还提醒贸易界人士，由于《通则》已多次变更，如果当事人愿意采纳《2000 年通则》，应在合同中特别注明"本合同受《2000 年通则》的管辖"。

2. 《1932 年华沙-牛津规则》（Warsaw-Oxford Rules 1932）

《华沙-牛津规则》是国际法协会专门为解释 CIF 合同而制定的。19 世纪中叶，CIF 贸易术语在国际贸易中得到广泛采用，然而对使用这一术语时买卖双方各自承担的具体义务，并没有统一的规定和解释。对此，国际法协会于 1928 年在波兰首都华沙开会，制定了关于 CIF 买卖合同的统一规则，称之为《1928 年华沙规则》，共包括 22 条。其后，在 1930 年的纽约会议、1931 年的巴黎会议和 1932 年的牛津会议上，将此规则修订为 21 条，并更名为《1932 年华沙-牛津规则》沿用至今。这一规则对于 CIF 的性质、买卖双方所承担的风险、责任和费用的划分以及货物所有权转移的方式等问题都做了比较详细的解释。

3. 《1941 年美国对外贸易定义修订本》（Revised American Foreign Trade Definitions 1941）

《美国对外贸易定义》是由美国几个商业团体制定的。它最早于 1919 年在纽约制定，原称为《美国出口报价及其缩写条例》。后来于 1941 年在美国第 27 届全国对外贸易会议上对该条例做了修订，命名为《1941 年美国对外贸易定义修订本》。这一修订本经美国商会、美国进口商协会和全国对外贸易协会所组成的联合委员会通过，由全国对外贸易协会予以公布。

《美国对外贸易定义》中所解释的贸易术语共有 6 种，分别为 Ex (Point of Origin)（产地交货），FOB (Free on Board)（在运输工具上交货），FAS (Free Along Side)（在运输工具旁边交货），C&F (Cost and Freight)（成本加运费），CIF (Cost and Insurance and Freight)（成本加保险费、运费），Ex Dock (named port of importation)（目的港码头交货）。

《美国对外贸易定义》主要在美洲国家采用，由于它对贸易术语的解释，特别是对 FOB 和 FAS 的解释与国际商会制定的《国际贸易术语解释通则》有明显的差异，所以，在同美洲国家进行交易时应加以注意。

三、国际贸易惯例的性质与作用

国际贸易惯例是国际组织或权威机构为了减少贸易争端，规范贸易行为，在长期、大量的贸易实践的基础上制定出来的习惯性做法。但是，贸易惯例与习惯做法是有区别的。国际贸易业务中反复实践的习惯做法经过权威机构加以总结、编纂与解释，从而形成为国际贸易惯例。

国际贸易惯例的适用是以当事人的自愿为基础的。因为，惯例本身不是法律，它对贸易双方不具有强制性约束力，故买卖双方有权在合同中做出与某项惯例不符的规定。只要合同有效成立，双方均要履行合同规定的义务，一旦发生争议，法院或仲裁机构也要维护合同的有效性。但是，国际贸易惯例对贸易实践仍具有重要的指导作用。这体现在，一方面，如果双方都同意采用某种惯例来约束该项交易，并在合同中做出了明确规定，那么这项约定的惯例就具有了强制性。《华沙-牛津规则》在总则中说明，这一规则供交易双方自愿采用，凡明示采用《华沙-牛津规则》者，合同当事人的权利和义务均应援引本规则的规定办理。经双方当事人明示协议，可以对本规则的任何一条进行变更、修改或增添。如本规则与合同发生矛盾，应以合同为准。凡合同中没有规定的事项，应按本规则的规定办理。在《1941 年美国对外贸易定义修订本》中也有类似规定："此修订本并无法律效力，除非有专门的立法规定或为法院判决所认可。因此，为使其对各有关当事人产生法律上的约束力，建议买方与卖方接受此定义作为买卖合同的一个组成部分。"国际商会在《2000 年通则》的引言中指出，希望使用《2000 年通则》的商人，应在合同中明确规定该合同受《2000 年通则》的约束。许多大宗交易的合同中也都做出采用何种规则的规定，这有助于避免对贸易术语的不同解释而引起的争议。另一方面，如果双方在合同中既未排除，也未注明该合同适用某项惯例，在合同执行中发生争议时，受理该争议案的司法或仲裁机构也往往会引用某一国际贸易惯例进行判决或裁决。这是因为，通过各国立法或国际公约赋予了它法律效力。例如，我国法律规定，凡中国法律没有规定的，适用国际贸易惯例。《联合国国际货物销售合同公约》规定，合同没有排除的惯例，已经知道或应当知道的惯例，经常使用反复遵守的惯例适用于合同。由此可见，国际贸易惯例本身虽然不具有强制性，但它对国际贸易实践的指导作用却不容忽视。不少贸易惯例被广泛纳采、沿用，说明它们是行之有效的。在我国的对外贸易中，在平等互利的前提下，适当采用这些惯例，有利于外贸业务的开展，而且，通过学习掌握有关国际贸易惯例的知识，可以帮助我们避免或减少贸易争端，即使在发生争议时，也可以引用某项惯例，争取有利地位，减少不必要的损失。

综上所述，贸易术语是在长期的国际贸易实践中产生和发展起来的专门用语。它用来表明商品的价格构成，说明货物交接过程中有关的风险、责任和费用的划分。一些国际组织和权威机构为了统一各国对贸易术语的解释，在习惯做法的基础上加以编纂、整理，形成了有关贸易术语的国际贸易惯例。惯例不同于法律，没有法律的强制约束力，它由当事人在自愿的基础上采纳和运用，但对贸易实践具有重要的指导作用。

第二节　国际贸易中常用的贸易术语

一、FOB（装运港船上交货）

1. FOB 的含义

FOB 的全文是 Free on Board（named port of shipment），即船上交货（指定装运港），习惯称为装运港船上交货。

装运港船上交货是国际贸易中常用的贸易术语之一。按此术语成交，由买方负责派船接运货物，卖方应在合同规定的装运港和规定的期限内，将货物装上买方指派的船只，并及时通知买方。货物在越过船舷时，风险即由卖方转移至买方。

在 FOB 条件下，卖方要负担风险和费用，领取出口许可证或其他官方证件，并负责办理出口手续。采用 FOB 术语成交时，卖方还要自费提供证明其已按规定完成交货义务的证件，如果该证件并非运输单据，在买方要求下，并由买方承担风险和费用的情况下，卖方可给予协助以取得提单或其他运输单据。

根据《2000 年通则》的解释，FOB 术语只适用于海运和内河运输，如果当事各方无意以船舷为界交货，则应采用 FCA 贸易术语。

采用 FOB 术语时，买卖双方各自承担的基本义务概括如下：

（1）卖方义务：

1）在合同规定的时间和装运港口，将合同规定的货物交到买方指派的船上，并及时通知买方。

2) 承担货物交至装运港船上之前的一切费用和风险。

3) 自负风险和费用，取得出口许可证或其他官方批准证件，并且办理货物出口所需的一切海关手续。

4) 提交商业发票和自费提供证明卖方已按规定交货的清洁单据，或具有同等作用的电子信息。

（2）买方义务：

1) 订立从指定装运港口运输货物的合同，支付运费，并将船名、装货地点和要求交货的时间及时通知卖方。

2) 根据买卖合同的规定受领货物并支付货款。

3) 承担受领货物之后所发生的一切费用和风险。

4) 自负风险和费用，取得进口许可证或其他官方证件，并办理货物进口所需的海关手续。

2. 使用 FOB 术语应注意的问题

（1）"船舷为界"的确切含义。以装运港船舷作为划分风险的界限是 FOB，CFR 和 CIF 同其他贸易术语的重要区别之一。"船舷为界"表明货物在装上船之前的风险，包括在装船时货物跌落码头或海中所造成的损失，均由卖方承担。货物装上船之后，包括在起航前和在运输过程中所发生的损坏或灭失，则由买方承担。以"船舷为界"划分风险是历史上形成的一项行之有效的规则，由于其界限分明，易于理解和接受，故沿用至今。严格地讲，船舷为界只是说明风险划分的界限，它并不表示买卖双方的责任和费用划分的界限。这是因为装船作业是一个连续过程，在卖方承担装船责任的情况下，他必须完成这一全过程。

（2）FOB 的变形。关于费用划分问题，《2000 年通则》中有关 FOB 的卖方义务第 6 条中规定："卖方必须支付与货物有关的一切费用，直至货物在指定装运港已越过船舷时为止。"这实际上是指，在一般情况下，卖方要承担装船的主要费用，而不包括货物装上船后的理舱费和平舱费。但在实际业务中，买卖双方完全可以出于不同的考虑，对于装船费用负担问题做出各种不同的规定。在租船运输情况下，关于装船费、平仓费和理舱费的承担问题，可在合同中明确规定，这就引起了 FOB 的变形。贸易术语的变形是为了解决装卸费用的负担问题而产生的，至于这些变形会不会影响到风险划分的问题，传统的说法是，贸易术语的变形只是用以解决装卸费用的负担问题，并不改变交货地点和风险划分的界限。但在实际业务中，由于一些当事人理解和掌握上的偏差，往往为此引起争执，所以，国际商会在《2000 年通则》的引言中指出，在签订买卖合同时，有必要明确规定，贸易术语的变形是仅仅限于费用的划分，还是包括了风险在内。

1) FOB Liner Terms（FOB 班轮条件）。这一变形是指装船费用按照班轮的做法处理，即由船方（实际上是由买方）承担。所以，采用这一变形，卖方不负担装船费、平仓费或理舱费。

2）FOB Under Tackle（FOB 吊钩下交货）。这一变形是指卖方负担费用将货物交到买方指定船只的吊钩所及之处，而吊装入舱以及其他各项费用，概由买方负担。

3）FOB Stowed（FOB 理舱费在内）。这一变形是指卖方负责将货物装入船舱并承担包括理舱费在内的装船费用。理舱费是指货物入舱后进行安置和整理的费用。

4）FOB Trimmed（FOB 平舱费在内）。这一变形是指卖方负责将货物装入船舱并承担包括平舱费在内的装船费用。平舱费是指对装入船舱的散装货物进行平整所需的费用。

在许多标准合同中，为表明由卖方承担包括理舱费和平舱费在内的各项装船费用，常采用 FOBST（FOB Stowed and Trimmed）来表示。

（3）关于装船通知问题。按照 FOB 条件达成的交易，卖方需要特别注意的问题是，货物装船后必须及时向买方发出装船通知，以便买方办理投保手续。因为一般的国际贸易惯例以及有些国家的法律，如英国的《1893 年货物买卖法》（1979 年修订）中规定："如果卖方未向买方发出装船通知，致使买方未能办理货物保险，那么，货物在海运途中的风险被视为卖方负担。"这就是说，如果货物在运输途中遭受损失或灭失，由于卖方未发出通知而使买方漏保，那么卖方就不能以风险在船舷转移为由免除责任。

（4）关于船货衔接问题。按照 FOB 术语成交的合同属于装运合同，这类合同中卖方的一项基本义务是按照规定的时间和地点完成装运。然而由于 FOB 条件下是由买方负责安排运输工具，即租船订舱，所以，这就存在一个船货衔接的问题。如果处理不当，自然会影响到合同的顺利执行。根据有关法律和惯例，如果买方未能按时派船，这包括未经对方同意提前将船派到和延迟派到装运港，卖方都有权拒绝交货，而且由此产生的各种损失，如空舱费（Dead Freight）、滞期费（Demurrage）及卖方增加的仓储费等，均由买方负担。如果买方指派的船只按时到达装运港，而卖方却未能备妥货物，那么，由此产生的上述费用则由卖方承担。有时双方按 FOB 价格成交，而后来买方又委托卖方办理租船订舱，卖方也可酌情接受。但这属于代办性质，其风险和费用仍由买方承担，就是说运费和手续费由买方支付，而且如果卖方租不到船，他不承担责任，买方无权撤销合同或索赔。总之，按 FOB 术语成交，对于装运期和装运港要慎重规定，签约之后，有关备货和派船事宜，也要加强联系，密切配合，保证船货衔接。

（5）《美国对外贸易定义》对 FOB 的不同解释。以上有关 FOB 的解释都是按照国际商会的《2000 年通则》做出的，然而，在北美国家采用的《1941 年美国对外贸易定义修订本》中，将 FOB 概括为 6 种，其中前 3 种是在出口国内陆指定地点的内陆运输工具上交货，第四种是在出口地点的内陆运输工具上交货，第五种是在装运港船上交货，第六种是在进口国指定内陆地点交货。上述第四种和第五种在使用时应加以注意。因为这两种术语在交货地点上有可能相同，如都是在旧金山交货，如果买方要求在装运港口的船上交货，则应在 FOB 和港名之间加上"Vessel"字样，变成"FOB Vessel San Francisco"，否则，卖方有可能按第四种情况在旧金山市的内陆运输工具上交货。

即使都是在装运港船上交货，关于风险划分界限的规定也不完全一样。按照《1941 年美国对外贸易定义修订本》的解释，买卖双方划分风险的界限不是在船舷，而是在船上。卖方责任之三规定："承担货物一切灭失及/或损坏责任，直至在规定日期或期限内，已将货物装载于轮船上为止。"

另外，关于办理出口手续问题上也存在分歧。按照《2000 年通则》的解释，FOB 条件下，卖方义务之三是"自负风险及费用，取得出口许可证或其他官方批准证件，并办理货物出口所必需的一切海关手续"。但是，按照《1941 年美国对外贸易定义修订本》的解释，卖方只是"在买方请求并由其负担费用的情况下，协助买方取得由原产地及/或装运地国家签发的，为货物出口或在目的地进口所需的各种证件"。

鉴于上述情况，在我国同美国、加拿大等国家从事的进出口业务中，当采用 FOB 成交时，应对有关问题在合同中具体订明，以免因解释上的分歧而引起争议。

二、CFR（成本加运费）

1. CFR 的含义

CFR 的全文是 Cost and Freight（named port of destination），即成本加运费（指定目的港）。

成本加运费，以前业务上用 C&F 表示，《1990 年通则》将其改为 CFR，鉴于实际业务中仍有人使用 C&F，《2000 年通则》再次强调要采用 CFR 表示。CFR 术语也是国际贸易中常用的贸易术语之一。按照《2000 年通则》的解释，CFR 适用于水上运输方式，采用这种贸易术语成交，卖方承担的基本义务是，在合同规定的装运港和规定的期限内，将货物装上船，并及时通知买方。货物在越过船舷时，风险即由卖方转移至买方。除此之外，卖方要自负风险和费用，取得出口许可证或其他官方证件，并负责办理货物出口手续。以上与 FOB 条件下卖方承担的义务是相同的。不同的是，在 CFR 条件下，与船方订立运输契约的责任和费用改由卖方承担。卖方要负责租船订舱，支付到指定目的港的运费，包括装船费用以及定期班轮公司可能在订约时收取的卸货费用。但从装运港至目的港的货运保险，仍由买方负责办理，保险费由买方负担。

卖方须要提交的单据主要有商业发票和通常的运输单据，必要时须提供证明其所交货物与合同规定相符的证件。运输单据包括可转让的提单以及不可转让的其他运单。

采用 CFR 术语时，买卖双方各自承担的基本义务概括如下：

（1）卖方义务：

1）签订从指定装运港将货物运往约定目的港的合同；在买卖合同规定的时间和港口，将合同要求的货物装上船并支付至目的港的运费；装船后及时通知买方。

2）承担货物在装运港越过船舷之前的一切费用和风险。

3）自负风险和费用，取得出口许可证或其他官方证件，并且办理货物出口所需的一切海关手续。

4）提交商业发票，并自费向买方提供为买方在目的港提货所用的通常的运输单据或具有同等作用的电子信息。

（2）买方义务：

1）接受卖方提供的有关单据，受领货物，并按合同规定支付货款。

2）承担货物在装运港越过船舷以后的一切风险。

3）自负风险和费用，取得进口许可证或其他官方证件，并且办理货物进口所需的海关手续，支付关税及其他有关费用。

2．使用 CFR 术语应注意的问题

（1）卖方的装运义务。当采用 CFR 贸易术语成交时，卖方要承担将货物由装运港运往目的港的义务。为了保证能按时完成在装运港交货的义务，卖方应根据货源和船源的实际情况合理地规定装运期。装运期一经确定，卖方就应及时租船订舱和备货，并按规定的期限发运货物。按照《联合国国际货物销售合同公约》的规定，卖方延迟装运或者提前装运都是违反合同的行为，并要承担违约的责任。买方有权根据具体情况拒收货物或提出索赔。

（2）装船通知的重要性。按照 CFR 条件达成的交易，卖方需要特别注意的问题是，货物装船后必须及时向买方发出装船通知，以便买方办理投保手续。如果货物在运输途中遭受损失或灭失，由于卖方未发出通知而使买方漏保，那么卖方就不能以风险在船舷转移为由免除责任。这一点，与 FOB 相同。

（3）CFR 的变形。为解决大宗货物在租船运输中，货物到达目的港的卸货费用负担问题，产生了 CFR 的变形。双方可在合同中规定其中的一种。

1）CFR Liner Terms（CFR 班轮条件）。这一变形是指卸货费按班轮做法办理，即买方不负担卸货费。

2）CFR Landed（CFR 卸至码头）。这一变形是指由卖方承担卸货费，包括可能涉及的驳船费在内。

3）CFR Ex Tackle（CFR 吊钩下交接）。这一变形是指卖方负责将货物从船舱吊起一直卸到吊钩所及之处（码头上或驳船上）的费用，船舶不能靠岸时，驳船费用由买方负担。

4）CFR Ex Ship's Hold（CFR 舱底交接）。按此条件成交，船到目的港在船上办理交接后，由买方自行启舱，并负担货物由舱底卸至码头的费用。

三、CIF（成本加保险费加运费）

1．CIF 的含义

CIF 的全文是 Cost and Insurance and Freight（named port of destination），即成本加保险费加运费（指定目的港）。

CIF，CFR 和 FOB 同为装运港交货的贸易术语，也是国际贸易中常用的适用于水上运输方式的贸易术语。采用 CIF 术语成交时，卖方的基本义务是，负责按通常条件租船订舱，支付到目的港的运费，并在规定的装运港和规定的期限内将货物装上船，装船后及时通知买方。卖方还要负责办理从装运港到目的港的货运保险，支付保险费。按 CIF 条件成交时，卖方仍是在装运港完成交货，卖方承担的风险，也是在装运港货物越过船舷以前的风险，越过船舷以后的风险仍由买方承担；货物装船后产生的除运费、保险费以外的费用，也要由买方承担。CIF 条件下的卖方，只要提交了约定的单据，就算完成了交货义务，并不保证把货物按时送到对方港口。

采用 CIF 术语时，买卖双方各自承担的基本义务概括如下：

（1）卖方义务：

1）签订从指定装运港承运货物的合同，在合同规定的时间和港口，将合同要求的货物装上船并支付至目的港的运费。装船后须及时通知买方。

2）承担货物在装运港越过船舷之前的一切费用和风险。按照买卖合同的约定，自负费用办理水上运输保险。

3）自负风险和费用，取得出口许可证或其他官方批准证件，并办理货物出口所需的一切海关手续。

4）提交商业发票和在目的港提货所用的通常的运输单据或具有同等作用的电子信息，并且自费向买方提供保险单据。

（2）买方义务：

1）接受卖方提供的有关单据，受领货物，并按合同规定支付货款。

2）承担货物在装运港越过船舷之后的一切风险。

3）自负风险和费用，取得进口许可证或其他官方证件，并且办理货物进口所需的海关手续。

2．使用 CIF 术语应注意的问题

（1）保险险别问题。CIF 术语中的"I"表示 Insurance，即保险。从价格构成来讲，这是指保险费，就是说货价中包括了保险费；从卖方的责任讲，他要负责办理货运保险。办理保险须明确险别，不同险别，保险人承担的责任范围不同，收取的保险费率也不同。按 CIF 术语成交，一般在签订买卖合同时，在合同的保险条款中，明确规定保险险别、保险金额等内容，这样，卖方就应按照合同的规定办理投保。因为，采用 CIF 术语由卖方投保，而买方是保险的最终受益人，投保什么险别直接关系到双方的利益。因此，投保什么险别，应在合同中明确规定。但如果合同中未能就保险险别等问题做出具体规定，那就要根据有关惯例来处理。按照《2000 年通则》对 CIF 的解释，卖方只需投保最低的险别，根据《华沙-牛津规则》的规定，卖方应"按照特定行业惯例或在规定航线上应投保的一切风险"办理投保手续。一般情况下，卖方不负责投保战争险，除非合同中有投保战争险的规定，或者买方有要求，并由买方承担费用时，卖方才可加保战争险。

（2）租船订舱问题。采用 CIF 术语成交，卖方的基本义务之一是租船订舱，办理从装运港至目的港的运输事宜。关于运输问题，各个惯例的规定也不尽相同。《2000 年通则》的解释是，卖方"按照通常条件自行负担费用订立运输合同，将货物按惯常路线用通常类型可供装载该合同货物的海上航行船只（或适当的内河运输船只）装运至指定目的港"。《1941

年美国对外贸易定义修订本》中只是笼统地规定卖方"负责安排货物运至指定目的地的运输事宜,并支付其费用"。《华沙-牛津规则》中对于这一问题的规定较为详细,在其第 8 条中规定:"①在买卖合同规定由特定船只装运,或者一般地应由卖方租赁全部或部分船只,并承担将货物装船的情况下,非经买方同意,卖方不得随意改用其他船只代替。②如果买卖合同规定用蒸汽船装运(未指定船名),卖方在其他条件相同的情况下,可用蒸汽船或内燃机船运给买方。③如果买卖合同未规定运输船只的种类,或者合同内使用'船只'这样的笼统名词,除依照特定行业惯例外,卖方有权使用通常在此路线上装运类似货物的船只来装运。"以上规定有详有略,其基本点是相同的,即如果没有相反的约定,卖方只是负责按通常条件和惯驶航线,租用适当船舶将货物运往目的港。因此,对于在业务中有时买方提出的关于限制船舶的国籍、船型、船龄、船级以及指定装载某班轮公司的船只等项要求,卖方均有权拒绝接受。但卖方也可放弃这一权利,可根据具体情况给予通融。就是说,对于买方提出的上述要求,如果卖方能办到又不会增加额外开支,也可以接受。一旦在合同中做出明确规定,就必须严格照办。

(3)象征性交货问题。从交货方式来看,CIF 是一种典型的象征性交货(Symbolic Delivery)。所谓象征性交货是针对实际交货(Physical Delivery)而言。前者指卖方只要按期在约定地点完成装运,并向买方提交合同规定的包括物权凭证在内的有关单证,就算完成了交货义务,而无须保证到货。后者则是指卖方要在规定的时间和地点,将符合合同规定的货物提交给买方或其指定人,而不能以交单代替交货。

可见,在象征性交货方式下,卖方是凭单交货,买方是凭单付款。只要卖方如期向买方提交了合同规定的全套合格单据(名称、内容和份数相符的单据),即使货物在运输途中损坏或灭失,买方也必须履行付款义务。反之,如果卖方提交的单据不符合要求,即使货物完好无损地运达目的地,买方仍有权拒绝付款。但是,必须指出,按 CIF 术语成交,卖方履行其交单义务,只是得到买方付款的前提条件,除此之外,他还必须履行交货义务。如果卖方提交的货物不符合要求,买方即使已经付款,仍然可以根据合同的规定向卖方提出索赔。

(4)CIF 的变形。在租船运输条件下,货物到达目的港由谁承担卸货费问题,引起 CIF 的变形。双方可在买卖合同中规定其中的一种。

1)CIF Liner Terms(CIF 班轮条件)。这一变形是指卸货费用按照班轮的做法来办,即买方不负担卸货费,而由卖方或船方负担。

2)CIF Landed(CIF 卸至码头)。这一变形是指由卖方承担将货物卸至码头上的各项有关费用,包括驳船费和码头费。

3)CIF Ex Tackle(CIF 吊钩下交接)。这一变形是指卖方负责将货物从船舱吊起卸到船舶吊钩所及之处(码头上或驳船上)的费用。在船舶不能靠岸的情况下,租用驳船的费用和货物从驳船卸至岸上的费用,概由买方负担。

4)CIF Ex Ship's Hold(CIF 舱底交接)。按此条件成交,货物运达目的港在船上办理交接后,自船舱底起吊直至卸到码头的卸货费用,均由买方担负。

四、FCA（货交承运人）

1. FCA 的含义

FCA 的全文是 Free Carrier（named place），即货交承运人（指定地点）。

采用这一交货条件时，买方要自费订立从指定地点起运的运输契约，并及时通知卖方。如果买方有要求，或者根据商业习惯，买方又没有及时提出相反意见，卖方也可代替买方按通常条件订立运输契约，但费用和风险要由买方承担。

卖方在规定的时间、地点把货物交给买方指定的承运人或其他人（如运输代理人），并办理了出口手续后，就算完成了交货义务。

FCA 术语适用于各种运输方式，包括公路、铁路、江河、海洋、航空运输以及多式联运。无论采用哪种运输方式，卖方承担的风险均于货交承运人时转移。风险转移之后，与运输、保险相关的责任和费用也相应转移。

在 FCA 术语条件下，卖方除须提交符合合同规定的货物外，还须提交约定的交货凭证及有关单据。

采用 FCA 术语时，买卖双方各自承担的基本义务可简单归纳为：

（1）卖方义务：

1）在合同规定的时间、地点，将合同规定的货物置于买方指定的承运人控制下，并及时通知买方。

2）承担将货物交给承运人控制之前的一切费用和风险。

3）自负风险和费用，取得出口许可证或其他官方批准证件，并办理货物出口所需的一切海关手续。

4）提交商业发票或具有同等作用的电子信息，并自费提供通常的交货凭证。

（2）买方义务：

1）签订从指定地点承运货物的合同，支付有关的运费，并将承运人名称及有关情况及时通知卖方。

2）根据买卖合同的规定受领货物并支付货款。

3）承担受领货物之后所发生的一切费用和风险。

4）自负风险和费用，取得进口许可证或其他官方证件，并且办理货物进口所需的海关手续。

2. 使用 FCA 术语应注意的问题

（1）关于承运人和交货地点。在 FCA 条件下，通常是由买方安排承运人，与其订立运输合同，并将承运人的情况通知卖方。该承运人可以是拥有运输工具的实际承运人，也可以是运输代理人或其他人。按照《2000 年通则》的解释，交货地点的选择直接影响到装卸货物的责任划分问题。如果双方约定的交货地点是在卖方所在地，卖方负责把货物装上买方安排的承运人所提供的运输工具即可；如果交货地点是在其他地方，卖方就要将货物运交给承运人，在自己所提供的运输工具上完成交货义务，而无需负责卸货。

如果在约定地点没有明确具体的交货点，或者有几个交货点可供选择，卖方可以从中选择为完成交货义务最适宜的交货点。

（2）FCA条件下风险转移的问题。在采用FCA术语成交时，买卖双方的风险划分是以货交承运人为界。这在海洋运输以及陆运、空运等其他运输方式下，均是如此。但由于FCA与F组其他术语一样，通常情况下是由买方负责订立运输契约，并将承运人名称及有关事项及时通知卖方，卖方才能如约完成交货义务，并实现风险的转移。而如果买方未能及时给予卖方上述通知，或者他所指定的承运人在约定的时间未能接受货物，其后的风险是否仍由卖方承担呢？《通则》的解释是，自规定的交付货物的约定日期或期限届满之日起，由买方承担货物灭失或损坏的一切风险，但以货物已被划归本合同项下为前提条件。可见，对于FCA条件下，风险转移的界限问题也不能简单片面地理解为一概于交承运人处置货物时转移。因为在一般情况下，是在货物交给承运人时，风险由卖方转移给买方，但如果由于买方的原因，使卖方无法按时完成交货义务，只要货物已被特定化为给卖方准备的，那么风险转移的时间可以前移。

（3）有关责任和费用的划分问题。FCA适用于包括多式联运在内的各种运输方式，卖方交货的地点也因采用的运输方式不同而异。有时，卖方须在出口国的内陆，如车站、机场或内河港口，办理交货。不论在何处交货，根据《通则》的解释，卖方都要自负风险和费用，取得出口许可证或其他官方批准证件，并办理货物出口所需的一切海关手续。这一规定对一些在出口国的内地口岸就地交货和交单结汇的做法是十分适宜的。

按照FCA术语成交，一般是由买方自行订立从指定地点承运货物的合同，但是，如果买方有要求，并由买方承担风险和费用的情况下，卖方也可以代替买方指定承运人并订立运输合同。当然，卖方也可以拒绝订立运输合同，如果拒绝，应立即通知买方，以便买方另行安排。

在FCA条件下，买卖双方承担的费用一般也是以货交承运人为界进行划分，即卖方负担货物交给承运人控制之前的有关费用，买方负担货物交给承运人之后的各项费用。但是，在一些特殊情况下，买方委托卖方代办一些本属自己义务范围内的事项所产生的费用，以及由于买方的过失所引起的额外费用，均应由买方负担。

五、CPT（运费付至）

1. CPT的含义

CPT的全文是Carriage Paid to（named place of destination），即运费付至（指定目的地）。

根据《2000年通则》的解释，CPT适用于包括多式联运在内的各种运输方式。采用CPT条件成交时，卖方自负费用订立将货物运往目的地指定地点的运输契约，并负责按合同规定的时间，将货物交给约定地点的承运人（多式联运情况下交给第一承运人）处置之下，即完成交货。交货后，卖方应及时通知买方，以便买方办理货运保险。卖方承担的风险，在承运人控制货物后转移给买方。买方在合同规定的地点受领货物，支付货款，并且负责除运费以外的货物自交货地点直到运达指定目的地为止的各项费用，以及在目的地的卸货费和进口税捐。

在 CPT 条件下，卖方交货的地点，可以是在出口国的内陆，也可以在其他地方，如边境地区的港口或车站等。不论在何处交货，卖方都要负责办理货物出口报关的手续。可见，CPT 在交货地点、风险划分界限方面与 FCA 相同，但在 CPT 条件下，从交货地点至指定目的地的运输责任与费用转由卖方承担。

采用 CPT 术语成交时，买卖双方承担的基本义务概括如下：

（1）卖方义务：

1）订立将货物运往指定目的地的运输合同，并支付有关运费。在合同规定的时间、地点，将合同规定的货物置于承运人控制之下，并及时通知买方。

2）承担将货物交给承运人控制之前的风险。

3）自负风险和费用，取得出口许可证或其他官方批准证件，并办理货物出口所需的一切海关手续，支付关税及其他有关费用。

4）提交商业发票和自费向买方提供在约定目的地提货所需的通常的运输单据，或具有同等作用的电子信息。

（2）买方义务：

1）接受卖方提供的有关单据，受领货物，并按合同规定支付货款。

2）承担自货物在约定交货地点交给承运人控制之后的风险。

3）自负风险和费用，取得进口许可证或其他官方证件，并办理货物进口所需的海关手续，支付关税及其他有关费用。

2. 使用 CPT 术语应注意的问题

（1）风险划分的界限问题。按照 CPT 术语成交，虽然卖方要负责订立从起运地到指定目的地的运输契约，并支付运费，但是卖方承担的风险并没有延伸至目的地。按照《2000年通则》的解释，货物自交货地点至目的地的运输途中的风险由买方承担。

（2）责任和费用的划分问题。采用 CPT 术语时，买卖双方要在合同中规定装运期和目的地，以便于卖方选定承运人，自费订立运输合同，将货物运往指定的目的地。卖方将货物交给承运人之后，应向买方发出货已交付的通知，以便于买方在目的地受领货物。如果双方未能确定目的地的买方受领货物的具体地点，买方可以在目的地选择最适合其要求的地点。卸货费可以在运费中，也可以由买卖双方在合同中另行规定。

3. CPT 与 CFR 的异同点

CPT 与 CFR 同属于 C 组术语，按这两种术语成交，卖方承担的风险都是在交货地点随着交货义务的完成而转移，卖方都要负责安排自交货地至目的地的运输事项，并承担其费用。另外，按上述两种术语订立的合同，都属于装运合同，卖方只需保证按时交货而无需保证按时到货。

CPT 与 CFR 的主要区别在于适用的运输方式不同，交货的地点和风险划分界限也不相同。CFR 适用于水上运输方式，交货地点在装运港，风险划分以船舷为界；CPT 适用于各种运输方式，交货地点因运输方式的不同而由双方约定，风险划分以货交承运人为界。

六、CIP（运费、保险费付至）

1. CIP 的含义

CIP 的全文为 Carriage and Insurance Paid to（name place of destination），即运费保险费付至（指定目的地）。

按照 CIP 条件成交，卖方要负责订立运输契约并支付将货物运达指定目的地的运费。此外，卖方还要投保货物运输险，支付保险费。卖方在合同规定的装运期内将货物交给承运人或第一承运人的处置之下，即完成交货义务。卖方交货后要及时通知买方，风险也于交货时转移给买方。买方要在合同规定的地点受领货物，支付货款，并且负担除运费、保险费以外的货物自交货地点直到运往指定目的地为止的各项费用，以及在目的地的卸货费和进口税捐。

在 CIP 条件下，交货地点、风险划分的界限都与 CPT 相同差别在于采用 CIP 时，卖方增加了保险的责任和费用。所以，卖方所交的单据中增加了保险单据。

采用 CIP 术语时交易双方各自承担的基本义务如下：

（1）卖方义务：

1）订立将货物运往指定目的地的运输合同，并支付有关运费。在合同规定的时间、地点，将合同规定的货物置于承运人的控制之下，并及时通知买方。

2）承担将货物交给承运人控制之前的风险。按照买卖合同的约定，自负费用投保货物运输险。

3）自负风险和费用，取得出口许可证或其他官方批准证件，并办理货物出口所需的一切海关手续，支付关税及其他有关费用。

4）提交商业发票和在约定目的地提货所需的通常的运输单据或具有同等作用的电子信息，并且自费向买方提供保险单据。

（2）买方义务：

1）接受卖方提供的有关单据，受领货物，并按合同规定支付货款。

2）承担自货物在约定地点交给承运人控制之后的风险。

3）自负风险和费用，取得进口许可证或其他官方证件，并且办理货物进口所需的海关手续，支付关税及其他有关费用。

2. 使用 CIP 应注意的问题

（1）正确理解风险和保险问题。按 CIP 成交的合同，卖方要负责办理货运保险，并支付保险费，但货物从交货地运往目的地的运输途中的风险由买方承担。根据《2000 年通则》

的解释，一般情况下，卖方要按双方协商确定的险别投保，而如果双方未在合同中规定应投保的险别，则由卖方按惯例投保最低的险别，保险金额一般是在合同价格的基础上加一成。

（2）CIP 与 CIF 的区别。CIP 与 CIF 的基本原理相同，区别主要有两点：一是适用的运输方式不同。CIF 适用于水上运输；CIP 适用于各种运输方式。二是风险的划分界限不同。CIF 风险划分以装运港船舷为界；而 CIP 风险是在承运人控制货物时转移。

第三节 其他贸易术语

一、EXW（工厂交货）

EXW 的英文全文是 Ex Works（Named Place），即工厂交货（指定地点）。

EXW 贸易术语代表了在商品的产地或所在地交货条件。按这一术语成交时，卖方要在规定的时间和约定的交货地点将合同规定的货物准备好，由买方自己安排运输工具到交货地点接收货物，并且自己承担一切风险、责任和费用将货物从交货地点运到目的地。由此可见，采用 EXW 条件成交时，卖方承担的风险、责任以及费用都是最小的。在交单方面，卖方只需提供商业发票或具有同等作用的电子信息，如合同有要求，才需提供证明所交货物与合同规定相符的证件。至于货物出境所需的出口许可证或其他官方证件，卖方无义务提供。但在买方的要求下，并由买方承担风险和费用的情况下，卖方也可协助买方取得上述证件。

根据《2000 年通则》的解释，EXW 术语适用于各种运输方式。

1. 买卖双方的义务

按照 EXW 术语成交，买卖双方各自承担的基本义务可归纳如下：

（1）卖方义务：

1）在合同规定的时间、地点，将合同要求的货物置于买方的处置之下。

2）承担将货物交给买方处置之前的一切费用和风险。

3）提交商业发票或具有同等作用的电子信息。

（2）买方义务：

1）在合同规定的时间、地点，受领卖方提交的货物，并按合同规定支付货款。

2）承担受领货物之后的一切费用和风险。

3）自负费用和风险，取得出口和进口许可证或其他官方批准证件，并办理货物出口和进口的一切海关手续。

2. 使用 EXW 应注意的问题

（1）关于货物的交接问题。买卖双方在订约时，一般要对交货的时间和地点做出规定。为了做好货物的交接，卖方在货物备妥后，还应就货物将在什么具体时间和地点交给买方支配的问题，向买方发出通知。如果双方约定，买方有权确定在一个规定的时间和/或地点受领货物时，买方应及时通知卖方，以免延误交货或引起其他差错。如果买方没有能够在规定的时间、地点受领货物，或者在他有权确定受领货物的时间、地点时，没有能够及时给予适当通知，那么，只要货物已被特定化为合同项下的货物，买方就要承担由此产生的费用和风险。

（2）关于货物的包装和装运问题。作为买方，在签约时应根据运输的情况，提出对货物包装的具体要求，并就包装费用负担问题做出规定，以避免事后引起争议。关于货物的装运问题，按《通则》的解释，由买方自备运输工具到交货地点接运货物，一般情况下，卖方不承担将货物装上运输工具的责任及费用，但如果双方约定，由卖方负责将货物装上买方安排的运输工具并承担相关的费用，则应在签约时对上述问题做出明确规定。

（3）关于办理出口手续的问题。在工厂交货条件下，办理货物出口手续的责任在买方，尽管有时可要求卖方代办，但货物被禁止出口的风险还是由买方承担。因此，在成交之前，买方应了解出口国政府的有关规定，例如是否允许在该国无常驻机构的当事人在该国办理出口结关手续。当买方无法做到直接或间接办理货物的出境手续时，则不应采用这一贸易术语成交。在这种情况下，按照《2000年通则》的解释，最好采用 FCA 术语。

二、FAS（装运港船边交货）

1. FAS 的含义

FAS 的全文是 Free Alongside Ship（named port of shipment），即船边交货（指定装运港）。

根据《2000年通则》的解释，按这一术语成交，卖方要在约定的时间内将合同规定的货物交到指定的装运港买方所指派的船只的船边，在船边完成交货义务。买卖双方负担的风险和费用均以船边为界。如果买方所派的船只不能靠岸，卖方则要负责用驳船把货物运至船边，仍在船边交货。装船的责任和费用由买方承担。

在按这一贸易术语成交时，卖方要提供商业发票或电子信息，并自负费用和风险，提供通常的证明其完成交货义务的单据，如码头收据。在买方要求下，并由买方承担费用和风险的情况下，卖方可协助买方取得进口所要求的或通关过境所需的任何证件，或有相同作用的电子信息。

采用 FAS 术语时，买卖双方各自承担的基本义务概括如下：

（1）卖方义务：

1）在合同规定的时间和装运港口，将合同规定的货物交到买方所派船只的旁边，并及时通知买方。

2）承担货物交至装运港船边的一切费用和风险。

3）自负费用和风险，取得出口许可证或其他官方批准证件，并且办理货物出口的一切海关手续。

4）提交商业发票或具有同等作用的电子信息，并且自负费用提供通常的交货凭证。

（2）买方义务：

1）订立从指定装运港口运输货物的合同，支付运费，并将船名、装货地点和要求交货的时间及时通知卖方。

2）在合同规定的时间、地点，受领卖方提交的货物，并按合同规定支付货款。

3）承担受领货物之后所发生的一切费用和风险。

4）自负费用和风险，取得进口许可证或其他官方批准证件，并且办理货物进口的一切海关手续。

2. 使用 FAS 应注意的问题

（1）对 FAS 的不同解释。根据《2000 年通则》的解释，FAS 术语只适合于包括海运在内的水上运输方式，交货地点只能是装运港。但是，按照《1941 年美国对外贸易定义修订本》的解释，FAS 是 Free Along Side 的缩写，即指交到运输工具的旁边。因此，在同北美国家的交易中使用 FAS 术语时，应在 FAS 后面加上 Vessel 字样，以明确表示"船边交货"。对此，应予以注意。

（2）办理出口手续的问题。按照《1990 年通则》的规定，在 FAS 条件下，卖方本身并无义务办理出口结关手续和提供出口国政府签发的有关证件。只有当买方有要求，并由买方承担风险和费用的前提下，卖方才可协助办理。但《2000 年通则》中对这一问题做出了修改。按照《2000 年通则》的规定，采用 FAS 术语成交时，办理货物出口报关的风险、责任和费用改由卖方承担。

（3）要注意船货衔接问题。因为在 FAS 条件下，从装运港至目的港的运输合同要由买方负责订立，买方要及时将船名和要求装货的具体时间、地点通知卖方，以便卖方按时做好备货工作。卖方也应将货物交至船边的情况及时通知买方，以利于买方办理装船事项。如果买方指派的船只未按时到港接受货物，或者比规定的时间提前停止装货，或者买方未能及时发出派船通知，只要货物已被清楚地划出，或以其他方式确定为本合同项下的货物，由此而产生的风险和损失均由买方承担。

三、DAF（边境交货）

DAF 主要适用于出口国与进口国之间有共同边境，而且采用公路或铁路运输货物的交易中，也可适用于其他运输方式。

1. DAF 的含义

DAF 的全文是 Delivered at Frontier（named place），即边境交货（指定地点）。采用 DAF 术语成交，双方要在两国边境确定一个交货地点。卖方的基本义务是在规定时间将货物运到指定的交货地点，完成出口清关手续，并将货物置于买方的处置之下，即完成交货。买方负责在边境交货地点受领货物，办理进口手续，并承担受领货物之后的一切风险以及后程运输的责任和费用。

按照 DAF 术语成交时，买卖双方各自承担的基本义务如下：

（1）卖方义务：

1）订立将货物运往边境约定交货地点的运输合同，并支付有关运费。

2）在合同规定的时间，在边境约定地点将货物置于买方控制之下。

3）承担将货物在边境约定地点交给买方控制之前的风险和费用。

4）自负风险和费用，取得出口许可证或其他官方批准证件，并办理货物出口所需的一切海关手续，支付关税及其他有关费用。

5）提交商业发票和自费向买方提交通常的运输单证或在边境指定地点交货的其他凭证或具有同等作用的电子信息。

（2）买方义务：

1）接受卖方提供的有关单据，在边境约定地点受领货物，并按合同规定支付货款。

2）承担在边境约定地点受领货物之后的风险和费用。

3）自负风险和费用，取得进口许可证或其他官方证件，并且办理货物进口所需的海关手续，支付关税及其他有关费用。

2. 使用 DAF 术语应注意的问题

当边境上有几个可供交货的地点时，双方当事人应该明确商定其中某一地点作为交货地点，并且在 DAF 之后列明，以免在履约时引起争执。如果双方在定约时未能就具体的交货地点做出明确规定，卖方有权自行选择最适宜的边境地点作为交货地点。

四、DES（目的港船上交货）

1. DES 的含义

DES 的全文是 Delivered Ex Ship（Named Port Of Destination），即船上交货（指定目的港）。

按 DES 这一术语成交，卖方要负责将合同规定的货物，按照通常的路线和惯常的方式运到指定的目的港，并在规定的期限内，在目的港的船上将货物置于买方的处置之下，即完成交货。风险在目的港船上交货时，由卖方转移给买方。在此之前，卖方要将船名和船舶预计到港时间及时通知买方，以便其做好接受货物的准备工作。

采用 DES 术语时，买卖双方各自承担的基本义务概括如下：

（1）卖方义务：

1）签订将货物运往约定目的港的水上运输合同，并支付有关运费。

2）在合同规定的时间，将货物运至约定目的港通常的卸货地点，并在船上将货物置于买方处置之下。

3）承担在目的港船上将货物置于买方处置之前的风险和费用。

4）自负风险和费用，取得出口许可证或其他官方批准证件，并办理货物出口所需的一切海关手续，支付关税及其他有关费用。

5）提交商业发票和自负费用向买方提交提货单或为买方在目的港提取货物所需的通常的运输单证，或具有同等作用的电子信息。

（2）买方义务：

1）接受卖方提供的有关单据，在目的港船上受领货物，并按合同规定支付货款。

2）承担在约定目的港的船上受领货物之后的风险和费用。

3）自负风险和费用，取得进口许可证或其他官方证件，支付卸货费用，并且办理货物进口所需的海关手续，支付关税及其他有关费用。

2. 使用 DES 应注意的问题

（1）共同做好货物的交接工作。对于卖方来讲，要及时将船舶预计到港时间通知买方，使买方做好接货的准备工作。此外，卖方要及时将提货单或通常的运输单据（提单或海运单等）提交给买方，使其得以受领货物。对于买方来讲，要自负风险和费用取得进口许可证，当买方有权决定交货时间和具体地点时，要及时通知卖方。另外，当卖方已按上述规定做好了交货准备工作时，买方要及时在船上受领货物。如果买方未能及时通知卖方或未能及时受领货物，那么，买方要承担由此而产生的额外费用和风险。

（2）要了解 DES 与 CIF 的区别。有人误称 CIF 为"到岸价"，这是单纯从其主要价格构成来考虑的，因为按 CIF 条件成交，卖方要负责安排从装运港到目的港的运输和保险，承担相关的运费和保险费。但由于 CIF 属于装运港交货，风险已在装运港货物越过船舷时转移，运输途中的风险由买方承担，卖方并不保证把货送到目的口岸，因而称其为"到岸价"是不当的。DES 则是名副其实的到岸价。因为卖方要负责将货物安全运达目的港，在船上将货物实际交给买方才算是完成交货。在 DES 条件下，卖方不仅要负责正常的运费、保险费，还要负责诸如转船、绕航等产生的额外费用，以及根据需要加保各种特殊附加险而支付的保险费。由此可见，DES 与 CIF 在交货地点、风险划分界限、责任和费用的负担等问题上都有区别。

五、DEQ（目的港码头交货）

1. DEQ 的含义

DEQ 的全文是 Delivered Ex Quay（Named Port Of Destination），即码头交货（指定目的港）。

按照 DEQ 条件成交时，卖方要负责将合同规定的货物按照通常航线和惯常方式运到指定的目的港，将货物卸到岸上，并承担有关卸货费用。卖方于交货期内，在指定目的港的码头将货物置于买方的控制之下即完成交货。在此之前，卖方要将船名和船舶预计到港时间及时通知买方。买方则要承担在目的港码头接收货物后的一切风险、责任和费用。

采用 DEQ 术语时，买卖双方各自承担的基本义务概括如下：

（1）卖方义务：

1）签订将货物运往约定目的港的水上运输合同，并支付有关运费。

2）在合同规定的时间，将货物运至约定的目的港，承担卸货的责任和费用，并在目的港码头将货物置于买方的处置之下。

3）承担在目的港码头将货物置于买方的处置下之前的风险和费用。

4）自负风险和费用，取得出口许可证或其他官方批准证件，并办理货物出口所需的一切海关手续，支付关税及其他有关费用。

5）提交商业发票和自负费用向买方提供提货单或为买方在目的港码头提取货物所需的通常的运输单证或相等的电子信息。

（2）买方义务：

1）接受卖方提供的有关单据，在目的港码头受领货物，并按合同规定支付货款。

2）承担在约定目的港码头受领货物之后的风险和费用。

3）自负风险和费用，取得进口许可证或其他官方证件，并且办理货物进口所需的海关手续，支付关税及其他有关费用。

2. 使用 DEQ 应注意的问题

（1）办理货物进口报关的责任、费用和风险由买方承担。《1990 年通则》规定，办理货物进口报关的责任、费用和风险由卖方承担。而《2000 年通则》改为由买方承担，这是考虑到大多数国家的清关手续发生了变化，做此改变，更便于实际操作。但同时还规定，如果双方同意由卖方承担货物进口报关的全部或部分费用，必须在合同中以明确的文字表示出来。

（2）仅适用于水上运输和交货地点为目的港码头的多式联运。《2000 年通则》中还强调指出，DEQ 术语仅仅适用于水上运输和多式联运方式。在多式联运方式下，卖方也是在将货物从船上卸至目的港码头时完成交货。同时指出，如果双方同意由卖方承担责任、费用和风险，将货物由码头运至其他地方，则应采用 DDU 或 DDP 术语。

六、DDU（未完税交货）

1. DDU 的含义

DDU 的全文是 Delivered Duty Unpaid（Named Place Of Destination），即未完税交货（指定目的地）。

采用这一术语成交时，卖方要承担将货物运至进口国内双方约定的目的地的一切费用和风险（不包括货物进口时所需支付的关税、捐税、其他官方费用）以及办理海关出口手续的费用和风险。卖方在规定的期限内，在目的地指定地点将货物置于买方的处置之下，即完成交货。进口报关的手续及证件由买方负责办理，进口时征收的进口税和其他费用也由买方负担。此外，买方还要承担因其未能及时办理货物进口报关手续而引起的费用和风险。

采用 DDU 术语时买卖双方各自承担的基本义务概括如下：

（1）卖方义务：

1）订立将货物按照惯常路线和习惯方式运至进口国内约定目的地的运输合同，并支付有关运费。

2）在合同规定的时间、地点，将合同规定的货物置于买方处置之下。

3）承担在指定目的地约定地点，将货物置于买方处置下之前的风险和费用。

4）自负风险和费用，取得出口许可证或其他官方批准证件，并办理货物出口所需的一切海关手续，支付关税及其他有关费用。

5）提交商业发票和自负费用向买方提交提货单或为买方在约定目的地提取货物所需的通常的运输单证，或具有同等作用的电子信息。

（2）买方义务：

1）接受卖方提供的有关单据，在进口国内地约定地点受领货物，并按合同规定支付货款。

2）承担在目的地约定地点受领货物之后的风险和费用。

3）自负风险和费用，取得进口许可证或其他官方批准证件，并办理货物进口所需的一切海关手续，支付关税和其他官费。

2．使用 DDU 时卖方应注意的问题

按照《通则》的解释，按 DDU 条件成交，卖方并无订立保险合同的义务，这主要是因为 DDU 属于实际交货，交货前的风险由卖方承担，订立保险合同与否，同买方并不相干。但由于国际贸易中存在着各种难以预料的风险，特别是采用 DDU 成交时，卖方要负责将货物从出口国运至进口国内的最终目的地，这中间要涉及许多环节和长距离运输，货物遭遇自然灾害或意外事故导致损失的可能性很大。因此，卖方应通过投保的方式转移风险。至于投保何种险别，要根据货物的性质以及运输方式和路线来决定。

七、DDP（完税后交货）

1．DDP 的含义

DDP 的全文是 Delivered Duty Paid（Named Place of Destination），即完税后交货（指定目的地）。

DDP 是《2000 年通则》中包含的 13 种贸易术语中卖方承担风险、责任和费用最大的一种术语。按照这一术语成交，卖方要负责将货物从启运地一直运到合同规定的进口国内的指定目的地，把货物实际交到买方手中，才算完成交货。卖方要承担交货前的一切风险、责任和费用，其中包括办理货物出口和进口的清关手续以及支付关税、捐税和其他费用。可见，DDP 与 DDU 在交货地点和风险划分上是相同的，区别在于 DDU 条件下，办理货物进口清关的风险、责任和费用均由买方承担，而在 DDP 条件下，则由卖方承担。

采用 DDP 术语时，买卖双方各自承担的基本义务概括如下：

（1）卖方义务：

1）订立将货物按惯常路线和习惯方式运往指定目的地的运输合同，并支付有关运费。

2）在合同规定的时间、地点，将合同规定的货物置于买方的控制之下。

3）承担在指定目的地的约定地点将货物置于买方的控制下之前的风险和费用。

4）自负风险和费用，取得出口和进口许可证及其他官方批准证件，并且办理货物出口和进口所需的海关手续，支付关税及其他有关费用。

5）提交商业发票和自负费用提交提货单或买方为提取货物所需的通常的运输单证，或具有同等作用的电子信息。

（2）买方义务：

1）接受卖方提供的有关单据，在目的地约定地点受领货物，并按合同规定支付货款。

2）承担在目的地约定地点受领货物之后的风险和费用。

3）根据卖方的请求，并由卖方负担风险和费用的情况下，给予卖方一切协助，使其取得货物进口所需的进口许可证或其他官方批准证件。

2. 使用 DDP 应注意的问题

（1）妥善办理投保事项。由于按照 DDP 术语成交，卖方要承担很大的风险，为了能在货物受损或灭失时及时得到经济补偿，卖方应办理货运保险。

（2）关于运输方式问题。按照《2000 年通则》的解释，DDP 和 DDU 术语均适用于各种运输方式，但是，当交货地点是在目的港的船上或码头时，应采用 DES 或 DEQ 术语。

（3）其他注意事项。在 DDP 交货条件下，卖方是在办理了进口结关手续后在指定目的地交货的，这实际上是卖方已将货物运进了进口方的国内市场。如果卖方直接办理进口手续有困难，也可要求买方协助办理。如果双方当事人同意由买方办理货物的进口手续和支付关税，则应采用 DDU 术语。如果双方当事人同意在卖方承担的义务中排除货物进口时应支付的某些费用（如增值税），应写明"Delivered Duty Paid，VAT Unpaid（Named Place of Destination）"，即"完税后交货，增值税未付（指定目的地）"。

本章小结

贸易术语是在长期的国际贸易实践中产生的，说明货物交接过程中有关的风险、责任和费用划分问题的专门用语。同时它也表明了商品的价格构成，因此，也叫价格术语。

有关贸易术语的国际贸易惯例主要有三种：《1932 年华沙-牛津规则》、《1941 年美国对外贸易定义修订本》和《2000 年国际贸易术语解释通则》。

《2000 年通则》保留了《1990 年通则》包含的 13 种术语，并仍将这 13 种术语分为 E，F，C，D 四个组。E 组只有 EXW 一种贸易术语；F 组包含有 FCA，FAS 和 FOB 三种贸易术语；C 组包括 CFR，CIF，CPT 和 CIP 四种术语；D 组中包括 DAF，DES，DEQ，DDU 和 DDP 五种术语。

《2000 年通则》对《1990 年通则》进行重大修改的术语有 FCA，FAS 和 DEQ 三种。

国际贸易中常用的贸易术语有 FOB，CFR，CIF，FCA，CPT 和 CIP 六种，前三种是适合于水上运输的三种常用贸易术语，风险划分界限都在装运港的船舷；后三种适合于各种运输方式，风险划分界限都是货物交承运人控制。

DES，DEQ，DDU 和 DDP 都是在进口国境内完成交货义务，出口商的风险大，因此在贸易中运用时要谨慎。

习　题

一、复习思考题

1. 什么是贸易术语？它有何作用？
2. 如何理解和掌握国际贸易惯例？
3. 贸易术语的国际惯例有哪些？
4. FOB，CFR，CIF 三种贸易术语有何联系与区别？
5. FCA，CPT，CIP 三种贸易术语有何联系与区别？
6. CIF 和 DES 的区别？
7. DDU 和 DDP 有何异同点？

二、案例分析

1. 我方公司以 CIF 合同出口某货物价值 40 万美元，我方公司向保险公司投保了一切险。船舶离开装运港 5 小时与另一船舶相撞，导致货物损失价值 2 万美元。我方公司提交了符合合同规定的单据要求进口商付款。请分析进口商如何处理此事，并说明理由。

2. 某出口商以 FOB 合同分别向同一目的港的两个客户 A 和 B 出口小麦，其中出售给 A 的小麦 2 000 t，出售给 B 的小麦 1 000 t。装运时将 3 000 t 小麦散装在一起，准备货物到达目的港后再分配。装运后及时发出了装船通知。在运输途中发生海上风暴，导致 800 t 小麦受损。出口商向 B 公司通知："给你运输的小麦在运输途中发生暴风雨，损失了 800 t，请贵公司向保险公司索赔并向本公司付款"。请说明 B 公司是否应付款？为什么？

第二章 商品的名称、品质、数量和包装

商品的名称、品质、数量和包装都是买卖合同的主要交易条件。本章介绍合同中商品的品名、品质、数量和包装条款的内容及其规定方法。

第一节 商品的名称

一、列明商品名称的意义

商品的名称（Name of Commodity），亦称品名，是指能使某种商品区别于其他商品的一种称呼或概念。品名代表了商品通常应具有的品质。买卖合同是一种实物买卖，它以一定物体的实际支付为要件，即买卖的对象是具有一定外观形态并占有一定空间的有形物。买卖合同的特征是，通过合同的履行，将合同标的物的所有权由卖方转移至买方。在国际货物买卖中，从签订合同到交付货物往往需要相隔一段较长的时间，另外，交易双方在洽商交易和签订买卖合同时，通常很少见到具体商品，一般只凭借对拟买卖的商品做必要的描述来确定交易标的。因此，在国际货物买卖合同中，列明商品的名称就成为必不可少的条件。

二、合同中的品名条款

1. 品名条款的基本内容

品名条款是国际贸易的买卖合同中主要的条款之一，是买卖双方交接货物的一项基本依据，它关系到买卖双方的权利和义务。合同中的品名条款一般比较简单，通常都是在"商品名称"或"品名"的标题下，列明交易双方成交商品的名称。有时为了省略起见，也可不加标题，只在合同的开头部分，列明交易双方同意买卖某种商品的文句。

品名条款的规定，还取决于成交商品的品种和特点。对于一般商品，有时只要列明商品的名称即可。但有的商品往往具有不同的品种、等级和型号。因此，为了明确起见，也有把有关具体品种、等级和型号的概括性描述包括进去，作进一步限定。此外，有的甚至把商品的品质规格也包括进去，在此情况下，它就不单是品名条款，而是品名条款与品质条款的合并。

2. 制定品名条款时应注意的问题

国际货物买卖合同中的品名条款是合同中的主要条件，虽然简单，但也要予以足够的重视，否则也会产生贸易纠纷。在规定此项条款时，应注意下列事项：

（1）规定商品名称必须明确、具体。在规定商品名称时，必须订明交易商品的具体名称，避免空泛、笼统或含糊的规定，以确切反映交易商品的用途、性能和特点。有时只简单列明交易商品的名称不够具体明确，还须增加商品的品种、型号、产地和等级，即增加部分品质条款的内容。如 2002 年我国的进口税率中，机坪客车的最惠国税率为 4.0 ％，30 座及以上大型客车为 37.5 ％，其他为 47.5％。如果仅以"客车"的品名报关，就没有适用税率，从而有可能增加税负。

（2）尽可能使用国际上通用的名称。有些商品的名称，各地叫法不一，为了避免误解，应尽可能使用国际上通行的称呼。若使用地方性的名称，交易双方应事先就其含义取得共识。对于某些新商品的定名及其译名，应力求准确、易懂，并符合国际上的习惯称呼。国际上关于商品分类的标准有 1950 年联合国经济理事会发布的《国际贸易标准分类》（SITC）和世界主要贸易国在比利时布鲁塞尔签订的《海关合作理事会商品分类目录》（CCCN），又称《布鲁塞尔海关商品分类目录》（BTN），以及海关合作理事会在上述两个规则的基础上主持制定的《商品名称及编码协调制度》（The Harmonized Commodity Description and Coding System，简称 H. S. 编码制度）。目前，大多数国家的海关统计、普惠制待遇等都按 H. S. 进行。我国于 1992 年 1 月 1 日起采用该制度，所以，我国在采用商品名称时，应与 H. S. 规定品名相对应。

（3）注意选用合适的品名。如果一种商品有不同的名称，则在确定名称时，必须注意有关国家的海关关税和进出口限制的有关规定，在不违反国家有关政策的前提下，从中选择有利于减低关税或方便进口的名称作为合同的品名。同时，还必须注意品名与运费、仓储费的关系。目前一些仓库和班轮运输是按商品等级规定收费标准的。由于商品名称不统一，存在着同一商品因名称不同而收取的费率不同的现象。从这个角度看，选择合适的品名，也是降低储运费的一个方法。

（4）针对实际做出实事求是的规定。品名条款中规定的品名，必须是卖方能够供应而且买方所需要的商品，凡做不到或不必要的描述性词句，都不应列入，以免给履行合同带来困难。

第二节　商品的品质

一、商品品质的重要性

商品的品质（Quality of Goods）是指商品的内在素质和外观形态的综合。前者包括商品的物理性能、机械性能、化学成分和生物特征等自然属性；后者包括商品的外形、色泽、款式和透明度等。

由于国际贸易的商品种类繁多，即使是同一种商品，在品质方面也可能因自然条件、技术、工艺水平和原材料等因素的影响而存在着种种差别，这就要求买卖双方在商定合同时必须就品质条件做出明确规定。

合同中的品质条件是构成商品说明的重要组成部分，是买卖双方交接货物的依据。《联合国国际货物销售合同公约》规定，卖方交付货物，必须符合约定的品质。如卖方交货不符合约定的品质条件，买方有权根据违约的程度主张损害赔偿，也可要求修理或交付替代货物，甚至拒收货物和撤销合同，这就进一步说明了品质的重要性。

二、商品品质的表示方法

在国际贸易中，由于交易的商品种类繁多，特点各异，故表示品质的方法也多种多样。概括起来，国际贸易中惯常用来表示商品品质的方法，包括以实物表示和凭文字说明约定两类。

1. 实物表示商品品质

以实物表示商品品质通常包括凭成交商品的实际品质（Actual Quality）和凭样品（Sample）两种表示方法。前者为看货买卖，后者为凭样品买卖。

（1）看货买卖。看货买卖的做法通常是先由买方或其代理人在卖方存放货物的场所验看货物，达成交易后，卖方即应按验看过的商品交付货物。只要卖方交付的是已经验看的商品，买方就不得对品质提出异议。

在国际贸易中，由于交易双方远隔两地，交易洽谈多靠函电方式进行。买方到卖方所在地验看货物有诸多不便，即使卖方有现货在手，买方也有委托代理人代为验看货物，也无法逐件查验，所以采用看货成交的方式有一定的局限性。这种做法多用于寄售、拍卖和展卖业务中。

（2）凭样品买卖。样品通常是指从一批商品中抽取出来的或由生产、使用部门设计、加工出来的，足以反映和代表整批商品品质的少量实物。凡以样品表示商品品质并以此作为交货依据的，称为凭样品买卖（Sale by Sample）。在凭样品进行交易时，一般要在合同中明确规定："该样品应视为本合同不可分割的部分，所交货物的品质不得低于样品"。

在国际贸易中，按样品提供者的不同，凭样品买卖可分为下列三种：

1）凭卖方样品买卖（Sale by Seller's Sample）。如果样品是由卖方提供，由买方加以确认，作为成交商品的品质标准，称为凭卖方样品买卖。在此情况下，在买卖合同中应订明："品质以卖方样品为准"（Quality as per Seller's Sample）。日后，卖方所交整批货的品质必须与其提供的样品相同。

2）凭买方样品买卖（Sale by Buyer's Sample）。买方为了使其订购的商品符合自身要求，有时也提供样品交由卖方依样承制。如果样品是由买方提供，作为成交商品的品质标准，称为凭买方样品买卖。在这种场合，买卖合同中应订明："品质以买方样品为准"（Quality as per Buyer 's Sample）。日后，卖方所交整批货的品质，必须与买方样品相符。

3）凭对等样品买卖（Sale by Counter Sample）。对等样品（Counter Sample）又称确认样品（Confirming Sample），在国际贸易中，卖方考虑到如果交货品质与买方样品不符将招致买方索赔甚至退货，因而往往不愿意承接凭买方样品买卖的交易。在此情况下，可采取由卖方根据买方提供的样品加工复制出一个类似的样品交买方确认的方法，来确定成交商品的品质标准，这种经确认后的样品，称为"对等样品"、"回样"或"确认样品"（Confirming Sample）。以此为依据订立合同后，卖方所交货物的品质必须以对等样品、而非买方样品为准。

此外，买卖双方为了发展贸易关系和增进彼此对对方商品的了解，往往采用互相寄送样品的做法。这种以介绍商品为目的而寄出的样品，最好标明"仅供参考"（For Reference Only）字样，以免与标准商品混淆。在寄送"参考样品"的情况下，如买卖合同中未订明交货品质以该项样品为准，而是约定了其他方法来表示品质，这就不是凭样品买卖，这种样品对交易双方均无约束力。

2. 以文字说明表示商品品质

凡以文字、图表、相片等方式来说明商品的品质者，均属于凭文字说明表示商品品质的范畴。

（1）凭规格买卖（Sale by Specification）。商品规格（Specification of Goods）是指一些反映商品品质的主要指标，如成分、含量、纯度、性能、容量、尺寸、重量、色泽等。商品不同，用以说明商品品质的指标也不相同。例如，出口圆钢按粗细表示；猪鬃按长短表示；冻对虾以每磅若干只表示。用规格来确定商品品质的方法称为凭规格买卖。在国际贸易中，买卖双方洽谈交易时，对于适于凭规格买卖的商品，应提供具体规格来说明商品的基本品质状况，并在合同中订明。凭规格买卖时，说明商品品质的指标因商品不同而异，即使是同一商品，因用途不同，对规格的要求也会有差异。例如，买卖大豆时，如作榨油用，就要求在合同中列明含油量指标；而作食用时，则不一定列明含油量，但蛋白质含量就成为应当列明的重要指标。

一般来说，凭规格买卖比较方便、准确，还可根据每批成交商品的具体品质状况灵活调整，故这种方法在国际贸易中广为运用。

（2）凭等级买卖（Sale by Grade）。商品的等级（Grade of Goods）是指同一类商品，根据生产及长期贸易实践，按其规格上的差异，用大、中、小，重、中、轻，甲、乙、丙，一、二、三等文字或数码所作的分类。例如，我国出口的钨砂，根据其三氧化钨和锡含量的不同，可分为特级、一级和二级。这种表示品质的方法，对简化手续、促进成交和体现按质论价等方面都有一定的作用。

一般商品的每一等级都有相对固定的规格。凭等级买卖时，由于不同等级的商品具有不同的规格，为了便于履行合同和避免争议，在品质条款列明等级的同时，最好一并规定每一等级的具体规格。当然，如果交易双方都熟悉每个级别的具体规格，也可以只列明等级，而毋需规定其具体规格。

（3）凭标准买卖（Sale by Standard）。商品的标准是指政府机关或商业团体统一制定和公布的标准化了的品质指标。根据制定者的不同，分为企业标准、商业团体标准、国家标准、区域标准、国际标准。在国际贸易中，有些商品习惯于凭标准买卖，人们往往使用某种标准作为说明和评定商品品质的依据。例如，我国金属制品企业进口盘条，通常使用我国有关的国家标准；美国出售小麦时，通常使用美国农业部制定的小麦标准。

国际贸易中采用的各种标准，有的是强制性的，即不符合标准品质不许进口或出口。有的没有强制性，仅供交易双方参考使用，由买卖双方决定采用与否。在我国实际业务中，凡我国已规定有标准的商品，为了便于安排生产和组织货源，通常采用我国有关部门所规定的标准成交。有时也可根据需要和可能，酌情采用国外规定的品质标准，尤其是对国际上已经广泛采用的标准。由于各国制定的标准经常进行修改和变动，加之，一种商品的标准还可能有不同年份的版本，版本不同，其品质标准也往往有差异。因此，在采用国外标准时，应载明所采用标准的年份和版本，以免引起争议。例如，在凭药典确定品质时，应明确规定以哪国的药典为依据，并同时注明该药典的出版年份。

（4）凭说明书和图样买卖（By Descriptions and Illustrations）。在国际贸易中，有些商品如机器、电器和仪表等技术密集型产品，因其结构和性能复杂，难以用几个简单的指标来说明其品质全貌，而且有些产品，即使其名称相同，但由于所使用的材料、设计和制造技术的某些差别，也可能导致功能上的差异。因此，对此类商品的品质，通常是以说明书、图样、照片等来说明商品的构造、规格、性能、使用方法及包装条件等。按此方式进行的交易，称为凭说明书和图样买卖。

凭说明书和图样买卖时，要求所交货物必须符合说明书所规定的各项指标。但是，由于这类产品的技术要求比较高，品质与说明书和图样相符合的产品有时在使用时并不一定能达到设计的要求，所以在合同中除列入说明书的具体内容外，一般需要订立卖方品质保证条款和技术服务条款。

（5）凭商标或品牌买卖（Sale by Trade Mark or Brand Name）。商标（Trade Mark）是指一个企业为了使自己所生产或销售的商品同其他企业所生产或销售的商品相区别而在其商品或商品包装上制作的一种标志。它可由一个或几个具有特色的单词、字母、数字、图形或图片等组成。品牌（Brand Name）是指企业给其制造或销售的商品所冠的名称，以便与其他企业的同类产品区别开来。一个品牌可以用于一种产品，也可用于一个企业的所有产品。商标或品牌的作用就在于帮助购买者识别产品，以便树立产品的声誉。凭商标或品牌买卖，就是以商标或品牌来确定商品的品质。商标或品牌本身实际上是一种品质象征。人们在交易中就可以只凭商标或品牌进行买卖，毋需对品质提出详细要求。但是，如果一种品牌的商品同时有许多种不同型号或规格，为了明确起见，就必须在规定品牌的同时，明确规定型号或规格。

凭商标或品牌买卖通常是凭卖方商标或品牌。但有时在买方熟知卖方所提供的商品品质的情况下，常常要求在卖方的商品或包装上使用买方指定的商标或牌号，这就是所谓定牌，也叫贴牌。使用定牌，卖方可以利用买方的产品声誉以及经营能力，提高商品售价并扩大销量。

（6）凭产地名称买卖（Sale by Name of Origin）。在国际货物买卖中，有些商品，特别是传统的农副产品，因产地的自然条件、传统加工工艺等因素的影响，在品质方面具有其他地区产品所不具有的独特风格和特色，在国际市场上有一定声誉，对这些产品，可用产地名称来表示商品的品质。如我国的"西湖龙井"、"涪陵榨菜"、"天津红小豆"、"龙口粉丝"、"金华火腿"、"长白山人参"、"北京烤鸭"等。

上述各种表示品质的方法，一般是单独使用，但有时也可酌情将其混合使用。

三、合同中的品质条款

1. 品质条款的基本内容

在品质条款中，一般要写明商品的名称、品牌、产地等。凭样品买卖时，应标明商品的货号、规格或等级、标准、商标/品牌、产地名称等。凭标准买卖时，应列明所引用标准的制定者、编号、版本和年份。对某些商品还可以规定一定的品质公差和品质机动幅度。

品质公差（Quality Tolerance）是工业制成品在加工过程中所允许的误差，这种误差的存在是绝对的，其大小由科技发展程度所决定，是国际上公认的产品品质的误差。这种公认的误差，即使合同没有规定，只要卖方交货的品质在公差范围内，买方就无权拒收货物或要求调整价格。但为了明确起见，还是应在合同品质条款中订明一定幅度的公差。例如：出口手表，允许 48 h 误差 1 s；出口棉布，每匹可以有 0.1 m 的误差。

品质机动幅度（Quality Latitude）是指允许卖方所交货物的品质指标在一定机动幅度范围内的差异，只要卖方所交货物的品质没有超出机动幅度的范围，买方就无权拒收货物。这一方法主要适用于初级产品。品质机动幅度的规定方法主要有下列三种：

（1）规定范围。即对品质指标规定允许有一定的差异范围。例如，"漂布，幅阔 35/36 in"，则买方交付的漂布，幅阔只要在 35～36 in 的范围内，均视为合格。

（2）规定极限。即对所交货物的品质规格规定上下极限。常用的有最大、最小、最高、最低、最多、最少等。例如"釉米，碎粒最高为 35%，水分最高为 15%，杂质最高为 1%"；"薄荷油中薄荷脑量最少为 50%"。卖方交货只要没有超出上述极限，买方就无权拒收。

（3）规定上下差异。即对所交货物的品质规定在一定指标上下波动的范围。例如："钢丝直径 1±0.01 mm"，"灰鸭毛，含绒量 18%±1%"。

在品质机动幅度范围内的货物，一般不另行计算增减价，即按照合同价格计收价款。但有些货物，经买卖双方协商同意，也可在合同中规定按交货的品质情况加价或减价，即规定所谓品质增减价条款。如：

芝麻：水分（最高）为 8％；杂质（最高）为 2％；含油量以 52％为基础，如实际装运货物的含油量高或低 1％，价格相应增减 1％，不足整数部分，按比例计算。

采用品质增减价条款，一般应选用对价格有重要影响而又允许有一定机动幅度的主要重量指标，对于次要的重量指标或不允许有机动幅度的重量指标，则不适用。

2．制定品质条款时应注意的问题

（1）正确运用各种表示品质的方法。采用何种表示品质的方法，应视商品特性而定。一般地说，凡能用科学的指标说明其重量的商品，则适于凭规格、等级或标准买卖；而难以规格化和标准化的商品，如古玩、工艺品、土特产品等，则适合凭样品买卖；某些重量好并具有一定特色的名优产品，适合凭商标或品牌买卖；某些性能复杂的机器、电器和仪表，则适合凭说明书和图样买卖；凡具有地方风味和特色的产品，则可凭产地名称买卖。凭商标、品牌、产地名称买卖，实际上是由凭样品或凭说明买卖发展而来的，商标、品牌或产地在一定程度上已表示了某种商品的规格或某种样品的品质，但在实际贸易中，买卖双方在确定品牌或地名后，往往还订明具体的规格及等级，以免发生误会。

当然，凡能用一种方法表示品质的，一般就不宜同时用两种或两种以上的方法来表示。例如：我国某出口公司与德国一公司签订了一份出口大麻的合同。合同规定：水分最高为15％，杂质不得超过 3％。成交前我方曾向买方寄过样品，订约后我方又电告对方所交货物与样品相似。货到德国后，买方向我方提交了货物的重量比样品低 7％的检验证明，并据此要求我方对货物减价。而我方以合同中仅规定了凭规格交货、并未规定凭样品发货为理由不同意减价。该问题双方争执的焦点在于究竟是凭规格还是凭样品买卖，或是既凭规格又凭样品。从合同规定来看并非凭样品买卖，但是我方约前所寄样品并未声明是参考样品，约后又通知对方货物与样品相似。这就致使对方完全可以认为此笔交易是既凭规格又凭样品买卖。因为买卖双方对凭样品买卖的约定，既可以是明示的，如在合同中明确规定；也可以是默示的，即根据交易的情况推定当事人凭样品交货的意思。《联合国货物销售合同公约》（以下简称《公约》）规定，凡属凭样品买卖，卖方所交货物必须与样品一致，否则买方有权拒收并提出索赔。这笔业务仅仅是凭规格买卖为理由而推脱责任。当然，假如我方能以保留的复样为根据，证明所交货物与样品并无不符，则又另当别论。因此，在规定品质条款时，正确运用各种表示品质的方法非常重要。

（2）条款内容要简单、具体、明确，要注意各重量指标之间的内在联系和相互关系。各项重量指标是从各个不同的角度来说明商品的品质，因此，在确定品质条款时，要通盘考虑，注意它们之间的一致性，防止由于某一重量指标规定不科学和不合理而造成不应有的经济损失。例如，在荞麦品质条件中规定："水分不超过 17％，不完善粒不超过 6％，杂质不超过 3 ％，矿物质不超过 0.15％。"显然，此项规定不合理，因为对矿物质的要求过高，这与其他指标不相称。为了使矿物质符合约定的指标，就需反复加工，其结果必然会大大减少杂质和不完善粒的含量，从而造成不应有的损失。为了便于检验和明确责任，规定品质条款时，应力求明确、具体，不易采用诸如："大约"、"左右"、"合理误差"之类的笼统含糊字眼，以免在交货品质问题上引起争议。但是，也不易把品质条款订得过死，从而给履行交货义务带来困难。一般对一些矿产品、农副产品和轻工业品的品质规格的规定，要有一定的灵活性，以便合同履行。

（3）采用凭样品买卖时应当注意的事项：

1）凡凭样品买卖，卖方交货品质必须与样品一致。在凭样品成交条件买方应有合理的机会对卖方交付的货物与样品进行比较；卖方所交货物，不应存在进行合理检查时不易发现的可能导致不利于销售的瑕疵。买方对与样品不符的货物，可以拒收或提出赔偿要求。因此，卖方应在对交货品质有把握时采用此法，而且应严格按样品标准交货。

2）以样品表示品质的方法，并不适合所有商品，只能酌情采用。凭样品买卖，容易在履约过程中产生品质方面的争议，所以不能滥用此种表示方法。凡能用科学的指标表示商品品质时，就不宜采用此法。在当前国际贸易中，单纯凭样品成交的情况不多，一般只是以样品来表示商品的某个或某几个方面的重量指标。例如，在纺织品和服装交易中，为了表示商品的色泽重量，可采用"色样"（Color Sample）；为了表示商品的造型，可采用"款式样"（Pattern Sample）；而对商品其他方面的重量，则采用其他方法来表示。

3）采用凭样品成交而对品质无绝对把握时，应在合同条款中相应做出灵活的规定。当卖方对品质无绝对把握，或对于一些不完全适合于凭样品买卖的货物，可在买卖合同中特别订明："品质与样品大致相同"（Quality shall be about equal to the sample）或"品质与样品近似"（Quality is nearly same as the sample）。为了预防因交货品质与样品略有差异而导致买方拒收货物情况的发生，也可在买卖合同中订明："若交货品质稍次于样品，买方仍须收领货物，但价格应由双方协商相应减低。"当然，此项条款只限于品质稍有不符的场合，若交货品质与样品差距较大时，买方仍有权拒收货物。

4）凭样品买卖时，卖方应留存一份或几份相同的样品，作为复样（Duplicate Sample）并封样，以备日后交货或处理品质争议时核对之用。如国内某出口公司凭样品出口胶底布鞋一批，交货时，货物与成交时提供的样品是一致的。交货后，买方借口鞋面与鞋底胶合处上胶不匀提出索赔。该出口公司由于没有保留复样，就提不出有力证据证明这批布鞋是重量合格的。

5）参考样品以介绍商品为目的，与成交样品或称标准样品不同。买卖双方为了发展贸易关系和增进彼此对对方商品的了解，往往采用互相寄送样品的做法。这种以介绍商品为目的而寄出的样品，最好标明"仅供参考"（For Reference Only）字样，以免与标准样品混淆。

6）样品由买方提供时，要在合同中表明"发生侵犯第三者权利时，由买方承担一切经济和法律责任"。按照《公约》第42条（1）款的规定：卖方所交付的货物，必须是第三方不能根据工业产权或其他知识产权主张任何权利或要求的货物，但以卖方在订立合同时已知道或不可能不知道的权利或要求为限……在第42条（2）款中又提到，如果"此项权利或要求的发生，是由于卖方要遵照买方提供的技术图样、图案或其他规格"，则卖方在上述（1）款中提到的卖方义务将不适用。因此，按照《公约》的规定，由于买方提供的样品而发生侵权行为时，卖方可不负任何责任。但产生纠纷毕竟对卖方不利，应尽量避免。

（4）恰当使用"良好平均品质"、"上好可销品质"的品质表示方法。对于某些品质变化较大而难以等级化或标准化的农副产品，有时采用"良好平均品质"（Fair Average Quality，简称 F. A. Q.）来表示商品的品质。如："天津红小豆，2002年新产，良好平均品质"。对 F. A. Q. 有两种解释：一种是指一定时期内某地出口商品的平均品质水平，即中等货；另一种是指某一季度或某一月份在装运地发运的同一种商品的平均品质。在我国，F. A. Q 一般是指大路货，大路货和精选货（Selected）是相对的概念。由于该种方法表示的品质含糊，除非在一些老客户之间使用，一般情况下最好少用，或另外补充一些更详细的说明。如出口花生仁，除注明"F. A. Q."外，可附加生产期、水分含量、不完善颗粒最高比例、含油量等具体规格。

"上好可销品质"（Good Merchantable Quality，简称 G. M. Q.）是指卖方必须保证其交付的货物品质良好，适合销售，而无需以其他方式证明商品的品质。这种买卖条件多用于无法利用样品或无国际公认标准可循的货物买卖，如木材、冷冻鱼虾等商品交易。但采用 G. M. Q. 作为品质标准，易发生争议。因为品质良好不一定就适销，适销商品却不一定品质良好，品质标准太笼统，不易把握。如果能够用一般规格指标来表示商品的品质，则尽量不采用这种表示方法，除非双方在长期的业务往来中已取得一致理解。

（5）对于某些技术性强、金额大的产品，还须订立品质保证条款和技术服务条款。条款要明确规定卖方在交货后若干时期内，保证其出售的商品品质符合说明书上规定的指标。在保证期内发现品质低于规定，或部件的工艺重量不良，或因材料内部隐患而产生缺陷，买方有权提出索赔，卖方有义务消除缺陷或更换有缺陷的商品或材料，并承担由此引起的各项费用。

（6）《公约》中的有关条款。第35条："1）卖方交付的货物必须与合同所规定的数量、重量和规格相符，并须按照合同所规定的方式装箱或包装。2）除双方当事人业已另有协议外，货物除非符合以下规定，否则即为与合同不符：（a）货物适用于同一规格货物通常使用的目的；（b）货物适用于订立合同时曾明示或默示地通知卖方的任何特定目的，除非情况表明买方并不依赖卖方的技能和判断力，或者这种依赖对他是不合理的；（c）货物的重量与卖方向买方提供的货物样品或样式相同；（d）货物按照同类货物通用的方式装箱或包装，如果没有此种通用方式，则按照足以保全和保护货物的方式装箱或包装。"

第36条："1）卖方应按照合同和本公约的规定，对风险转移到买方时所存在的任何不符合同的情形负有责任，即使这种不符合同情形在该时间后方始明显。2）卖方对在上一款所述时间后发生的任何不符合同情形，也应负有责任，如果这种不符合同情形是由于卖方违反他的某项义务所致，包括违反关于在一段时间内货物将继续适用于其通常使用的目的或某种特定目的、或将保持某种特定重量或性质的任何保证。"

第三节　商品的数量

一、约定商品数量的意义

商品数量是以一定度量衡表示的商品的重量、个数、长度、面积、体积、容积的量。商品数量的大小是计算单价、总金额的重要依据。商品的数量是国际货物买卖合同中不可缺少的主要条件之一。《联合国国际货物销售合同公约》规定，按约定的数量交付货物是卖方的一项基本义务。如卖方交货数量少于约定的数量，卖方应在规定的交货期届满前补交，但不得使买方遭受不合理的不便或承担不合理的开支，即使如此，买方也有保留要求损害赔偿的权利。如卖方交货数量大于约定的数量，买方可以拒收多交的部分，也可以收取多交部分中的一部分或全部，但应按合同价格付款。

由于交易双方约定的数量是交接货物的依据，因此，正确掌握成交数量和定好合同中的数量条件，具有十分重要的意义。正确掌握成交数量，对促成交易达成和争取有利的价格，也具有一定的作用。

二、商品数量的计量单位和度量衡制度

在国际贸易中，由于商品的种类、特性和各国度量衡制度的不同，计量方法和计量单位也多种多样。

1．计量单位

国际贸易中使用的计量单位很多，究竟采用何种计量单位，除主要取决于商品的种类和特点外，也取决于交易双方的意愿。国际贸易中通常使用的计量单位有：按重量、按数量、按长度、按面积、按体积、按容积等。

（1）按重量（Weight）计量。按重量计量是当今国际贸易中广为使用的一种，许多农副产品、矿产品和初级产品都按重量计量，如矿砂、钢铁、化肥、水泥、羊毛、油类、农产品等。贵重商品如黄金、白银、钻石等也采用重量单位计量。按重量计量的单位有公吨（metric ton）、长吨（long ton）、短吨（short ton）、公斤（kilogram）、克（gram）、盎司（ounce）等。

（2）按数量（Number）计量。大多数工业制成品，如服装、文具、纸张、玩具、五金

工具、机器、仪器、零件、汽车等，习惯于以数来计量。其所使用的计量单位有件（piece）、双（pair）、套（set）、打（dozen）、卷（roll）、令（ream）、罗（gross）以及包（bale）等。

（3）按长度（Length）计量。在金属绳索、丝绸、布匹、钢管等商品的交易中，通常按照米（meter）、英尺（foot）、码（yard）等长度单位来计量。

（4）按面积（Aera）计量。在玻璃、木板、地毯、皮革等商品的交易中，一般习惯于按平方米（square meter）、平方英尺（square foot）、平方码（square yard）等面积计量单位。

（5）按体积（Volume）计量。按体积成交多用于木材、天然气和化学气体等的交易。属于这方面的计量单位，有立方米（cubic meter）、立方英尺（cubic foot）、立方码（cubic yard）等。

（6）按容积（Capacity）计量。各类谷物和液体商品，往往按照容积计量，如薄式耳、加仑。其中，美国以蒲式耳（bushel）作为各种谷物的计量单位，但每蒲式耳所代表的重量，则因谷物不同而有差异。例如，每蒲式耳亚麻籽为 56 磅（pound；符号 b，1b＝0.453 kg），燕麦为 32 b，大豆和小麦为 60 b。公升（litre）、加仑（gallon）则用于酒类、油类商品。英制和美制中的薄式耳及加仑大小不同。

2. 国际贸易中的度量衡制度

由于世界各国的度量衡制度不同，造成同一计量单位所表示的数量不一。在国际贸易中通常采用公制（The Metric System）、英制（The Britain System）、美制（The US System）和国际标准计量组织在公制基础上颁布的国际单位制（The International System of Units，简称 SI）。根据《中华人民共和国计量法》规定："国家采用国际单位制。国际单位制计量单位和国家选定的其他计量单位，为国家法定计量单位。"目前，除个别特殊领域外，一般不允许再使用非法定计量单位。我国出口商品，除照顾对方国家贸易习惯约定采用公制、英制或美制计量单位外，应使用我国法定计量单位。我国进口的机器设备和仪器等应要求使用法定计量单位。否则，一般不允许进口，如确有特殊需要，也必须经有关标准计量管理部门批准。

由于度量衡制度不同，即使是同一计量单位所表示的数量差别也很大。就表示重量的吨而言，实行公制的国家一般采用公吨，每公吨为 1 000 kg；实行英制的国家一般采用长吨，每长吨为 1 016 kg；实行美制的国家一般采用短吨，每短吨为 907 kg。此外，有些国家对某些商品还规定有自己习惯使用的或法定的计量单位。以棉花为例，许多国家都习惯于以包（bale）为计量单位，但每包的含量各国解释不一：如美国棉花规定每包净重为 480 b；巴西棉花每包净重 396.8 b；埃及棉花每包为 730 b。

三、商品重量的计算方法

在国际贸易中，按照重量计量的商品很多。根据一般商业习惯，重量的计算方法有下列几种：

1. 毛重（Gross Weight，G. W.）计算

毛重是指商品本身的重量加包装物的重量。这种计量办法一般适用于粮食饲料等低值商品。

2. 按净重（Net Weight，N. W.）计算

净重是指商品本身的重量，即毛重减去包装物后的商品实际重量。在国际贸易中，以重量计算的商品，大部分都是按照净重计算的。不过，有些价值较低的商品有时也采用"以毛作净"（Gross for Net）的办法计重。所谓"以毛作净"，实际上就是以毛重当做净重计价。如"蚕豆100 t，单层麻袋包装，以毛作净。"包装物的重量又称皮重（Tare Weight）。国际贸易中惯用下列方法计算皮重：

（1）按实际皮重（Actual/Real Tare）计算。实际皮重即指包装的实际重量，它是对商品的包装逐件衡量后所得的总和。

（2）按平均皮重（Average Tare）计算。如果商品所使用的包装比较整齐划一，重量相差不大，就可以从整批货物中抽出一定的件数，称出其皮重，然后求出其平均重，再乘以总件数，即可求得整批货物的皮重。近年来，随着技术的发展和包装材料及规格的标准化，采用平均皮重计算净重的做法已日益普遍。有人把平均皮重称为标准皮重（Standard Tare）。

（3）按习惯皮重（Customary Tare）计算。有些材料和规格比较定型的商品包装，其重量已为市场所公认，在计算其皮重时，就无需对包装逐件过秤，而按公认的皮重乘以总件数即可。这种公认的皮重称为习惯皮重，如装运粮食的机制麻袋公认重量为 2.5 b。

（4）按约定皮重（Computed Tare）计算。即以买卖双方事先约定的包装重量作为计算的基础。

国际上有多种计算皮重的方法，在采用净重计重时，究竟采用哪一种方法来求得皮重，应根据商品的性质、所使用包装的特点、合同数量的多寡以及交易习惯，由双方当事人在合同中订明，以免事后引起争议。

3. 按公量（Conditioned Weight）计算

公量是指用科学的方法抽去商品中的水分，再加上标准水分所求得的重量。有些商品，如棉花、羊毛、生丝等有较强的吸湿性，其所含的水分受客观环境的影响较大，故其重量很不稳定。为了准确计算这类商品的重量，国际上通常采用按公量计算的办法。其计算公式如下：公量＝干量＋标准含水量＝干量×（1＋标准回潮率）

4. 按理论重量（Theoretical Weight）计算

对于一些按固定规格生产和买卖的商品，例如马口铁、钢板等，只要其规格一致，每件重量大体是相同的，一般可以从其件数推算出总重量。这种根据理论数据算出的重量，被称为理论重量。理论重量适用于有固定规格的商品的重量计算。但是这种计重方法是建立在每件货物重量相同的基础上的，重量如有变化，其实际重量也会产生差异，因此，在实际业务

中，理论重量常作为计算实际重量的参考。

5. 按法定重量（Legal Weight）计算

按照一些国家海关法的规定，在征收从量税时，商品的重量是以法定重量计算的。所谓法定重量是指商品的净重加上直接接触商品的包装材料，如销售包装等的重量。而除去这部分重量所表示出来的纯商品的重量，则称为实物净重（Net Weight）。

四、合同中数量条款的内容

1. 数量条款的基本内容

买卖合同中的数量条款，主要包括成交商品的数量和计量单位。按重量成交的商品，还需订明计算重量的方法。有些商品如粮食、矿砂、化肥和食糖等，由于其自身特性，或因自然条件的影响或受包装和运输工具的限制，难以准确地按合同规定的数量交货，为便于履行合同，买卖双方可在合同中规定数量机动幅度条款，即数量增减条款或溢短装条款（More or Less Clause），就是允许交货时可多交或少交一定比例的数量，只要卖方交货数量在约定的增减幅度范围内，就算按合同规定数量交货，买方就不得以交货数量不符为由而拒收货物或提出索赔。例如，合同规定"数量 1 000 Mt，卖方可溢装或短装 5％"，则卖方在 950～1 050Mt的范围内交货均可以，无需硬凑 1 000 Mt。

2. 制定数量条款时应注意的问题

（1）数量条款应当明确具体。为了便于履行合同和避免引起争议，进出口合同中的数量条款应当明确具体。比如，在规定成交商品数量时，应一并规定该商品的计量单位。对按重量计算的商品，还应规定计算重量的具体方法，如"中国大米 1 000 kg，麻袋装，以毛作净"。某些商品，如需要规定数量机动幅度时，则数量机动幅度多少，由谁来掌握这一机动幅度，以及溢短装部分如何作价，都应在条款中具体订明。

商品数量一般不宜采用大约、近似、左右（About，Circa，Approximate）等带伸缩性的字眼来说明。因为各国和各行业对这类词语的解释不一，容易引起争议。根据《跟单信用证统一惯例》规定，这个约数，可解释为交货数量有不超过 10％的增减幅度。鉴于国际上对约数有不同解释，为了明确责任和便于履行合同，对某些难以准确地按约定数量交货的商品，特别是大宗商品，可在买卖合同中具体规定数量机动幅度。

（2）合理规定数量机动幅度条款。在粮食、矿砂、化肥和食糖等大宗商品的交易中，由于商品特性、货源变化、船舱容量、装载技术和包装等因素的影响，要求准确地按约定数量交货，有时存在一定困难。为了使交货数量具有一定范围内的灵活性和便于履行合同，买卖双方可在合同中合理规定数量机动幅度。只要卖方交货数量在约定的增减幅度范围内，就算按合同规定数量交货，买方就不得以交货数量不符为由而拒收货物或提出索赔。为了订好数量机动幅度，即数量增减条款或溢短装条款，需要注意下列几点：

1) 数量机动幅度的大小要适当。数量机动幅度的大小通常都以百分比表示，如3％或5％不等。究竟百分比多大合适，应视商品特性、行业或贸易习惯和运输方式等因素而定。数量机动幅度可酌情做出各种不同的规定，其中一种是只对合同数量规定一个百分比的机动幅度，而对每批分运的具体幅度不做规定，在此情况下，只要卖方交货总量在规定的机动幅度范围内，就算按合同数量交货；另一种是，除规定合同数量总的机动幅度外，还规定每批分运数量的机动幅度，在此情况下，卖方总的交货量，就得受上述总机动幅度的约束，而不能只按每批分运数量的机动幅度交货，这就要求卖方根据过去累计的交货量，计算出最后一批应交的数量。此外，有的买卖合同，除规定一个具体的机动幅度（如3％）外，还规定一个追加的机动幅度（如2％），在此情况下，总的机动幅度应理解为5％。

2) 机动幅度选择权的规定要合理。机动幅度的选择权可以根据不同情况，由买方行使，也可由卖方行使或由船方行使。因此，为了明确起见，最好是在合同中做出明确合理的规定。当成交某些价格波动剧烈的大宗商品时，为了防止卖方或买方利用数量机动幅度条款，根据自身的利益故意增加或减少装船数量，可在机动幅度条款中加订："此项机动幅度只是为了适应船舶实际装载量的需要时，才能适用。"

3) 溢短装数量的计价方法要公平合理。对机动幅度范围内超出或低于合同数量的多装或少装部分，一般是按合同价格结算，这是比较常见的做法。但是，为了防止有权选择多装或少装的一方当事人利用行情的变化，有意多装或少装以获取额外的好处，可在合同中规定，多装或少装的部分，不按合同价格计价，而按装船时或货到时的市价计算，以体现公平合理的原则。如双方对装船时或货到时的市价不能达成协议，则可交由仲裁机构解决。

（3）明确计量单位所采用的度量衡制度。目前国际贸易中常用的度量衡制度有公制（the Metric System）、英制（the British System）、美制（the US System）和国际标准计量组织在公制基础上颁布的国际单位制（the International System of Units，简称SI）等四种。其中，采用国际单位制的国家有100多个，但仍有许多国家采用其他度量衡制度。不同的度量衡导致同一计量单位所表示的数量有差异。以表示重量的吨（ton）为例，实行公制的国家一般采用公吨，每公吨为1 000 kg；实行英制的国家一般采用长吨，每长吨为1 016 kg；实行美制的国家一般采用短吨，每短吨907 kg。再比如许多国家都习惯于以包（bale）作为棉花的计量单位，但每包的含量各国解释不一，如美国棉花每包净重为218 kg；巴西棉花每包净重为180 kg；埃及棉花每包为331 kg。所以，签订合同时对于计量单位的使用一定要谨慎。

（4）有关数量的其他规定。如果数量条款中未明确规定机动幅度，原则上卖方应按合同规定的数量交货。若按《跟单信用证统一惯例》规定，卖方交货数量可有5％的增减，即"除非信用证规定货物的指定数量不得有增减外，在所支付款项不超过信用证金额的条件下，货物数量准许有5％的增减幅度。但是，当信用证规定数量以包装单位或个数计数时，此项增减幅度则不适用。"

如果数量条款中未明确重量的计算方法，按照《联合国国际货物销售合同公约》第56条的规定，应按净重计算，即"如果价格是按货物的重量规定的，如有疑问，应按净重确定"。

第四节 商品的包装

一、商品包装的重要性

在国际贸易中，商品种类繁多，性质、特点和形状各异，因而对包装的要求也各不相同。除少数商品难以包装、不值得包装或根本没有包装的必要而采取裸装（Nude Pack）或散装（In Bulk）的方式外，其他绝大多数商品都需要有适当的包装。

商品的包装是生产过程的继续。大部分商品只有经过包装，才能进入流通和消费领域，才能实现商品的价值和使用价值，并增加商品价值。经过适当包装的商品，不仅便于运输、装卸、搬运、储存、保管、清点、陈列和携带，而且不易丢失或被盗，为各方面提供了便利。良好的包装，不仅可以保护商品，而且还能宣传和美化商品，提高商品身价，吸引顾客，扩大销路，增加售价，并在一定程度上显示出口国家的科技、文化艺术水平。

在国际货物买卖中，包装还是说明货物的重要组成部分，包装条件是买卖合同中的一项主要条件。按照《联合国国际货物销售合同公约》第35条的规定，卖方交付的货物须按合同所规定的方式装箱或包装。如果合同中没有相关约定，则"货物按照同类货物通用的方式装箱或包装，如果没有此种通用方式，则按照足以保全和保护货物的方式装箱或包装"。否则，货物即为与合同不符，卖方要根据实际情况承担相应的违约责任。

二、商品包装的种类

商品包装根据在流通过程中所起作用的不同，可分为运输包装（即外包装）和销售包装（即内包装）两种类型：

1. 运输包装

运输包装（Packing for Transportation）又称外包装（Outer Packing）或大包装，其主要作用在于保护商品，并使其便于运输、装卸、储存和计数等。

运输包装的方式和造型多种多样，包装用料和质地各不相同，包装程度也有差异，这就导致运输包装的多样性，见表2.1。

表 2.1　包装的分类标准和种类

分类标准	种类
按包装方式	单件运输包装、集合运输包装
按包装造型	箱、袋、包、桶、捆
按包装材料	纸制、金属、木制、塑料、麻制品、竹、柳、草制品、玻璃制品、陶包装
按包装质地	软性包装、半硬性包装、硬性包装
按包装程度	全部包装、局部包装

在国际贸易中，买卖双方究竟采用何种运输包装，应根据商品特性、形状、贸易习惯、货物运输路线的自然条件、运输方式和各种费用开支大小等因素，在洽商交易时谈妥，并在合同中具体订明。

2. 销售包装

销售包装（Sales Packing）又称内包装（Inner Packing）、小包装、直接包装或陈列包装，它是直接接触商品并随商品进入零售网点，和消费者直接见面的包装。这类包装除具有保护商品的作用外，还具有美化、宣传商品，便于商品销售和使用等功能。因此，在国际贸易中，对销售包装的用料、造型结构、装潢画面和文字说明都有较高的要求。

（1）装潢画面。销售包装上一般都附有装潢画面，以突出商品特点，同时也力求美观大方富有艺术吸引力。装潢画面的图案和色彩应适应有关国家和民族的习惯和爱好。如大象在泰国和印度被看做是吉祥的动物，而英国则认为它是蠢笨的象征。日本认为荷花图形不吉利，信奉伊斯兰教的国家忌用猪形图案。德国、瑞典不喜欢红色，因为红色在那里表示凶兆。而法国、比利时对墨绿色反感，因为这是纳粹军服的颜色。

（2）文字说明。销售包装上应有必要的文字说明，如商标、品牌、品名、产地、生产日期、数量、规格、成分、用途和使用方法等。使用的文字应简明扼要，必要时也可多种文字并用，以求易懂。文字说明应与装潢画面相结合，互相衬托、补充，以达到宣传和促销的目的。

在销售包装上使用文字说明或制作标签时，还应注意有关国家的标签管理条例的规定。例如，加拿大政府要求商品包装上必须使用英、法两种文字说明；美国食品药物管理局（FDA）要求大部分食品必须标明至少14种营养成分的含量；日本政府规定，凡销往该国的药品，除必须说明成分和服用方法外，还要说明其功能，否则，不准进口。

（3）条码（Product Code）。商品销售包装上的条码是由一组依规则排列的条、空及相应字符组成的标记，用以表达一定的商品信息。国际上通用的条码有两种：一种是 UPC（Universal Product Code）码，一种是 EAN（European Article Number）码。20 世纪 70 年代初,美国首先将条码应用于食品零售杂货类商品上。目前,许多国家的超级市场都使用条码技术进行扫描结算,如果商品包装上没有条码,即使是名优产品,也不能进入超级市场。有的国家甚至对某些商品的包装做出无条码标志即不予进口的规定。我国于1998年12月建立了"中国物品编码中心",负责推广条码技术,并对其进行统一管理。1991年4月,我国正式加入国际物品编码协会(前身为欧洲物品编码协会),被分配的国别号为690、691和692(不包括港、澳、台地区),由这三组代码打头的商品条码,即表示中国大陆制造的产品。

由于销售包装可采用不同的包装材料和不同的造型结构与式样,从而导致销售包装的多样性。常见的销售包装有透明包装、便携包装、堆叠式包装、易开包装、喷雾包装、配套包装、礼品包装、复用包装、真空包装、一次性包装、软性包装等。

三、商品运输包装的标志

为了便于在运输过程中快速、准确地识别货物,防止错发错运、损坏货物或发生伤害事故,需要在商品外包装上刷制各种有关的标志,以便于操作。运输包装上的标志,按其用途可分为以下几种:

1. 运输标志

运输标志(Shipping Mark)又称唛头,是一种识别标志。联合国欧洲经济委员会简化国际贸易程序工作组在国际标准化组织和国际货物装卸协调协会的支持下,制定了标准化的运输标志向各国推荐使用。该标志包括四项内容:①收货人名称的英文缩写或简称;②参考号,如运单号、订单号、发票号、合同号、信用证号;③目的地;④件号,一般用 m/n 表示,n 为总件数,m 为整批货物中每件的顺序号。标准化的运输标志如下例:

ABC	收货人代号
L/C1234	参考号
SAN FRANCISCO	目的地
2/20	件号/件数

运输标志在国际贸易中还有其特殊的作用。按《联合国国际货物销售合同公约》规定,在商品特定化以前,风险不转移到买方承担。而商品特定化最常见的有效方式,就是在商品外包装上标明运输标志。商品以集装箱方式运输时,运输标志可被集装箱号码和封口号码取代。

2. 指示性标志

指示性标志(Indicative Mark)又称注意标志,是提示人们在装卸、运输和保管过程中需要注意的事项,一般都是以简单醒目的图形和文字在包装上标出。易碎、防湿、怕热的商品都有相应的图形和文字在包装上标出。

3. 警告性标志

警告性标志(Warning Mark)又称危险货物包装标志。凡在运输包装内装有爆炸品、

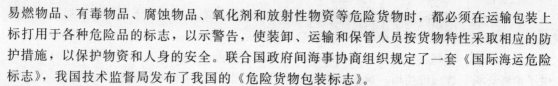

易燃物品、有毒物品、腐蚀物品、氧化剂和放射性物资等危险货物时，都必须在运输包装上标打用于各种危险品的标志，以示警告，使装卸、运输和保管人员按货物特性采取相应的防护措施，以保护物资和人身的安全。联合国政府间海事协商组织规定了一套《国际海运危险标志》，我国技术监督局发布了我国的《危险货物包装标志》。

4. 重量尺码标志

重量尺码标志（Weight and Measurement Mark）即为表示该货物的毛、净重及它的实际体积（长×宽×高）的文字说明，以方便在储运过程中安排装卸作业和舱位。例如：

Gross Weight（G. W.）55 kg

Net Weight（N. W.）51 kg

Measurement 162 cm × 40 cm × 30 cm

5. 产地标志

商品产地是海关统计和征税的重要依据，由产地证说明。一般在内外包装上均注明产地，作为商品说明的一个重要内容。产地标志英文为（Place of Origin Mark）。

在实务操作中，上述各种包装标志一般刷在货物外包装的一侧或两侧，以同时刷两侧为好。

四、合同中包装条款的内容

1. 包装条款的基本内容

包装条款一般包括包装材料、包装方式、包装标志和包装费用的负担等内容。包装材料即包装所用材料，如木箱（Wooden Case）、纸箱（Carton Case）、铁桶（Iron Drum）、麻袋（Gunny Bag）等。包装方式一般指包装尺寸、数量/重量、填充物和加固条件等，如"木箱装，每箱净重50 t（In wooden cases of 50kg net weight each）"。包装标志可以由卖方决定，或由买方提供。如果由卖方决定，可不订入合同或只订明"卖方标志"，由卖方设计后通知买方。如由买方提供，一般规定买方提供的时间。包装费用一般包括在商品货价内，不另计收。但如买方要求特殊包装时，则超出的包装费用由何方负担以及如何支付，应在合同中做出具体规定。

2. 制定包装条款时应注意的问题

（1）对包装的规定要明确具体。约定包装时，应明确具体，不易笼统规定。一般不宜采用"海运包装"（Seaworthy Packing）和"习惯包装"（Customary Packing）等笼统规定，因为此类术语的含义模糊，无统一解释，容易引起争议。

（2）要考虑商品特点和不同运输方式的要求。每种商品都有自己的特性，例如：水泥怕潮湿，玻璃制品易破碎，流体货物易渗漏和流失等。这就要求运输包装具有防潮、防振、防漏、防锈和防毒等良好的性能。此外，不同运输方式对运输包装的要求也不同，例如：海运包装要求牢固，并具有防止挤压和碰撞的功能；铁路运输包装要求具有不怕振动的功能；航空运输包装要求轻便而且不宜过大。

（3）要考虑进口国家对包装的有关法令规定。国际上不少国家对于销售包装都有其独特的规定，凡包装不符合其规定的均不准进口或进口后也不准投入市场销售。如美国和新西兰禁止利用干草、稻草、谷糠等作为包装或填充材料，在某些情况下，这类包装材料只有在提供了消毒证明后才允许使用；德国和法国禁止进口外形尺寸与本国不同的食品罐头。大多数国家对食品、药品、服装等进口商品都制定有标签管理条例，以这些条例作为限制外国产品进口的一种手段。如欧盟对纺织品加贴生态标签；日本、美国规定，凡是销往该国的药品都应在标签上说明药物成分、功能和服用方法；瑞士规定，凡销往该国的衬衣，衣领上必须要有关于洗涤、烫熨的图示，等等。

（4）关于警告性标志。我国国家技术监督局制定的《危险货物包装标志》规定，危险品上必须按规定打上相应标志；联合国政府间海事协商组织也制定了一套《国际海运危险品标志》，许多国家采用了该套标志。由于上述两种文件的规定图案和文字并不一致，因此，在我国出口危险货物的运输包装上，要标打我国和国际海运所规定的两套危险品标志。

（5）明确包装费用由何方负担。包装由谁供应，通常有下列三种做法：

1）由卖方供应包装，包装连同商品一块交付买方。

2）由卖方供应包装，但交货后，卖方将原包装收回。关于原包装返回给卖方的运费由何方负担，应作具体规定。

3）买方供应包装或包装物料。采用此种做法时，应明确规定买方提供包装或包装物料的时间，以及由于包装或包装物料未能及时供应而影响发运时买方所负的责任。

（6）关于中性包装和定牌。采用中性包装（Neutral Packing）和定牌生产，是国际贸易中常用的习惯做法。中性包装是指在出口商品及其内外包装上都不注明原产地和出口厂商标记的包装。中性包装包括无牌中性包装和定牌中性包装两种。前者是指包装上既无生产地名和厂商名称，又无商标、品牌；后者是指包装上仅有买方指定的商标或品牌，但无生产地名和出口厂商的名称。采用中性包装，是为了打破某些进口国家或地区的关税和非关税壁垒以及适应交易的特殊需要（如转口销售等）。例如，在我国海关对原产于韩国、加拿大和美国的进口新闻纸开始征收反倾销税后，就发现一些进口商在有关货物运输途中将原产于被诉倾销国家或地区的产品改换中性包装或其他国家的包装，以逃避缴纳反倾销税或现金保证金。可见，采用中性包装有利于扩大商品的出口，但不利于提高厂家的商誉。在采用定牌中性包装时，为避免发生知识产权纠纷，应在合同中明确责任范围。

定牌是指卖方按买方的要求在其出售的商品或包装上标明买方指定的商标和品牌，称之为定牌生产。在国际或国内贸易中，有许多大百货商店、超级市场和专业商店，在其经营的商品中，有一部分商品使用该店专有的商标和牌号，这部分商品即是由商店要求有关厂商定牌生产的。在国际贸易中，定牌商品有的在其定牌商标下标明产地，有的则不标明产地和生产厂商。后一种做法，称为定牌中性。我国目前接受外商定牌的出口产品很多，大部分均标明"中国制造"。以下是国际货物买卖合同中包装条款实例：

In wooden cases lined with waterproof paper of 20kg net weight each. 木箱装，内衬防

潮纸，每箱净重 20 kg。

In international standard tea boxes，24 boxes on a pallet，10 pallets in a FCL container. 国际标准茶叶纸箱装，24 纸箱装一托盘，10 托盘装一集装箱。

本章小结

在国际贸易中，确定商品的名称、品质、数量和包装是一笔交易的基础，贸易双方就此进行磋商并达成一致后，才能进一步考虑货物的价格、运输、保险和支付等其他交易条件。许多国家的合同法或货物买卖法都把品质、数量、包装等条款认定为贸易合同的主要条件或交易中必不可少的条件。品质条款包括商品的名称、货号、规格或标准等。掌握品质的表示方法是订立品质条款的关键。数量条款主要由数量和计量单位构成。通常商品不同，其计量方法和计量单位也不完全相同。包装条款涉及到包装材料、包装方式、包装标志和包装费用等内容的规定，包装标志主要包括运输标志、指示性标志、警告性标志、重量尺码标志和产地标志。

习　　题

一、复习思考题

1. 国际货物买卖合同中，商品品质的规定方法有哪些？

2. 凭样品买卖时应注意哪些问题？

3. 试述"品质机动幅度"和"品质公差"的含义及其作用。

4. 在国际货物买卖合同中，规定数量机动幅度有何意义？

5. 试述国际货物买卖中商品包装的重要性。

6. 国际货物买卖中的商品包装有哪些类型？各有什么主要作用？

7. 出口商品的运输包装上一般有哪些标志？各种标志的作用如何？

8. 运输标志一般由哪些内容组成？请按一般要求设计一个运输标志。

9. 如果卖方按每箱 100 美元的价格售出某商品 1 000 箱，合同规定"数量允许有 5％上下浮动，由卖方决定"。试问：①这是一个什么条款？②最多可装多少箱？最少可装多少箱？③如实际装运 1 040 箱，买方应付货款多少？

10. 合同中数量条款规定"10 000Mt，5％ more or less at seller's option"。卖方正要交货时，该商品国际市场价格大幅度上涨。问：

(1) 如果你是卖方，拟交付多少货量？为什么？

(2) 如果你是买方，磋商合同条款时应注意什么？

二、计算题

1. 某出口商品共 210 箱，每箱毛重 9.3 kg，每箱尺寸为 42 cm×30.5 cm ×30 cm，求：该批商品的毛重共多少？体积共多少立方米？如每箱的皮重为 2.3 kg，该批货物的净重共多少？

2. 某公司对外出口羊毛 10 t，合同规定按公量计算，标准回潮率定为 11 %，经抽样 10 kg，用科学方法去掉水分，净剩羊毛为 8 kg，亦即水分为 2 kg。求该批货物的实际回潮率是多少？公量是多少？

三、案例分析

1. 我方出口纺织原料一批，合同规定水分最高 15%，杂质不得超过 3 %，但在成交前曾向买方寄过样品，订约后，我方又电告对方成交货物与样品相似。货到后，买方提出货物的重量比样品低 7% 的检验证明，并据此要求赔偿损失。问我方是否应该赔偿？

2. 某出口公司对美国成交自行车 3 000 辆。合同规定黑色、墨绿色、湖蓝色各 1 000 辆，不得分批装运。该公司到发货时始知墨绿色的库存仅有 950 辆，因短缺之数所占比例不大，于是便以 50 辆黑色车代替墨绿色车。问：这样做有无问题？

3. 某出口公司与国外成交红枣一批，合同与来证上均写的是三级品，但到发货时始发现三级红枣库存告罄，于是改以二级品交货，并在发票上加注"二级红枣仍按三级计价"。问：这种以好顶次原价不变的做法是否妥当。

4. 某外商欲购我方"菊花"牌手电钻，但要求改用"鲨鱼"牌商标，并在包装上不得注明"中国制造"字样。问：我方是否可以接受？应注意什么问题？

5. 我方某商品出口，在与外商签订合同时规定由我方出唛头。因此，我方在备货时就将唛头刷好，但到装船前不久，国外开来的信用证上又指定了唛头。问：在这种情况下应如何处理？

6. 我国某出口公司与日本一商人按 500 美元/Mt CIF 东京的条件成交某农产品 200 Mt，合同规定包装为 25 kg 双线新麻袋，信用证付款方式。该公司凭证装运出口并办妥了结汇手续。事后对方来电称：该公司所交货物扣除皮重后实际到货不足 200 Mt，要求按净重计算价格，退回因短量多收的货款。我公司则以合同未规定按净重计价为由拒绝退款。问：该公司做法是否可行？为什么？

第三章 国际货物运输

国际货物运输是进出口业务中必不可少的一个环节。国际货物运输具有线长面广、环节多、风险大的特点。买卖双方在订立买卖合同时，需要订好装运条款。本章分别介绍不同的运输方式的特点、运输单据及合同中的装运条款。

第一节 海上货物运输

一、海洋运输的特点

在国际货物运输中，海洋运输是最主要的运输方式，其运量在国际货物运输总量中占80％以上。海洋运输的特点如下：

1．通过能力大

海洋运输可以利用四通八达的天然航道，它不像火车、汽车受隧道和道路的限制，故其通过能力很大。

2．运量大

目前船舶正在向大型化发展，故海洋运输船舶的运载能力，远远大于铁路运输车辆和公路运输车辆。

3．运费低

因为海运量大、航程远，分摊于每货运吨的运输成本就少，因此，运价相对低廉。

4．风险大

海洋运输受气候和自然条件的影响较大，风险较大。当然，可以通过投保来得到经济上的补偿。

5．速度低

同其他运输方式比较，海洋运输的速度低。这也是海洋运输的缺点。

二、班轮运输

1．班轮运输的特点

班轮运输（Liner Transport）与租船运输相比较，具有下列特点：

（1）具有"四固定"特点。船舶按照固定的船期表（Sailing Schedule）、沿着固定的航线和港口来往运输，并按相对固定的运费率收取运费，因此，它有"四固定"的基本特点。

（2）由船方负责配载装卸，装卸费包括在运费中，货方不再付装卸费，船货双方也不计算滞期费和速遣费。

（3）船、货双方的权利、义务与责任豁免，以船方签发的提单条款为依据，海运提单是运输契约的证明。

2．班轮运费的构成

班轮运费由基本运费和附加费构成。

（1）基本运费的收费标准。班轮公司运输货物所收取的基本运费，是按照班轮运价表（Liner's Freight Tariff）的规定计收的。不同的班轮公司或班轮公会各有不同的班轮运价表。目前，我国海洋班轮运输公司使用的是"等级运价表"，即将承运的货物分成若干等级，每一个等级的货物有一个基本费率。运费的计征标准有：

1）按货物的重量计收运费。一般称为重量吨（Weight Ton），运价表内用"W"表示。

2）按货物的体积计收运费。一般称为"尺码吨"（Measurement Ton），运价表中用"M"表示。

3）按重量或体积计收运费。由船公司选择收费较高者收取运费，运价表中用"W/M"表示。

4）按商品价格计收运费。从价运费一般是按 FOB 价的一定百分比收取运费，运价表中用"Ad. Val"表示。

5）按重量、体积或价值中选择最高的一种计收运费。运价表中用"W/M or Ad. Val"表示。

6）按重量或体积高者收取运费，再加上从价运费。运价表中用"W/M plus Ad. Val"表示。

7）按每件货物收取运费。如对牲畜按每头（Per Head）收费。

上述计算运费的重量吨和尺码吨统称为运费吨（Freight Ton），又称计费吨，现在国际上一般都采用公制（米制），其重量单位为公吨（Metric Ton，缩写为 t），尺码单位为立方米（Cubic Metre，缩写为 m^3）。计算运费时 1 m^3 作为 1 尺码吨。

（2）附加费。附加费是指除基本运费外，另外加收的各种费用。附加费的计算办法，有的是在基本运费的基础上，加收一定百分比；有的是按每运费吨加收一个绝对数计算。附加费名目繁多，而且会随着航运情况的变化而变动。在班轮运输中常见的附加费有下列几种：

1）超重附加费（Heavy Lift Add）：一件货物毛重超过运价表规定的重量，即为超重货，需要加收一定的附加费。各轮船公司对每件货物的重量规定不一，我国船舶公司规定每件货物不得超过 5 t。

2）超长附加费（Long Length Add）：一件货物的长度超过运价表规定的长度，即为超长货，需要加收一定的附加费。

3）转船附加费（Transhipment Surcharge）：当货物需要转船时，船舶公司必须在转船港口办理换装和转船手续，由此而增加的费用，称为转船附加费。

4）燃油附加费（Bunker Adjustment Factor，BAF）：在燃油价格上涨时，轮船公司便按基本运价的一定百分比加收附加费。

5）直航附加费（Direct Surcharge）：运往非基本港口的货物达到一定数量（"中远"规定近洋直航须够 2 000 t，远洋直航须够 5 000 t），轮船公司才肯安排直航，如此直航要收取一定的费用。直航附加费一般比转船附加费低。

6）港口附加费（Port Add）：有些港口由于设备条件差或装卸效率低，船舶公司便加收附加费用来弥补船舶靠港时间延长造成的损失。一般按基本运价的百分比计收。

7）港口拥挤费（Port Congestion Surcharge）：有些港口由于压港压船，以致停泊时间较长，船方因此而收取的费用。

8）选卸附加费（Additional On Optional Discharging Port）：对于选卸货物（Optional Cargo）需要在积载方面给以特殊的安排，这要增加一定的手续和费用，甚至有时需要翻船（指倒舱翻找货物），根据这样的原因而追加的费用，称为选卸附加费。

9）绕航附加费（Deviation Surcharge）：当正常航道不能通行，需绕道才能到达目的港时，船方便要加收此项费用。

10）货币贬值附加费（Devaluation Surcharge 或 Currency Adjustment Factor，CAF）：当运价表中规定的货币贬值时，轮船公司为弥补其损失，便按基本运价加收一定百分比的附加费。

3. 班轮运费的计算

当确定某商品装某船运往某港时，首先查该船公司所使用的运价表，在运价表中查找所装商品等级和计费标准，再找出运往的目的港属于哪一航线，然后根据商品的单位重量或尺码乘以基本运费率，加上应收的各项附加费，得出应付每吨或每立方米的运费，再乘以计费总吨数，即得出该批货物应付的运费总额。如果是从价运费，按规定的百分比乘 FOB 货值即可。

在没有任何附加费的情况下，其计算公式为：总运费＝基本费率×货运量；在拥有附加费，且附加费按基本费率的百分比收取的情况下，其计算公式为 F＝基本运费×（1＋各项附加费率）；若单位货物的基本运费和附加费都是用绝对数表示，则单位货物的运费就是单位货物的基本运费加单位货物附加费。

例如某外贸公司向科威特出口文具 1 000 箱，每箱毛重 30 kg，体积为 0.035 m³。货物由大连装中国对外贸易运输公司（外运）的轮船，运往科威特港。试计算应付船公司运费。

外运使用《中国对外贸易运输公司 3 号本》。从该表中（以 1994 年本为例）查得文具属于 9 级货，计收标准为 W/M，科威特属于波斯湾航线，大连至科威特基本运费率为每运费吨 76 美元，直航附加费为每运费吨 5 美元。

由于该批货物的单位体积比单位重量大，因此，按尺码吨收取运费。总运费＝0.035×（76＋5）×1 000＝2 835 美元。

三、租船运输

租船运输与班轮运输有很大差别。在租船运输业务中，没有预定的船期表，船舶经由航线和停靠的港口也不固定，须按船租双方签订的租船合同来安排，有关船舶的航线和停靠的港口、运输货物的种类以及航行时间等，都按承租人的要求，由船舶所有人确认而定，运费或租金也由双方根据租船市场行市在租船合同中加以约定。

1. 租船运输的方式

租船运输有三种方式：

（1）定程租船（Voyage Charter）。又称航次租船，是指由船舶所有人负责提供船舶，在指定港口之间进行一个航次或数个航次，承运指定货物的租船运输。定程租船就其租赁方式的不同可分为单程租船、来回航次租船、连续航次租船和包运合同。

（2）定期租船（Time Charter）。是指由船舶所有人将船舶出租给承租人，供其使用一定时期的租船运输。承租人也可将此期租船充做班轮或定程租船使用。

（3）光租船（Bareboat Charter）。光租船是船舶所有人将船舶出租给承租人使用一个时期，但船舶所有人所提供的船舶是一艘空船，既无船长，又未配备船员，承租人自己要任命船长、船员，负责船员的给养和船舶营运管理所需的一切费用。这种光租船，实际上属于单纯的财产租赁，与上述定期租船有所不同。这种租船方式，在当前国际贸易中很少使用。

租船运输通常适用于大宗货物的运输，因此，我国大宗货物如粮食、油料、矿产品和工业原料等进出口通常采用租船运输方式。就外贸企业来说，使用较多的租船方式是定程租船。

2. 定程租船与定期租船的区别

定程租船与定期租船有许多不同之处，主要表现在下列几方面：

（1）定程租船是按航程租赁船舶，而定期租船则是按期限租赁船舶。关于船、租双方的责任和义务，前者以定程租船合同为准，后者以定期租船合同为准。

（2）定程租船的船方直接负责船舶的经营管理，他除负责船舶航行、驾驶和管理外，还应对货物运输负责。但定期租船的船方，仅对船舶的维护、修理、机器正常运转和船员工资与给养负责，而船舶的调度、货物运输、船舶在租期内的营运管理和日常开支，如船用燃料、港口费、税捐以及货物装卸、搬运、理舱和平舱等费用，均由租船方负责。

（3）定程租船的租金或运费，一般按装运货物的数量计算，也有按航次包租总金额计算

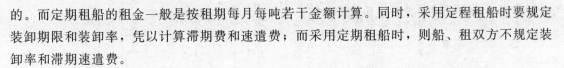

的。而定期租船的租金一般是按租期每月每吨若干金额计算。同时，采用定程租船时要规定装卸期限和装卸率，凭以计算滞期费和速遣费；而采用定期租船时，则船、租双方不规定装卸率和滞期速遣费。

3. 定程租船运费

定程租船运费的费用包括：

（1）定程租船运费。定程租船运费的计算方式与支付时间，需由租船人与船东在所签订的定程租船合同中明确规定。其计算方式主要有两种：一种是按运费率（Rate Freight），即规定每单位重量或单位体积的运费额，同时规定按装船时的货物重量（Intaken Quantity）或按卸船时的货物重量（Delivered Quantity）来计算总运费；另一种是整船包价（Lump-sum Freight），即规定一笔整船运费，船东保证船舶能提供的载货重量和容积，不管租方实际装货多少，一律照整船包价付费。

影响定程租船运费率高低的有众多因素：租船市场运费水平、承运的货物价格和装卸货物所需设备和劳动力、运费的支付时间、装卸费的负担方法、港口费用高低及船舶经纪人的佣金高低等。

（2）定程租船的装卸费。定程租船运输情况下，有关货物的装卸费用由租船人和船东协商确定后在定程租船合同中做出具体规定。具体做法主要有以下四种：

1）船方负担装货费和卸货费，又可称为"班轮条件"（Gross Terms；Liner Terms 或 Berth Terms）在此条件下，船货双方一般以船边划分费用。多用于木材和包装货物的运输。

2）船方管装不管卸（Free Out，FO）。即船方负担装货费，但不负担卸货费。

3）船方管卸不管装（Free In，FI）。即船方负担卸货费，而不负担装货费。

4）船方装和卸均不管（Free In and Out，FIO）。即船方既不负担装货费，也不负担卸货费。这种条件一般适用于散装货。采用这一规定方法时，必要时还需明确规定理舱费和平舱费由谁负担，如规定由租方负担，则称为"船方不管装卸、理舱和平舱"（Free In and Out，Stowed and Trimmed，FIOST）条款。

在定程租船运输情况下，装卸货时间的长短影响到船舶的使用周期，直接关系到船方利益。因而在租船合同中，除需规定装卸货时间外，还需要规定一种奖励处罚措施，以督促租船人实现快装快卸。

4. 租船合同的主要条款

租船合同是租船人与船东根据自愿原则达成的协议。租船合同的种类很多，当事人可以选择其中的一种作为协商的依据。定程租船合同使用较多的是"标准杂货租船合同"；其租船合同使用最多的是"标准定期租船合同。"

租船合同的主要条款有船东与租船人双方的名称和地址、船名、船旗、船舶的适航性、船期、装卸港口、船舶到达的含义、港口租约、安全港口、提供租约规定的货物、运费及运费的计算、装卸时间、滞期费和速遣费等。

四、海运提单

海运提单（Ocean Bill of Lading，B/L），简称提单，是指证明海上运输合同和货物由承运人接管或装船，以及承运人据以保证交付货物的凭证。

1. 海运提单的性质和作用

（1）海运提单是货物收据。提单是承运人（或其代理人）出具的货物收据，证明承运人已收到或接管提单上所列的货物。

（2）海运提单是物权凭证。提单是货物所有权的凭证，提单在法律上具有物权证书的作用，船货抵达目的港后，承运人应向提单的合法持有人交付货物。提单可以通过背书转让，从而转让货物的所有权。

（3）海运提单是运输契约的证明。提单是承运人与托运人之间订立的运输契约的证明。提单条款明确规定了承、托双方之间的权利和义务，责任与豁免，是处理承运人与托运人之间争议的法律依据。

2. 海运提单的格式与内容

提单的格式很多，每个船舶公司都有自己的提单格式，但基本内容大致相同，一般包括提单正面的记载事项和提单背面印就的运输条款。

提单正面的记载事项，分别由托运人和承运人或其代理人填写，通常包括的内容有托运人、收货人、被通知人、收货地或装货港、目的地或卸货港、船名及航唛头及件号、货名及件数、重量和体积、运费预付或运费到付、正本提单的份数、船舶公司或其代理人的签章、签发提单的地点及日期（见单据3.1）。

在班轮提单背面，通常都有印刷的运输条款，这些条款是作为确定承运人与托运人之间以及承运人与收货人及提单持有人之间的权利和义务的主要依据。提单中的运输条款，起初是由船方自行规定的，后来由于船方在提单中加列越来越多的免责条款，使货方的利益失去保障，并降低了提单作为物权凭证的作用。为了缓解船、货双方的矛盾并照顾到船、货双方的利益，国际上为了统一提单背面条款的内容，曾先后签署了有关提单的国际公约，其中包括：1924年签署的《关于统一提单的若干法律规则的国际公约》，简称《海牙规则》（The Hague Rules）；1968年签署的《布鲁塞尔议定书》，简称《维斯比规则》（The Visby Rules）；1978年签署的《联合国海上货物运输公约》，简称《汉堡规则》（The Humburg Rules）。

由于上述三项公约签署的历史背景不同，内容不一，各国对这些公约所持有的态度也不相同，因此，各国船舶公司签发的提单背面条款也就互有差异。

单据3.1 海运提单

		B/L No. 中国对外贸易运输总公司 CHINA NATIONAL FOREIGN TRADE TRANSPORTATION CORP. 直运或转船提单 BILL OF LADING DIRECT OR WITH TRANSHIPMENT		
Shipper				
Consignee or order				
Notify address		SHIPPED on board in apparent good order and condition（unless otherwise indicated）the goods or packages specified herein and to be discharged at the mentioned port of discharge or as near thereto as the vessel may safely get and be always afloat.		
Pre-carriage by	Port of loading	The weight, measure, marks and numbers, quality, contents and value, being particulars furnished by the shipper, are not checked by the carrier on loading.		
Vessel	Port of transhipment	The shipper, consignee and the holder of this Bill of Lading hereby expressly accept and agree to all printed, written or stamped provisions, exceptions and conditions of this Bill of Lading, including those on the back hereof.		
Port of discharge	Final destination	IN WITNESS where of the number of original Bills, of lading stated below have been signed ,one of which being accomplished , the others to be void.		
Container. seal No. or marks and Nos.	Number and kind of package	Description of goods	Gross weight （kg）	Measurement （m³）
Freight and charges		REGARDING TRANSHIPMENT INFORMATION PLEASE CONTACT		
Ex. rate	Prepaid at	Freight payable at	Place and date of issue	
	Total Prepaid	Number of original Bs/L	Signed for on behalf of the Master	

3. 海运提单填制方法

（1）提单号码（B/L No.）。注明承运人及其代理人规定的提单编号，以便核查。

（2）托运人（shipper）。通常是买卖合同中的卖方或信用证的受益人。银行也接受信用证受益人以外的第三方为发货人，但不能是买方。因为这样容易使承运人以"凭托运人指示"为由放货给买方。

（3）收货人或指示（consignee or order）。即通常所说的抬头人。在信用证或托收方式下，海运提单多为指示抬头，其收货人应填"to order of×× Co."（凭××公司指定）、"to order of×× Bank"（凭××银行指定）、"to order of shipper"（凭托运人指定）或"to order"（凭指定）。

（4）被通知人和地址（notify party，addressed to）。船到目的港后承运人的直接联系人。信用证项下一般填写开证申请人的详细名称和地址，如信用证未作规定，则提单正本这一栏空白，在副本这一栏内填上信用证申请人名址；如果内容多打不下，则应在结尾部分打"＊"，然后在提单"描述货物内容"栏的空白地方做同样的记号"＊"，接着打完应填写的内容。这一方法对其他栏目的填写也适用。如果是记名提单或收货人指示提单且收货人有详细名址的，这一栏可以不填。托收项下填写买方的名址。

（5）前程运输（pre-carriage by）。如货物需转运，则填写第一程船的船名（适合联运提单）；如货物不需转运，则此栏不必填写。

（6）装货港（port of loading）。填写装运港名称，且要与信用证规定一致。

（7）船名（vessel）。按实际装船的船名、航次填写。如需转运，填写第二程船的船名。

（8）转运港（port of transhipment）。填写转运港口，如不转船，此栏空白。

（9）卸货港（port of discharge）。填写卸货港，如未转船，则填目的港。

（10）最后目的地（final destination）。按信用证规定的目的地填写。如果货物的最后目的地为卸货港时，这栏也可空白。

（11）集装箱号或唛头号（container seal No. or marks and Nos.）。集装箱运输时填上集装箱号码。若非集装箱运输，唛头按照实际运输标志填写，如果既没有集装箱号也没有唛头，则填 N/M。

（12）货物的件数、包装种类和货物的描述（number and kind of packages description of goods）。按货物装船的实际情况填写总外包装件数、包装种类，货物的描述填写货物的总名称即可。

（13）毛重（gross weight）。填写包括货品包装重量在内的毛重，毛重以千克（kg）为单位，小数保留三位。

（14）尺码（measurement）。与装箱单上货物的总尺码一致，用立方米（m³）表示，小数保留三位。

（15）运费和费用（freight and charges）。只填运费支付情况，不填运费具体数额及计算，但信用证明确规定除外。注意与所用贸易术语的一致性，采用 CIF 或 CFR 条件，加注"运费预付"（freight prepaid）；采用 FOB 条件，加注"运费到付"（freight to collect 或 freight payable at destination）。

（16）转船信息（regarding transhipment information please contact）。本栏在转船情况下填写。

（17）运费预付地（prepaid at）。填写运费的预付地点，在 CIF 和 CFR 条件下，运费的支付地在装运港。

（18）运费支付地（freight payable at）。填写运费的支付地点，在 FOB 条件下，则应该在卸货港。

（19）签单地点和日期（place and date of issue）。提单签发地点为货物实际装运的港口和接受监管的地点。但内地有的公司常采取先通过铁路运输方式将货物运往口岸装船，由内地的船舶公司代理签发海运提单。例如，由长春发往香港装船到伦敦，签单地点及签发日期后打上"Chang chun，×年×月×日"，再批注"shipped on board in Hong Kong×年×月×日"字样。这样既明确了实际签单地，也明确了在某地已装船。

海运提单签发日期应为装完货的日期，提单日期不得迟于信用证规定的最迟装运期，已装船提单的出单日期即被视为提单装运日期。

（20）全部预付（total prepaid）。填写运费是否全部预付。

（21）正本提单份数（number of original Bs/L）。用大写数字填写，一般是 1～3 份。来证如对提单正本份数有规定，则与信用证一致。如："full set of B/L"之全套提单，习惯作两份正本提单解释。例如，来证规定"3/3 marine bills of lading..."则表明船舶公司开立的正本提单必须是 3 份，并且 3 份正本提单都要提交给银行作为议付单据。"3/3"分子数字指交银行的份数，分母数字指应制作的正本份数。近年来，信用证要求卖方在装船后寄一份正本提单给买方。这种做法于买方提货和转口贸易以及较急需或易腐烂的商品贸易有利，但对卖方却有货权已交出而被拒付的风险。

（22）承运人或船长的签名（signed for or on behalf of the master）。每张正本提单有承运人或其代理人签章才能生效。任何承运人或船长的签署必须表明其为承运人或船长。若是承运人或船舶长的代理人的签署或证实也必须表明被代理方，如承运人或船长的名字和资格。曾经有过我方出口新加坡大米的提单未显示承运人的名字，致使我方降价出售的案例，足以说明这一问题的重要性。

（23）提单背书（endorsement）。提单背书分为记名背书和空白背书。记名背书在提单背面打上"endorsed or deliver to××Co."然后由托运人签章。一般信用证要求空白背书，即由托运人在提单背面签章即可。

4. 海运提单的种类

海运提单可以从各种不同角度予以分类，主要有以下几种：

（1）根据货物是否已装船，分为已装船提单和备运提单。已装船提单（On Board B/L；Shipped B/L）。是指承运人已将货物装上指定船舶后所签发的提单，其特点是提单上必须以文字表明货物已经装某某船上，并载装船日期，同时还应由船长或其代理人签字。根据《跟单信用证统一惯例》规定，如信用证要求海运提单作为运输单据，银行将接受注明货物已装船或已装指名船舶的提单。所以，在国际贸易中，一般都要求卖方提供已装船提单。

备运提单（Received for Shipment B/L）。又称收讫待运提单，是指承运人已收到托运货物等待装运期间所签发的提单。在签发备运提单情况下，发货人可在货物装船后凭以调换已装船提单；也可经承运人或其代理人在备运提单上批注货物已装上某具名船舶及装船日期，并签署后使之成为已装船提单。

（2）根据提单上对货物外表状况有无不良批注可分为清洁提单和不清洁提单。清洁提单（Clean B/L）是指货物在装船时"表面状况良好"，承运人在提单上不带有明确宣称货物及/或包装有缺陷状况的文字或批注的提单。根据《跟单信用证统一惯例》规定，除非信用证中明确规定可以接受的条款或批注，银行只接受清洁提单。清洁提单也是提单转让时所必备的条件。

不清洁提单（Unclean B/L，Foul B/L）。是指承运人在签发的提单上带有明确宣称货物及/或包装有缺陷状况的条款或批注的提单。例如，提单上批注"×件损坏"（... packages in damaged condition），"铁条松散"（iron strap loose or missing）等。

（3）根据提单收货人抬头的不同可分为记名提单、不记名提单和指示提单。记名提单（Straight B/L）。是指提单上的收货人栏内填明特定收货人名称，只能由该特定收货人提货，由于这种提单不能通过背书方式转让给第三方，不能流通，故其在国际贸易中很少使用。

不记名提单（Bearer B/L）。是指提单收货人栏内没有指明任何收货人，只注明提单持有人（bearer）字样，承运人应将货物交给提单持有人。谁持有提单，谁就可以提货。承运人交货，只凭单，不凭人。不记名提单无须背书转让，流通性极强，采用这种提单风险大，故其在国际贸易中很少使用。

指示提单（Order B/L）。是指提单上的收货人栏填写"凭指定"（to order）或"凭某某人指定"（to order of...）字样。这种提单可经过背书转让，故其在国际贸易中广为使用。背书的方式又有"空白背书"和"记名背书"之分。前者是指背书人（提单转让人）在提单背面签名，而不注明被背书人（提单受让人）名称；后者是指背书人除在提单背面签名外，还列明被背书人名称。记名背书的提单受让人如需再转让，必须再加背书。目前在实际业务中使用最多的是"凭指定"并经空白背书的提单，习惯上称其为"空白抬头、空白背书"

提单。

（4）按运输方式分类，可分为直达提单、转船提单和联运提单。直达提单（Direct B/L)是指轮船中途不经过换船而驶往目的港所签发的提单。凡合同"信用证规定不准转船者"必须使用这种直达提单。

转船提单（Transhipment B/L)是指从装运港装货的船，不直接驶往目的港，而需在中途换装另外船舶所签发的提单。在这种提单上要注明"转船"或"在××港转船"字样。

联运提单（Through B/L)是指经过海运和其他运输方联合运输时由第一程承运人所签发的包括全程运输的提单。它同转船提单一样，货物在中途转换运输工具和进行交接，由第一承运人或其代理人向下一程承运人办理。应当指出，联运提单虽包括全程运输，但签发联运提单的承运人一般都在提单中规定，只承担他负责运输的一段航程内的货损责任。

（5）从船舶营运方式的不同，可分为班轮提单和租船提单。班轮提单（Liner B/L)是指由班轮公司承运货物后所发给托运人的提单。

租船提单（Charter Party B/L)是指承运人根据租船合同而签发的提单。在这种提单上注明"一切条件、条款和免责事项按照×年×月×日的租船合同"或批注"根据××租船合同出立"字样。这种提单受租船合同条款的约束。银行或买方在接受这种提单时，通常要求卖方提供租船合同的副本。

（6）根据提单内容的繁简，可分为全式提单和略式提单。全式提单（Long Form B/L)是指提单背面列有承运人和托运人权利、义务的详细提单。

略式或简式提单（Short Form B/L)是指提单背面无条款，而只列出提单正面的必须记载事项。这种提单一般都列有"本提单货物的收受、保管、运输和运费等项，均按本公司提单上的条款办理"字样。此外，租船合同项下所签发的提单，通常也是略式提单，在这种略式提单上应注明："所有条件根据×年×月×日签订的租船合同。"这种提单与全式提单在法律上具有同等效力。但租船合同项下的略式提单，除非信用证另有规定，银行一般不予接受。

（7）根据提单使用效力，可分为正本提单和副本提单。正本提单（Original B/L)是指提单上有承运人、船长或其代理人签名盖章并注明签发日期的提单。这种提单在法律上是有效的单据。正本提单上必须标明"正本"（Original）字样。正本提单一般签发一式两份或三份，凭其中的任何一份提货后，其余的即作废。根据《跟单信用证统一惯例》规定，银行接受仅有一份的正本提单，如签发一份以上正本提单时，应包括全套正本提单。买方与银行通常要求卖方提供船舶公司签发的全部正本提单，即所谓"全套"（Full Set）提单。

副本提单（Copy B/L)是指提单上没有承运人、船长或其代理人签字盖章，而仅供工作上参考之用的提单。在副本提单上一般都标明"Copy"或"Non-negotiable"（不作流通转让）字样，以示与正本提单有别。

（8）其他种类提单。集装箱提单（Container B/L）是指由负责集装箱运输的经营人或其代理人，在收到货物后签发给托运人的提单。集装箱提单与传统的海运提单有所不同，其中包括集装箱联运提单（Combined Transport B/L，CTB/L）及多式联运单据（Multimodal Transport Document，MTD）等。

舱面提单（On Deck B/L）是指承运货物装在船舶甲板上所签发的提单，故又称为甲板货提单。由于货物装在甲板上风险较大，故托运人一般都向保险公司加保甲板险。承运人在签发提单时加批"货装甲板"字样。《海牙规则》不适用甲板货，除非在提单条款中明确订明。货物装在甲板上受损的风险很大，所以进口商一般不愿意货物装在甲板上，不接受甲板提单。根据《跟单信用证统一惯例》规定，除非信用证另有约定，银行不接受甲板提单。

过期提单（Stale B/L）是指错过规定的交单日期或者晚于货物到达目的港日期的提单。前者，是指卖方超过提单签发日期后 21 天才交到银行议付的提单，根据《跟单信用证统一惯例》规定，如信用证无特殊规定，银行将拒绝接受在运输单据签发日后超过 21 天才提交的单据。后者，是在近洋运输时容易出现的情况，故在近洋国家间的贸易合同中，一般都订有"过期提单可以接受"（Stale B/L is Acceptable）的条款。

另外，在海运当中还有一种运输单据——海运单。海运单（Sea Waybill，Ocean Waybill）是证明海上运输合同和货物由承运人接管或装船，以及承运人保证据以将货物交付给单证所载明的收货人的一种不可流通的单证，因此又称"不可转让海运单"（Non-negotiable Sea Waybill）。

海运单不是物权凭证，故而不可转让。收货人不凭海运单提货，而是凭到货通知提货。因此，海运单收货人一栏，应填写实际收货人的名称和地址，以利货物到达目的港后通知收货人提货。近年来，欧洲、北美和某些远东、中东地区的贸易界越来越倾向于使用不可转让的海运单，主要是因为海运单能方便进口商及时提货，简化手续，节省费用，还可以在一定程度上减少以假单据进行诈骗的现象。另外，由于 EDI 技术在国际贸易中的广泛使用，不可转让海运单，更适用于电子数据交换信息。1990 年国际海事委员会曾通过《1990 年国际海事委员会海运单统一规则》，该规则适用于不使用可转让提单的运输合同，适用于全部海运的运输合同和含有海运的多式联运合同。

第二节　铁路货物运输

铁路运输是一种仅次于海洋运输的主要货运方式，它具有运量较大、速度较快、不受气候条件的影响、货运手续简单、发货人可就近办理托运和提货手续等特点。在我国对外贸易运输中有国际铁路货物联运和国内铁路运输两种。

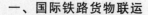
一、国际铁路货物联运

1. 概述

国际铁路货物联运，是指两个或两个以上国家之间进行铁路货物运输时只使用一份统一的国际联运票据，由一国铁路向另一国铁路移交货物时，无需发、收货人参加，铁路当局对全程运输负连带责任。

参加国际铁路联运的国家分两个集团，一个是有 32 个国家参加的并签有《国际铁路货物运送公约》的"货约"集团；另一个是曾有 12 个国家参加并签有《国际铁路货物联运协定》的"货协"集团，"货协"现已解体但联运业务并未终止。在我国大陆凡可办理铁路货运的车站都可以接受国际铁路货物联运。

根据货量、体积不同，铁路联运可分为整车货、零担货以及集装箱、托盘和货捆等装运方式。根据运送速度不同，铁路联运可以分为快运、慢运和随客列挂运等三种。

我国办理国际铁路联运的承运人和总代理是中国对外贸易运输公司（外运）。1980 年我国成功地试办了通过西伯利亚大陆桥实行集装箱国际铁路联运。我国部分省市的布胶鞋、面巾纸、牛肉罐头等都通过国际铁路联运发往前苏联、伊朗、匈牙利等国。

2. 国际铁路联运程序

（1）出口单位或货代向铁路车站填报铁路运单一式五联，第三联为"运单副本"，由始发站盖章后交发货人凭此办理货款结算和索赔用；第五联为"到达通知单"，随货物交收货人。

（2）始发站审核运单，合格后签署货物进站日期或装车日期，表示接受托运。

（3）发货人按照规定日期将货运往车站或指定的货位。

（4）车站核对单货无误，装车后由始发站在运单上加盖承运日期戳记，负责发运；火车装运完毕后加以施封，铅封内容有站名、封志号、年、月、日。

（5）对零担货，发货人无需事先安排要车计划，但须向始发站申请托运；车站受理后，发货人按指定日期将货运到车站，经检查、过磅后交铁路保管，车站在运单上加盖承运日期戳记，负责发运。

（6）货物抵达终点站时，由该站通知收货人领取货物。铁路将第一、五联运单交收货人凭以清点货物，收货人在第二联上填写领取日期并加盖收货戳记。

（7）货损事故的索赔。货物全部灭失时，如向发货人索赔应提供运单副本，如由收货人索赔应提供运单或运单副本；货物部分灭失时，发货人或收货人都应提供运单和铁路交给收货人的商务记录；货物逾期到达，收货人索赔时应提供运单；铁路多收运送费用时，在我国，发货人可不提供运单，但收货人必须提供运单。

二、国内铁路运输

我国出口货物经铁路运至港口装船、进口货物卸船后经铁路运往各地及供应港澳地区货物经铁路运往香港、九龙、澳门，都属于国内铁路运输的范围。下面主要介绍对港澳地区的货物运输。

1. 对香港的铁路运输

对香港的铁路运输是由大陆段和港九段两部分铁路运输组成。其特点是"两票运输、租车过轨"。也就是出口单位在始发站将货物托运至深圳北站，收货人为深圳外运公司。货到深圳北站后，由深圳外运作为各地出口单位的代理向铁路租车过轨，交付租车费（租金从车到深圳北站之日起至车从香港返回深圳之日止，按车上标定的吨位，每天每吨若干元人民币）并办理出口报关手续。经海关放行过轨后，由香港的"中国旅行社有限公司"（简称中旅）作为深圳外运在港代理，由其在罗湖车站向港九铁路办理港段铁路运输的托运、报关工作，货到九龙站后由"中旅"负责卸货并交收货人。

2. 对澳门的铁路运输

出口单位在发送地车站将货物托运至广州，整车到广州南站新风码头42道专用线，零担到广州南站；危险品零担到广州吉山站；集装箱和快件到广州车站，收货人均为广东省外运公司。货到广州后由广东省外运公司办理水路中转将货物运往澳门，货到澳门由南光集团的运输部负责接货并交付收货人。

3. 托运程序

从沿海港口或内地经铁路运往港澳的货物，其托运方法尚不一致，但通常的程序如下：

（1）出口单位或货代（一般为当地的外运公司）向当地铁路办理托运后，均凭托运地外运公司签发的"承运货物收据"（cargo receipt）向银行办理结汇（见单据3.2）。

（2）出口单位或货代应委托深圳外运公司为收货人办理接货、保管、租车过轨等中转手续。

（3）出口单位或货代须事先将有关单证如供港货物委托书、出口许可证（如需要）、报关单、商检证、商业发票及装箱单或重量单等寄给深圳外运公司，货物装车后应在24小时内发起运电报以便深圳外运办理中转。如单证不全或有差错、电报不及时、发生货物破损、变质及被盗等，货车便不能过轨，造成压车留站，需支付很多压车费用。

（4）凡具备过轨手续的货车，由深圳外运报关，经海关审单无误后，即会同联检单位对过轨货车进行联检，没有问题则由海关、边检站共同在"出口货车组成单"上签字放行。

（5）放行后的货车由铁路运到深圳北站以南1千米与港段罗湖站连接处，然后由罗湖站验收并托运过境。过境后由"中旅"向港段海关报关，并在罗湖站办理起票，港段承运后，即将过轨货车送到九龙站，由"中旅"负责卸车并将货物分别交给各个收货人。

去港澳地区的货物运费由内地至深圳北站运费、中转费、港段运杂费三部分构成。内陆城市往往通过铁路将货物运往港澳地区，因此，对其了解非常必要。

单据 3.2　承运货物收据

中国对外贸易运输公司上海分公司　　　　　　　运编 NO.

承运货物收据　　　　　　　　　　　　　　　　发票 NO.

CARGO RECEIPT　　　　　　　　　　　　　　合约 NO.

第一联　（凭提货物）

托运人：　　　　　　　　银行：
Shipper：　　　　　　　　Bank：

　　　　　　　　　　　　通知：
　　　　　　　　　　　　Notify：

| 自 From | 上海 SHANGHAI | 经由 Via | 深圳 SHENZHEN | 至 To | 香港 HONGKONG |

发据　日期：　　　　　　　　　　　　　　　　　　　　　车　号：Car No.
装车

标　记 Marks & Nos.	件　数 Packages	货物名称 Description of Goods	附　记 Remarks

运费交付地点　Freight Payable
全程运费在上海付讫

请向下列地点接洽提取货件
For delivery Apply to：
香港中国旅行社有限公司
CHINA TRAVEL SERVICE
（H. K.）LTD
37．QUEEN'S ROAD CENTRAL
FIRST FLOOR HONGKONG

中国对外贸易运输公司上海分公司

押汇银行签收　　　　收货人签收
Bank's Endorsement　　Consignee's Signature

第三节　航空货物运输

航空运输（air transport）是一种现代化的运输方式，它具有速度快、货运重量高、不受地面条件限制的特点。适用于运送急需物资、鲜活商品、精密仪器等，如羊绒、丝绸、电脑及菌苗等。其不足是运量小、运费高。我国办理航空货物托运的代理是中国对外贸易运输公司当地分公司。

一、航空货运方式

1. 班机运输

班机运输（scheduled air-line）指在固定航线上飞行的航班，它有固定的始发站、途经站和目的站。一般航空公司都使用客货混合型飞机。

2. 包机运输

包机运输（chartered carrier）是指包租整架飞机或由几个发货人（或航空货运代理）联合包租一架飞机来运送货物。因此，又分为整包机和部分包机两种形式。前者适合运送大批量的货物，后者适用于多个发货人，但货物到达站又是同一地点的货物运输。

3. 集中托运

集中托运（consolidation）指由空运货代公司将若干单独发货人的货物集中起来组成一整批货，由其向航空公司托运到同一终点站，货到国外后由到站地的空运代理办理收货、报关并分拨给各个实际收货人。此种方式运费较低，业务中较多采用。

4. 急件传递

急件传递（air express）是由专门经营这项业务的公司与航空公司合作，设专人用最快的速度在货主、机场、用户之间进行传递。适用于急需的药品、贵重物品、货样及单证等传送，被称为"桌到桌运输"。

二、航空运输的承运人

航空运输公司只负责从一个机场将货物运至另一个机场，而对于揽货、接货、报关、订舱及在目的地机场提货和将货物交付收货人等方面的业务，则全由航空货运代理（空代）办理。航空货运代理可以是货主的代理，也可以是航空公司的代理。中国对外贸易运输总公司既是中国民航的代理，也是我国各进出口公司的货运代理。

三、空代办理出口货物的程序

（1）出口单位委托空代办理空运出口货物，应向空代提供"空运出口货物委托书"（见单据3.3）。

（2）空代根据发货人的委托书向航空公司办理订舱手续，订妥后及时通知发货人备货备单。

单据 3.3 国际货物托运书

中国民用航空局
THE CIVIL AVLATION ADMINISTRATION
国际货物托运书
SHIPPER'S LETTER OF INSTRUCYION

货运单号码
NO. OF AIR WAYBILL

托运人姓名及地址 SHIPPER'S NAME AND ADDRESS	托运人账号 SHIPPER'S ACCOUNT NUMBER	供承运人用 FOR CARRIER USE ONLY	
		航班 FLIGHT	航班 FLIGHT
收货人姓名及地址 CCNSIGNEE'S NAME AND ADDRESS	收货人账号 CCNSIGNEE'S ACCOUNT NUMBER	日期 DAY	日期 DAY
代理人的名称和城市 Issuing Carrier's Agent Name and City		已预留吨位 BOOKED	
始发站 AIRPORT OF DEPARTURE		运费 CHARGES	
到达站 AIRPORT OF DESTINGNATION		ALSO notify:	

托运人声明的价值 SHIPPER'S DECLARD VALUE		保险金额 AMOUNT OF INSURANCE	所附文件 DOCUMENTS TO ACCOMPANY AIR WAYBILL
供运输用 FOR CARRIAGE	供海关用 FOR CUSTOMS		

处理情况(包括包装方式、货物标志及号码)
HANDLING INFORMATION(INCL. METHOD OF PACKING IDENTIFYING MARKS AND NUMBERS ETC.)

件数 NO. OF PACKAGES	实际毛重(千克) ACTUL GROSS WEIGHT (KG)	运价类别 RATE CLASS	收费重量 CHARGEABLE WEIGHT	费率 RATE CHARGE	货物品名及数量 (包括体积或尺寸) NATURE AND QUANTITY OF GOODS (INCL. DIMENSIONS OR VOLUME)

托运人证实以上所填全部属实并愿遵守承运人的一切载运章程
THE SHIPPER CERTIFIES THAT THE PARTICULARS ON THE PAGE HERE OF ARE CORRECT AND AGREES TO THE CONDITIONS OF CARRIAGE OF THE CARRIER

托运人签字　　　　　　日期：　　　　　　经手人　　　　　　日期

（3）出口单位备妥货物及所有出口单证后送交空代，以便办理报关手续。

（4）空代接货时，根据发票、装箱单，逐一清点、核对，查验有无残损。

（5）空代向航空公司交货时，应预先制作交接清单一式两份。

（6）空代将报关单证交海关后，如未发现问题，便在航空运单正本、出口收汇核销单和出口报关单上加盖放行章。

（7）出口单位凭空代签发的"分运单"向银行办理结汇。如出口单位向航空公司托运，就凭其签发的"主运单"办理结汇。

（8）货到目的地后，航空公司立即以书面或电话通知当地空代或收货人提货。

四、航空运单

航空运单（Air Waybill）是承运人或其代理人签发的货物收据，是承运人与托运人之间签订的运输契约，但不是物权凭证，只可凭此向银行办理结汇。货物到达目的地后，收货人凭承运人的到货通知提取货物。

航空运单共有正本一式三份，第一份正本注明"Original-for the Shipper"交给托运人；第二份正本注明"Original-for the Issuing Carrier"，由航空公司留存；第三份正本注明"Original-for the Consignee"，由航空公司随机带交收货人；其余副本分别注明"For Airport of Destination"，"Delivery Receipt"，"For second Carrier"，"Extra copy"等，由航空公司按规定和需要进行分发，作为报关、结算、国外代理中转分拨等用途分别使用。《跟单信用证统一惯例》规定，航空运单的签发日期即为装运日期。

第四节　集装箱运输

一、集装箱运输的特点

集装箱运输（container transport），是以集装箱作为运输单位进行货物运输的一种现代化的运输方式。它可以从发货人仓库运到收货人仓库，实现门到门的运输。适用于海洋运输、铁路运输及国际多式联运。集装箱具有坚固、密封和反复使用的优越性，放在船上等于货舱，放在火车上等于车皮，放在卡车上等于货车。因此，具有装卸效率高、减少货损货差、提高货运重量、降低货运成本、简化手续、可进行连续运输等优点。

二、集装箱运输机构

1. 集装箱堆场

堆场（container yard，CY）是专门用来保管和堆放集装箱（重箱和空箱）的场所，是整箱货（full container load，FCL）办理交接的地方，一般都设在港口的装卸区内。堆场签发场站收据（dock receipt，D/R），办理集装箱的装卸并编制集装箱的装船配载计划，签发设备交接单和收、发空箱，办理货柜存储、保管、维修、清扫、熏蒸和出租。

2. 集装箱货运站

集装箱货运站（container freight station，CFS）又叫中转站或拼装货站。对于不足一箱的出口货物，由货主或货代将货物送到货运站，由货运站根据货类、流向合理组合进行拼装（consolidation）。是拼箱货（less container load，LCL）办理交接的地方。一般设在港口、车站附近，或内陆城市交通方便的场所，办理重箱运往堆场、拼箱、保管、报关、铅封及签发"场站收据"等。

三、装箱、交接方式

1. 装箱方式

（1）整箱货（FCL）：在海关的监督下，货方负责装整箱的货物（可在货主仓库或集装箱货场交货）。

（2）拼箱货（LCL）：由承运人负责装拆箱的任何数量的货物（在集装箱货运站交货）。

2. 交接方式

（1）FCL—FCL（整箱交，整箱收），适用于 CY—CY，Door—Door，CY—Door，Door—CY。

（2）FCL—LCL（整箱交，拆箱收），适用于 CY—CFS，Door—CFS。

（3）LCL—FCL（拼箱交，整箱收），适用于 CFS—CY，CFS—Door。

（4）LCL—LCL（拼箱交，拆箱收），适用于 CFS—CFS。

四、计费方法

集装箱运费包括内陆运输费、拼箱服务费、堆场服务费、海运运费、集装箱及其设备使用费等。集装箱运费计收方法基本上有两种：以每运费吨（freight ton）为计算单位（按件杂货基本费率加附加费），包箱费率以每个集装箱为计费单位。以包箱费率的计费方法将逐步取代以每件杂货计费的计费方法。

五、货运单据

（1）托运单（Booking Note）：货代接受出口企业的订舱委托后缮制的单据，是向船舶公司订舱配载的依据（见单据9.2和9.3）。该托运单一式数联，含场站收据。

（2）装箱单（Container Load Plan CLP）此单一式数份，整箱货由货主或货代填制，拼箱货由货运站填制，该单要与托运单完全一致。

（3）设备交接单（Equipment Interchange Receipt）：是货柜所有人与用柜人之间划分责任的依据，是用柜人进出港区、场站及提柜、换柜的凭证。

（4）集装箱提单（Container B/L）：它与传统的海运提单略有不同，其上有货柜的收货地点、交货地点、集装箱号和铅封号等。

（5）提货单（Delivery Order）：进口收货人或其代理人在收到"到货通知"后，持正本提单向承运人或其代理换取提货单，然后办理报关，经海关在"提货单"上盖章放行后，才能凭此单向承运人委托的货场或货运站提箱或提货，提货后，收货人在提货单上盖章以证明承运人的责任结束。

六、集装箱运输出口操作程序

（1）订舱（即订箱）：货代填制托运单，办理订箱手续。

（2）接受托运并出具手续：船舶公司或其代理人接受订舱后应在托运单上加填船名、航次和编号（该编号应与事后签发的提单号一致），同时还应在装货单上加盖船舶公司或其代理人的图章以示确认，然后将有关各联退还发货人，或供货代办理报关、装船和换取提单之用。

（3）发送空箱：整箱货所需箱由船舶公司或其代理人运交，或由发货人领取；拼箱货所需箱由货运站领取。

（4）整箱货的装箱与交货：发货人收到空箱后，应在装箱前（24 h 之内）向海关报关，并在海关监督下装箱，装毕，由海关在箱门处施加铅封，铅封上的号码称为"封志"（seal）。然后发货人或货代应及时将重箱和场站收据一并送往堆场，堆场点收货箱无误后，代表船方在场站收据上签字并将该收据退还来人，证明已收到所托运的货物，并开始承担责任。

（5）拼箱货的装箱与交货：发货人亦应先行报关，然后将货物递交货运站，但也可委托货运站办理报关，如属这种情况，则发货人应将报关"委托书"及报关所需单证连同货物一并交货运站。货运站收货后进行拼装。这时最好派人去现场监装，以防短装、漏装、错装。货运站点收货物或在拼装完毕后代表船方在场站收据上签字并将该收据退交发货人，证明收到所托运的货物并开始承担责任。

（6）货物进港：发货人或货运站接到装船通知后于船舶开装前 5 天将重箱运进指定港区备货，通常在船舶吊装前 24 h 截止货箱进港。

（7）换取提单：场站收据是承运人或货运站收货的凭证，也是发货人凭以换取提单的惟一凭证。

（8）货箱装船：集装箱船在码头靠泊后，便由港口理货公司的理货人员按照积载计划进行装船。

（9）寄送资料：船公司或其代理应于船舶开航前 2 h 向船方提供提单副本、仓单、装箱单、积载图、特种集装箱清单、危险货物说明书和冷藏集装箱清单等随船资料，并于起航后（近洋 24 h 内，远洋 48 h 内）以电告或邮寄方式向卸货港或中转港发出卸船的必要资料。

七、集装箱的管理

1. 集装箱出口运输管理

(1) 空箱使用：发货人如自提箱则先到箱管处缴纳使用押金，然后由箱管开具提箱单，发货人凭此单到堆场提取空箱，并自行安排到工厂或仓库装箱，然后将重箱送回堆场或自行集港。

(2) 重箱出口：重箱集港装船后，港口箱管根据出口舱单（按目的港、箱号、箱型、尺寸、箱属）制作"出口电"，通知卸货港箱管代理。

2. 集装箱进口运输管理

(1) 进港前准备：集装箱船舶进港前，该船所载集装箱情况便由发运港箱管代理通过传真等方式通知卸货港箱管。

(2) 重箱进港：收货人持提单到船舶公司换取提货单（D/O），提箱时，整箱收货人要缴纳集装箱押金（各地区不一，以天津为例，一般杂货箱约 3 000～10 000 美元/20 ft，5 000～20 000美元/40ft），然后才能提箱。拼箱收货人的货由货运站拆箱放货，提货后的空箱由箱管码头调度，调回指定堆场。

整箱提回仓库或工厂后，有一定的免费使用天数（一般杂货箱为 10 天），超过天数支付滞箱费，从押金中扣除。

第五节 其他运输方式

一、公路运输

公路运输（road transport）是一种现代化运输方式，也是车站、港口和机场集散进出口货物的重要手段。它具有机动灵活、速度快、方便等特点，但其载货量有限，运输成本高、易造成货损事故。公路运输适于同周边国家的货物输送，以及我国内地同港、澳地区的部分货物运输。

二、内河运输

内河运输（inland water transport）是水上运输的重要组成部分，它是连接内陆腹地与沿海地区的纽带，在运输和集散进出口货物中起着重要的作用。它具有投资少、运量大、成本低的特点。我国长江、珠江等一些港口已对外开放，同一些邻国还有国际河流相通，这为我国外贸物资通过河流运输和集散提供了有利条件。

三、邮政运输

邮政运输（parcel post transport）是一种简便的运输方式，手续简便、费用不高。它包括普通邮包和航空邮包两种，适于量轻体小的货物。托运人按照邮局规章办理托运，付清定额邮资，取得邮政包裹收据（parcel post receipt），交货手续即告完成。邮件到达目的地后，收件人可凭邮局到件通知提取。

四、管道运输

管道运输（pipeline transport）是一种特殊的运输方式。主要适用于运送液体、气体货物，如石油、天然气等。它具有固定投资大、建成后成本低的特点。我国至朝鲜早已铺设管道，以供朝鲜石油之用。

五、国际多式联运

国际多式联运（international multimodal transport）是在集装箱运输的基础上产生和发展起来的一种综合性的连贯运输方式，它是以集装箱为媒介，把海、陆、空各种传统的单一运输方式有机地结合起来，组成一种国际间的连贯运输。它通过至少两种不同运输方式，由多式联运经营人将货物从一国境内接管货物的地点运至另一国境内指定交货地点。

国际多式联运经营人具备双重身份，对货主来说它是承运人，对实际承运人来说，它又是托运人。目前我国有"外运"、"中远"等航运公司可经营多式联运。

1. 国际多式联运应具备的条件

（1）多式联运经营人与托运人之间要签订一份多式联运合同，以明确承、托双方的权利、义务。

（2）必须通过两种或两种以上不同运输方式的连贯运输。

（3）使用一份包括全程的多式联运单据（Multimodal Transport Documents，MTD），并由多式联运经营人对全程负责。

（4）必须是全程统一运价，一次收取。

（5）必须是国际间的货物运输。

2. 国际多式联运的货物托运

多式联运经营人根据托运人的委托安排运输路线，进行订舱（或订车）委载，办理接货、仓储、装箱，再将重箱发往实际承运人指定的场站备运。货物起运后，由实际承运人向多式联运经营人签发提单或运单（提单上的发货人为多式联运经营人，收货人及通知方应为多式联运经营人的国外分支机构或其代理），同时由多式联运经营人向托运人签发多式联运提单（多式联运提单上的收货人和发货人是真正的、实际的收货人和发货人，通知方则是目

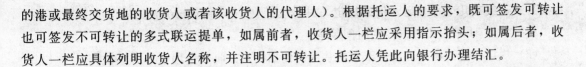

的港或最终交货地的收货人或者该收货人的代理人）。根据托运人的要求，既可签发可转让也可签发不可转让的多式联运提单，如属前者，收货人一栏应采用指示抬头；如属后者，收货人一栏应具体列明收货人名称，并注明不可转让。托运人凭此向银行办理结汇。

六、大陆桥运输

大陆桥运输（land-bridge transport）是指以横贯大陆的铁路（或公路）运输作为中间桥梁，把大陆两端的海洋运输连接起来的集装箱连贯运输方式。大陆桥运输实质上属于国际多式联运范围。目前，世界主要有两条大陆桥，即北美大陆桥和欧亚大陆桥。

1. 北美大陆桥

包括美国大陆桥和加拿大大陆桥，这两条大陆桥是平行的，都是连接大西洋和太平洋的大陆通道，主要运送从远东国家经北美销往欧洲的货物，是世界上第一条大陆桥，现在已经萎缩。

2. 欧亚大陆桥

包括西伯利亚大陆桥和中荷大陆桥。西伯利亚大陆桥，是以俄罗斯西伯利亚铁路作为桥梁，把远东地区与波罗的海和黑海沿岸以及西欧大西洋口岸连接起来。主要运送远东国家经西伯利亚到欧洲各国或亚洲的伊朗、阿富汗等国的货物，经过这条路线运往欧洲的货物要比经苏伊士运河缩短路程约 8 000 km，时间可节省 20 天左右。中荷大陆桥也称第二条欧亚大陆桥。它东起我国连云港，途经陇海、兰新、北疆铁路进入独联体，西至荷兰鹿特丹，1992年正式营运。

第六节 买卖合同中的装运条款

装运条款就是合同中关于卖方应如何交货以及何时交货等问题的规定。装运条款的订立与合同性质及运输方式有着密切的关系。我国进出口合同大部分使用 FOB，CIF，CFR 术语，且多数通过海洋运输。根据国际惯例，在此类合同项下，卖方只要将货装上指定船只即算完成交货。因此，上述合同的装运条款主要包括装运时间、地点、目的港、是否允许分批与转船、装运通知以及滞期和速遣条款等项内容。

一、装运时间

装运时间又称装运期（time of shipment）是卖方将货物装上运输工具或交给承运人的期限。它是根据买方的需要和卖方的供应情况来安排的。

1. 装运时间的规定方法

（1）明确规定具体装运时间。不确定在某一日期上，而是确定在一段时间内。一般规定在某月装运或某几个月装运。例如规定 7 月份装运（shipment during July），则卖方可在 7 月 1 日至 7 月 31 日一个月内任何时间装运。

（2）规定在收到信用证后若干天内装运。例如在卖方收到信用证后 30 天内装运（Shipment 30 days after receipt of L/C）。采用这种方法，同时要规定最迟的开证日期（latest opening date of L/C）。这种规定方法主要用于对那些外汇管制较严的国家或地区出口，或对买方资信了解不够，或专门为特制的商品出口，以防买方不按时履行合同。

（3）收到信汇、电汇或票汇后若干天装运。例如，收到 30％电汇货款后 30 天内装运（shipment will be effected within 30 days after receipt of your 30％ deposit of the total amount by T/T.）。

（4）笼统规定近期装运。例如，立即装运（immediate shipment）、即刻装运（prompt shipment）和尽速装运（shipment as soon as possible）。这种方法一般不宜使用。

2. 规定装运时间应注意的事项

（1）考虑货源与船源的实际情况。不同的商品有不同的生产周期，有的长些，有的短些，根据这一特点要事先测算好该产品的生产周期，以便在生产周期即将结束时与船舶公司取得联系，衔接好承运日期，避免造成有货无船舶，或有船无货的局面。

（2）装运期限应当适度。装运期限的长短，应视不同的商品和租船订舱的实际情况而定，过短会给船、货的安排造成困难；如果用信用证支付货款的条件下，装运期过长会造成买方积压资金，影响资金周转，反过来影响卖方售价，不利成交。

（3）注意装运期与开证日期的衔接，避免使用笼统的规定方法。一般来说，开证日期比装运日期要提前 30～45 天（根据不同商品具体而定）。例如，2004 年 12 月底以前交货，信用证务必于 11 月 15 日前开出（Shipment not later than the end of Dec，letter of credit should be opened before Nov 15，2004）。

二、装运港和目的港

装运港（port of shipment）是指货物起始装运的港口，对于 FOB 合同，装运港为合同要件。目的港（port of destination）是指最终卸货的港口，对于 CIF 合同，目的港为合同要件。装运港和目的港的确定，不仅关系到卖方履行交货义务和货物风险何时由卖方转移到买方，而且关系到运费、保险费以至成本和售价的计算等问题，因此，必须在合同中具体规定。

1. 装运港的规定方法

装运港一般由卖方提出，经买方同意后确定。原则上应选择接近货源地、储运设施较完备的港口，同时考虑港口和国内运输的条件及费用水平。

（1）在一般情况下，可明确规定一个装运港，例如，在大连港装运（shipment from

Dalian)。

(2) 如数量较大或货物来源分散，集中一点装运有困难，可规定两个或两个以上装运港。

(3) 有时货源不十分固定，可不规定具体港口。例如，在中国港口装运（shipment from Chinese port）。这样无论货源在南方还是在北方，均可任意选择港口装货，比较方便灵活。但如果在两个港口装同一条船，则应该为"ports of shipment"，而不是"port of shipment"。

目前我国的装运港主要有大连港、秦皇岛港、香港、烟台港、青岛港、连云港、南通港、上海港、宁波港、温州港、福州港、厦门港、汕头港、广州港、黄埔港、湛江港、北海港等。

2. 目的港的规定方法及注意事项

目的港一般由买方提出，经卖方同意后确定。通常情况下，规定一个目的港，也可规定多个目的港；有时明确规定目的港有困难，买方在商定合同时还不能确定其所订货物运往何处，则可规定两个或两个以上的备选目的港，叫选择港。

在出口交易中，选择目的港应当注意下述几个问题：

(1) 对目的港的规定要力求具体明确。比如，"非洲主要港口"、"西欧主要港口"，究竟哪些港口为主要港口，并无统一解释，且各港口情况不一，易引起纠纷，应避免使用。

但在实际业务中，也可允许在同一区域规定两个或两个以上的邻近港口作为可供选择的目的港，以照顾那些在订约时不能确定目的港的中间商客户。但要在合同中明确规定：第一，选港所增加的运费、附加费应由买方承担；第二，买方应在开证同时宣布最后目的港。

(2) 注意目的港的具体条件。例如有无直达班轮航线，装卸条件及运费、附加费水平等。这些直接关系到货运成本及租船订舱等问题。

(3) 注意国外港口有无重名问题。有的港口名称世界上有十几个之多，如维多利亚（Victoria）、波特兰（Portland）等。为了避免错发错运，合同中应明确注明目的港所在国家和地区的名称。

(4) 不能接受内陆城市为目的港的条件（多式联运除外）。对内陆国家通过海运出口的，应选择距离该国目的地最近的港口为目的港。否则，就要承担从港口到内陆城市这段路程的运费和风险。

三、是否允许分批装运和转船

1. 分批装运

分批装运（partial shipment）是指一笔成交的货物，分若干批次在不同航次、车次、班次装运。而同一船只、同一航次中多次装运货物，即使提单装船日期不同，装货港口不同，也不能按分批装运论处。

在大宗货物或成交数量较大的交易中，买卖双方根据交货数量、运输条件和市场销售等因素，可在合同中规定分批装运条款。

国际上对分批装运的解释和运用有所不同。按有些国家的合同法规定，如合同对分批装运不作规定，买卖双方事先对此也没有特别约定或习惯做法，则卖方交货不得分批装运；国际商会制定的《跟单信用证统一惯例》规定，除非信用证另有规定，允许分批装运。因此，为了避免不必要的争议，争取早出口、早收汇，防止交货时发生因难，除非买方坚持不允许分批装运，原则上应在出口合同中明确规定"允许分批装运"（partal shipment to be allowed）。

根据《跟单信用证统一惯例》规定："运输单据表面上注明货物是使用同一运输工具装运并经同一路线运输的，即使每套运输单据注明的装运日期不同及/或装运港、接受监管地不同，只要运输单据注明的目的地相同，也不视为分批装运。"该惯例对定期、定量分批装运还规定："信用证规定在指定时期内分期支款及/或装运，其中任何一期未按期支款及/或装运，除非信用证另有规定，则信用证对该期及以后各期均告失效。"如合同和信用证中明确规定了分批数量，例如"3～6月，分4批每月平均装运"（shipment during March/June in four equal monthly lots），以及类似的限批、限时、限量的条件，则卖方应严格履行约定的分批装运条款，只要其中任何一批没有按时、按量装运，则本批及以后各批均告失效。据此，在买卖合同和信用证中规定分批、定期、定量装运时，卖方必须严格按照合同和信用证的有关规定办理。

2. 转运

卖方在交货时，如驶往目的港没有直达船或船期不定或航次间隔太长，为了便于装运，则应在合同中订明"允许转船"（transhipment to be allowed）。

按《跟单信用证统一惯例》规定，"转运"（transhipment）一词在不同运输方式下有不同的含义：在海运情况下，是指在装货港和卸货港之间的海运过程中，货物从一艘船卸下再装上另一艘船的运输；在航空运输的情况下，是指从起运机场至目的地机场的运输过程中，货物从一架飞机上卸下再装上另一架飞机的运输；在公路、铁路或内河运输情况下，则是指在装运地到目的地之间用不同的运输方式的运输过程中，货物从一种运输工具上卸下，再装上另一种运输工具的行为。

《跟单信用证统一惯例》规定，除非信用证另有规定，可准许转运。为了明确责任和便于安排装运，买卖双方是否同意转运以及有关转运的办法和转运费的负担等问题，应在买卖合同中订明。

四、装运通知

装运通知（shipping advice）可在两种情况下进行，一是在 FOB 条件下，卖方应在规定的装运期前 30～45 天向买方发出货物备妥通知，以便买方派船接货。买方接到通知后，也应将确定的船名、抵港受载日期告知卖方，以便装货。另一种情况是在货物装船后，卖方在约定时间，将合约号、品名、件数、重量、金额、船名和装船的日期等电告买方，以便买方作好报关接货的准备。特别是按 FOB，CFR，FCA，CPT 条件成交时，卖方交货后，更应及时向买方发出装运通知。

五、滞期、速遣条款

在国际贸易中，大宗货物多数采用程租船运输。由于装卸时间直接关系到船方的经济效益，在租船人负责装卸货物的情况下，租船合同中船方一般对装卸货物的时间要做出明确规定，并规定罚款和奖励办法，用以约束租船人。

但是，在实际业务中，负责装卸货物的不一定是租船人，可能是买卖合同的另一方，如 FOB 合同的租船人是买方，而装货是卖方；反之，CIF 合同的租船人是卖方，而卸货的则是买方。因此，负责租船的一方为了敦促对方及时完成装卸任务，就必须在买卖合同中规定装卸时间、装卸率和滞期、速遣条款。

1. 装卸时间

装卸时间（lay time）是指允许完成装卸任务所约定的时间。一般以天数或小时来表示。常见的有如下几种：

（1）天（days）或连续日（running days）。这是指从午夜零时到次日午夜零时，不管天气如何，有一天算一天，没有任何扣除。

（2）累计 24 h 工作日（working days of 24 hours）。累计 24 h 作为一个工作日，如某港口每天作业为 8 h，则作业三个工作日才能算租约合同中的一个工作日。

（3）连续 24 h 晴天工作日（weather working days of 24 consecutive hours）。是指在好天气情况下，连续作业 24 h 算一个工作日，中间因坏天气影响而不能作业的时间应扣除。这种方法使用于昼夜作业的港口。我国一般都采用这种规定办法。

装卸的起止时间，一般规定在船长向租船人或其代理递交"装卸准备就绪通知书"时开始起算到货物装完或卸完的时间为准。

2. 装卸率

装卸率（load/discharge rate）是指每日装卸货物的数量。一般应按照港口习惯的正常装卸速度，实事求是地规定，不能过高也不能过低。规定过高，完不成装卸任务，要承担拖期损失；规定过低，虽然能提前完成任务，但船方会因装卸率低、船舶在港时间长而增加运费，也使租船人得不偿失。

3. 滞期费和速遣费

滞期费（demurrage）是指在规定的装卸期限内，租船人未完成装卸作业，给船方造成经济损失，租船人对超过的时间向船方支付一定的罚金。速遣费（dispatch money）是指在规定的装卸期限内，租船人提前完成装卸作业，使船方节省了在港开支，船方向租船人支付一定的奖金。按惯例，速遣费一般为滞期费的一半。

本章小结

本章讨论了海运、陆运、空运、公路、内河、邮政及管道运输、集装箱与多式联运方式的国际货物运输，以及合同装运条款的规定方法与注意事项。

海运主要通过班轮运输和租船运输两种方式。班轮运输具有固定航线、固定停靠港口、固定船期和相对固定运费率的特点，装运货物的品种数量极为灵活，班轮运费的计算需查阅运价表；租船运输包括程租船、期租船和光租船，大宗货物常常采用租船运输，租船时要特别注意了解船运行市及租船合同与贸易合约的衔接。

海运提单是物权凭证。严格遵从海运出口托运程序，此外应留意海运事故的索赔事项。

铁路、空运、公路、内河、邮政、管道运输、集装箱及国际多式联运，各具特点，运作程序各异，应在实践中熟练把握。

合同装运条款是对何时交货和如何交货等问题的规定，主要包括装运时间、装运港和目的港、分批装运和转船、滞期和速遣等条款。买卖双方应根据各自的实际情况，实事求是地做出安排。

习　题

一、复习思考题

1. 如何理解海运提单是物权凭证？
2. 阐述一下指示提单抬头的用途。
3. 简述集装箱运输托运程序。
4. 陆、海、空、邮等运输方式中的运输单据有何区别？

二、计算题

1. 上海某公司出口自行车零件 267 箱，货物毛重为 33 692 kg，尺码为 32.569 m³，货物由上海港运往日本的神户港，试计算出口运费总额为多少美元？（计收标准 W/M，每运

费吨 100 美元）

2．上海某公司有一批打字机需从上海出口到澳大利亚的悉尼，对外报价为每台 20 美元 CIF 悉尼，客户要求改报 FOB 价。已知：货物用纸箱装运，每箱的尺码为 44 cm×44 cm×30 cm，每箱毛重是 35 kg，每箱装 4 台。共计 800 箱。计收标准 W/M，每运费吨 110 美元，货币附加费 10%，保险费率为 1%，试报 FOB 上海价多少美元一台？出口总额是多少？

三、案例分析

1．2004 年 7 月，广西某出口公司从广西一家水泥厂购得 5 500 t 水泥，卖给缅甸的一家公司，价格条件为 CIF 仰光，由卖方将货物运至仰光。签约后，出口公司委托自己的货运代理与船舶公司签订了一份航次租船合同。船舶按时到达装货港，但信用证未按时开到出口公司，致使卖方不能按时装船，船舶在港滞留 40 多天。出口公司支付滞期费和运费合计 243 000 美元。不久，信用证开到，出口公司审证无误，在三天内便装船完毕。但货物装船后，货运代理公司和船舶公司在提单签发的问题上发生了争议。按照租船合同规定，装船后，五个银行工作日内，租船人将运费电汇到船舶公司的账户，同时在提单上注明"运费预付"字样。装船完毕后，出口方的货运代理根据信用证的要求，请船舶公司签发"运费预付"的提单，遭到拒绝。船舶公司要求租船方付清运费后才同意签发这种提单。因此，货运代理公司与船舶公司在提单签发的问题上发生了争执。你认为应当如何处理这一争议？为什么？

2．浙江省国际贸易有限公司（简称国贸）与浙江集运有限公司（简称集运）于 1994 年 5 月 3 日签订了委托代理合同，约定国贸公司委托集运公司办理在宁波港出运货物事宜，合同对代理的业务范围、分工、费用结算等做了明确规定。而后，国贸公司委托集运公司出运一只 20 ft 集装箱（真丝夹克衫，货值 60 300 美元）。

5 月 14 日，中国宁波外轮代理公司（船代）签发了已装船提单，托运人为国贸公司，收货人凭 EXISTENCE ENTER－DRISES LTD 的指示，船名为"熊岳城"565 航次。5 月 21 日浙江集运公司未经浙江国贸公司授权，超越代理的权限，擅自传真给提单签发人中国宁波外轮代理公司，称："该票正本提单在寄香港途中，能否烦请招商给予担保提货"。同日，根据宁波外代公司要求，浙江集运公司又传真宁波外代公司称："因客户寄香港正本提单尚未收到，烦请传真招商能否以正本传真件，银行担保提货，由此产生的一切责任由我公司承担。"并加盖了集运公司章。宁波外代公司接集运公司传真后，于同日向招商发出传真，称："烦请货主凭公司担保提单传真件提货，由此产生的后果由我公司负责。"5 月 24 日，浙江国贸公司将发票为 G4N104H 全套单据（包括 3/3 正本提单）委托中国银行浙江省分行向香港代收行托收，因招商根据宁波外代公司的指令，让客户凭公司担保及提单传真件将货物提走。由于客户未赎单提货，中行浙江分行将用于办理结汇手续的全套单证退还浙江国贸公司，造成浙江国贸公司货款损失 60 300 美元，利息损失 10 万余元人民币。

浙江国贸公司为追回货款，在多次向客户追讨无果情况下，委托国际追账公司向客户追账，由于追索未成功，浙江国贸公司决定通过诉讼途径挽回损失。请对此案进行剖析。

四、网上模拟

为了全面掌握国际货物运输的各个环节与业务操作，并将 EDI 与国际贸易实务结合起来，下面请使用"国际商务 EDI 模拟操作软件"，在 EDI 模拟操作系统中训练这个环节。

（1）运行"国际商务 EDI 模拟操作软件"（2.0 版）：启动系统后，点击"EDI 模拟操作软件"快捷方式，进入到软件主界面。（以后操作步骤相同。）

（2）创建"中国三强服装进出口公司"和"中国外运集团"两个工作站，或自行命名的两个工作站。

（3）进入"三强服装进出口公司"填写"出口出运委托书"并网上发送给"中国外运集团"。

（4）进入"中国外运集团"办理各种出运手续，并签发提单。

（5）浏览两个工作站的业务菜单。

第四章　国际货运保险

国际货物买卖，要经过长距离的运输，各种运输方式都存在着货运风险，为了使发生风险造成的损失能够得到经济上一定程度的赔偿，当事人就要办理投保手续。本章介绍各种运输方式下的保险知识及合同中的保险条款的基本内容。

第一节　海运货物保险承保的范围

一、海上风险与损失

1. 海上风险

海上风险一般包括自然灾害和意外事故两种。按照国际保险市场的一般解释，这些风险所指的内容大致如下：

（1）自然灾害。自然灾害是仅指恶劣气候、雷电、洪水、流冰、地震、海啸以及其他人力不可抗拒的灾害，而非指一般自然力所造成的灾害。

（2）海上意外事故。海上意外事故不同于一般的意外事故，它所指的主要是船舶搁浅、触礁、碰撞、爆炸、火灾、沉没和船舶失踪或其他类似事故。

2. 海上损失

海上损失（简称海损）是指被保险货物在海运过程中，由于海上风险所造成的损坏或灭失。根据国际保险市场的一般解释，凡与海运连接的陆运过程中所发生的损坏或灭失，也属海损范围。就货物损失的程度而言，海损可分为全部损失和部分损失；部分损失就货物损失的性质而言，海损又分为共同海损（general average）和单独海损（particular average）。

（1）全部损失和部分损失。全部损失有实际全损和推定全损两种，前者是指货物全部灭失或完全变质或不可能归还被保险人；后者是指货物发生事故后，认为实际全损已不可避免，或者为避免实际全损所需支付的费用与继续将货物运抵目的地的费用之和超过保险价值。凡不属于实际全损和推定全损的损失为部分损失。

（2）共同海损和单独海损。在海洋运输途中，船舶、货物或其他财产遭遇共同危险，为了解除共同危险，维护船货各方的共同安全、由船方有意采取合理的救助措施，所直接造成的特殊牺牲和支付的特殊费用，称为共同海损。在船舶发生共同海损后，凡属共同海损范围内的牺牲和费用，均可通过共同海损理算，由有关获救受益方（即船方、货方和运费收入方）根据获救价值按比例分摊。这种分摊，称为共同海损分摊。因此，构成共同海损是有条件的，共同海损必须具有下列条件：

1）共同海损的危险必须是共同的，采取的措施是合理的，这是共同海损成立的前提条件。

如果危险还没有危及船货各方的共同安全，即使船长有意做出合理的牺牲和支付了额外的费用，也不能算共同海损。

2）共同海损的危险必须是真实存在而不是臆测的，或者不可避免地发生的。

3）共同海损的牺牲必须是自动的和有意采取的行为，其费用必须是额外的。

4）共同海损必须是属于非常情况下的损失。

单独海损是指仅涉及船舶或货物所有人单方面利益的损失，它与共同海损的主要区别是：①造成海损的原因不同。单独海损是承保风险所直接导致的船、货损失；共同海损，则不是承保风险所直接导致的损失，而是为了解除或减轻共同危险，而人为地造成的一种损失。②承担损失的责任不同。单独海损的损失一般由受损方自行承担；而共同海损的损失，则应由受益的各方按照受益大小的比例共同分摊。

3. 施救费用和救助费用

海上风险还会造成费用上的损失。由海上风险所造成的海上费用，主要有施救费用和救助费用。施救费用是指被保险的货物在遭受承保责任范围内的灾害事故时，被保险人或其代理人与受让人，为了避免或减少损失，采取各种抢救或防护措施而所支付的合理费用。救助费用则有所不同，它是指被保险货物在遭受了承保责任范围内的灾害事故时，由保险人和被保险人以外的第三者采取了有效的救助措施，在救助成功后，由被救方付给救助人的一种报酬。

二、外来风险和损失

外来风险和损失是指海上风险以外由于其他各种外来的原因所造成的风险和损失，有下列两种类型：

1. 一般的外来原因所造成的风险和损失

这类风险损失，通常是指偷窃、短量、破碎、雨淋、受潮、受热、发霉、串味、沾污、渗漏、钩损和锈损等。

2. 特殊的外来原因造成的风险和损失

这类风险损失，主要是指由于军事、政治、国家政策法令和行政措施等原因所致的风险损失，如战争和罢工等。

除上述各种风险损失外，保险货物在运输途中还可能发生其他损失，如运输途中的自然损耗以及由于货物本身特点和内在缺陷所造成的货损等，这些损失不属于保险公司承保的范围。

第二节　我国海洋货物运输保险的险别

保险险别是指保险人对风险和损失的承保责任范围。在保险业务中，各种险别的承保责任是通过各种不同的保险条款规定的。为了适应国际货物海运保险的需要，中国人民保险公司根据我国保险实际情况并参照国际保险市场的习惯做法，分别制定了各种条款，总称为《中国保险条款》（China Insurance Clauses，简称CIC），其中包括《海洋运输货物保险条款》《海洋运输货物战争险条款》以及其他专门条款。按《中国保险条款》规定，投保人可根据货物特点、航线及港口实际情况自行选择投保适当的险别。

一、基本险别

中国人民保险公司所规定的基本险别包括平安险（Free from Particular Average，FPA）、水渍险（with Average or with Particular Average，WA or WPA）和一切险（All Risks）。

1. 平安险

平安险的承保范围包括：

（1）被保险的货物在运输途中由于恶劣气候、雷电、海啸、地震和洪水等自然灾害造成整批货物的全部损失。若被保险的货物用驳船运往或运离海轮时，则每一驳船所装的货物可视作一个整批。

（2）由于运输工具遭到搁浅、触礁、沉没、互撞、与流冰或其他物体碰撞以及失火、爆炸等意外事故所造成的货物全部或部分损失。

（3）在运输工具已经发生搁浅、触礁、沉没和焚毁等意外事故的情况下，货物在此前后又在海上遭受恶劣气候、雷电、海啸等自然灾害所造成的部分损失。

（4）在装卸或转船时由于一件或数件甚至整批货物落海所造成的全部或部分损失。

（5）被保险人对遭受承保责任内的危险货物采取抢救、防止或减少货损的措施所支付的合理费用，以不超过该批被毁货物的保险金额为限。

（6）运输工具遭遇海难后，在避难港由于卸货引起的损失，以及在中途港或避难港由于卸货、存仓和运送货物所产生的特殊费用。

（7）共同海损的牺牲、分摊和救助费用。

（8）运输契约中如订有"船舶互撞责任"条款，则根据该条款规定应由货方偿还船方的损失。

上述责任范围表明，在投保平安险的情况下，保险公司对由于自然灾害所造成的单独海损不负赔偿责任，而对于因意外事故所造成的单独海损则要负赔偿责任。此外，如在运输过程中运输工具发生搁浅、触礁、沉没和焚毁等意外事故，则不论在事故发生之前或之后由于自然灾害所造成的单独海损，保险公司也要负赔偿责任。

2．水渍险

投保水渍险后，保险公司除担负上述平安险的各项责任外，还对被保险货物如由于恶劣气候、雷电、海啸、地震和洪水等自然灾害所造成的部分损失负赔偿责任。

3．一切险

投保一切险后，保险公司除担负平安险和水渍险的各项责任外，还对被保险货物在运输途中由于一般外来原因而遭受的全部或部分损失，也负赔偿责任。

从上述这三种基本险别的责任范围来看，平安险的责任范围最小，它对自然灾害造成的全部损失和意外事故造成的全部和部分损失负赔偿责任，而对自然灾害造成的部分损失，不负赔偿责任。水渍险的责任范围比平安险的责任范围大。凡因自然灾害和意外事故所造成的全部和部分损失，保险公司均负责赔偿。一切险的责任范围是三种基本险别中最大的一种，它除包括平安险、水渍险的责任范围外，还包括被保险货物在运输过程中，由于一般外来原因所造成的全部或部分损失，如货物被盗窃、钩损、碰损、受潮、发热、淡水雨淋、短量、包装破裂和提货不着等。由此可见，一切险是平安险、水渍险加一般附加险的总和。在这里还需特别指出的是，一切险并非保险公司对一切风险损失均负赔偿责任，它只对水渍险和一般外来原因引起的可能发生的风险损失负责，而对货物的内在缺陷、自然损耗以及由于特殊外来原因（如战争、罢工等）所引起的风险损失，概不负赔偿责任。

我国的《海洋运输货物保险条款》除规定了上述各种基本险别的责任外，还对保险责任的起讫期限，也做了具体规定。在海运保险中，保险责任的起讫期限，主要采用"仓至仓"条款（warehouse to warehouse clause），即保险责任自被保险货物运离保险单所载明的起运地仓库或储存处所开始，包括正常运输中的海上、陆上、内河和驳船运输在内，直至该项货物运抵保险单所载明的目的地收货人的最后仓库或储存处所或被保险人用做分配、分派或非正常运输的其他储存处所为止，但被保险的货物在最后到达卸载港卸离海轮后，保险责任以60 天为限。

二、附加险别

在海运保险业务中，进出口商除了投保货物的上述基本险别外，还可根据货物的特点和实际需要，酌情再选择若干适当的附加险别。附加险别包括一般附加险和特殊附加险。

1．一般附加险

一般附加险不能作为一个单独的项目投保，而只能在投保平安险或水渍险的基础上，根据货物的特性和需要加保一种或若干种一般附加险。如加保所有的一般附加险，这就叫投保一切险。可见一般附加险被包括在一切险的承保范围内，故在投保一切险时，不存在再加一般附加险的问题。

由于被保险货物的品种繁多，货物的性能和特点各异，而一般外来的风险又多种多样，所以一般附加险的种类也很多，其中主要包括偷窃提货不着险、淡水雨淋险、渗漏险、短量险、钩损险、污染险、破碎险、碰损险、生锈险、串味险和受潮受热险等。

2. 特殊附加险

(1) 战争险和罢工险。凡加保战争险时，保险公司则按加保战争险条款的责任范围，对由于战争和其他各种敌对行为所造成的损失负赔偿责任。按中国人民保险公司的保险条款规定，战争险不能作为一个单独的项目投保，而只能在投保上述三种基本险别之一的基础上加保。战争险的保险责任起讫和货物运输险不同，它不采取"仓至仓"条款，而是从货物装上海轮开始至货物运抵目的港卸离海轮为止，即只负责水面风险。

根据国际保险市场的习惯做法，一般将罢工险与战争险同时承保。如投保了战争险又需加保罢工险时，仅需在保单中附上罢工险条款即可，保险公司不再另行收费。

(2) 其他特殊附加险。为了适应对外贸易货运保险的需要，中国人民保险公司除承保上述各种附加险外，还承保交货不到险、进口关税险、舱面险、拒收险、黄曲霉素险以及我国某些出口货物运至港澳存仓期间的火险等特殊附加险。

第三节 我国陆、空、邮运输货物保险的险别

陆运、空运货物与邮包运输保险是在海运货物保险的基础上发展起来的。由于陆运、空运与邮运同海运可能遭致货物损失的风险种类不同，所以陆、空、邮货运保险与海上货运保险的险别及其承保责任范围也有所不同，现分别简要介绍。

一、陆运货物保险

1. 陆运风险与损失

货物在陆运过程中，可能遭受各种自然灾害和意外事故。常见的风险有车辆碰撞、倾覆和出轨、路基坍塌、桥梁折断和道路损坏，以及火灾和爆炸等意外事故，雷电、洪水、地震、火山爆发、暴风雨以及霜雪冰雹等自然灾害，战争、罢工、偷窃、货物残损、短量及渗漏等外来原因所造成的风险。这些风险会使运输途中的货物造成损失。货主为了转嫁风险损失，就需要办理陆运货物保险。

2. 陆运货物保险的险别

根据中国人民保险公司制定的《陆上运输货物保险条款》的规定，陆运货物保险的基本险别有陆运险（Overland Transportation Risks）和陆运一切险（Overland Transportation All Risks）两种。此外，还有陆上运输冷藏货物险，也具有基本险性质。

陆运险的承保责任范围同海运水渍险相似，陆运一切险的承保责任范围同海运一切险相似。上述责任范围，均适用于铁路和公路运输，并以此为限。陆运险与陆运一切险的责任起讫，也采用"仓至仓"责任条款。

陆运货物在投保上述基本险之一的基础上可以加保附加险。如投保陆运险，则可酌情加

保一般附加险和战争险等特殊附加险；如投保陆运一切险，就只能加保战争险，而不能再加保一般附加险。陆运货物在加保战争险的前提下，再加保罢工险，不另收保险费。陆运货物战争险的责任起讫，是以货物置于运输工具时为限。

二、空运货物保险

1. 空运风险与损失

货物在空运过程中，有可能因自然灾害、意外事故和各种外来风险而导致货物全部或部分损失。常见的风险有雷电、火灾、爆炸、飞机遭受碰撞、倾覆、坠落、失踪和战争破坏以及被保险物由于飞机遇到恶劣气候或其他危难事故而被抛弃等。为了转嫁上述风险，货主空运货物一般都需要办理保险，以便当货物遭到承保范围内的风险损失时，可以从保险公司获得赔偿。

2. 空运货物保险的险别

空运货物保险的基本险别有航空运输险（Air Transportation Risks）和航空运输一切险（Air Transportation All Risks）。这两种基本险都可单独投保，在投保其中之一的基础上，经投保人与保险公司协商可以加保战争险等附加险。加保时须另付保险费。在加保战争险前提下，再加保罢工险，则不另收保险费。

航空运输险和航空运输一切险的责任起讫也采用"仓至仓"条款。航空运输货物战争险的责任期限，是自货物装上飞机时开始至卸离保险单所载明的目的地的飞机时为止。

三、邮包运输保险

1. 邮包运输风险与损失

邮包运输通常需经海、陆、空辗转运送，实际上属于"门到门"运输，在长途运送过程中遭受自然灾害、意外事故以及各种外来风险的可能性较大。寄件人为了转嫁邮包在运送过程中的风险损失，需办理邮包运输保险，以便在发生损失时能从保险公司取得承保范围内的经济补偿。

2. 邮包运输保险的险别

根据中国人民保险公司制定的《邮政包裹保险条款》的规定，有邮包险（Parcel Post Risks）和邮包一切险（Parcel Post All Risks）两种基本险。其责任起讫，是自被保险邮包离开保险单所载起运地点寄件人的处所运往邮局时开始生效，直至被保险邮包运达保险单所载明的目的地邮局发出通知书给收件人当日午夜起算为止，但在此期限内，邮包一经递交至收件人处所时，保险责任即告终止。

在投保邮包运输基本险之一的基础上，经投保人与保险公司协商可以加保邮包战争险等附加险。加保时，也须另加保险费。在加保战争险的基础上，如加保罢工险，则不另收费。

邮包战争险承保责任的起讫，是自被保险邮包经邮政机构收讫后自储存处所开始运送时生效，直至该项邮包运达保险单所载明的目的地邮政机构送交收件人为止。

第四节 伦敦保险业协会海运货物保险条款

一、简况

长期以来，在世界保险业务中，英国所制定的保险法、保险条款、保险单等对世界各国影响很大。目前，国际上仍有许多国家和地区的保险公司在国际货物运输保险业务中直接采用经英国国会确认的、由英国伦敦保险业协会所制定的《协会货物条款》（Institute Cargo Clauses，ICC），或者在制定本国保险条款时参考或部分参考采用了上述条款。在我国按 CIF 或 CIP 条件成交的出口交易中，国外商人有时要求按伦敦保险业协会货物险条款投保，我出口企业和保险公司一般均可接受。

《协会货物条款》最早制定于 1912 年。为了适应不同时期国际贸易、航运、法律等方面的变化和发展，该条款已先后经多次补充和修改。由于该条款是在 S. G 保险单，即船、货（ship& goods）保险单的基础上，随着国际贸易和运输的发展，不断增添有关附加或限制某些保险责任的条文，后来经过对这些加贴条文加以整理，从而成为一套伦敦协会货物保险条款，但因该条款条理不清，措辞难懂，又缺乏系统的文字组织，被保险人难以正确理解，因而不能适应日益发展的国际贸易对保险的需要。为此，伦敦保险业协会对此进行了修订。修订工作于 1982 年 1 月 1 日完成，并于 1983 年 4 月 1 日起正式实行。同时，新的保险单格式代替原来的 S. G 保险单格式，也自同日起使用。

现行的伦敦保险业协会的海运货物保险条款共有六种险别，它们是：①协会货物（A）险条款（Institute Cargo Clauses A，ICC（A））；②协会货物（B）险条款（Institute Cargo Clauses B，ICC（B））；③协会货物（C）险条款（Institute Cargo Clauses C，ICC（C））；④协会战争险条款（货物）（ Institute War Clauses—Cargo);⑤协会罢工险条款（货物）（ Institute Strikes Clauses—Cargo）；⑥恶意损害险条款（Malicious Damage Clauses）。

在上述六种险别条款中，除恶意损害险外，其余五种险别均按条文的性质统一划分为八个部分：承保范围（risks covered）、除外责任（exclusions）、保险期限（duration）、索赔（claims）、保险利益（benefit of insurance）、减少损失（minimizing losses）、防止延迟（avoidance of delay）和法律惯例（law and practice）。各个险别条款的结构统一，体系完整。因此，除（A），（B），（C）三种险别可以单独投保外，战争险和罢工险在需要时也可作为独立的险别进行投保。

这里主要介绍协会货物（A），（B），（C）三种险别。协会货物（A），（B），（C）三种险别的承保风险，主要规定在各险第一部分承保范围中所列的风险条款（Risks Clause）、共同海损条款（General Average Clause）和船舶互有过失碰撞责任条款（Both to Blame Collision Clause）之中。三种险别的区别，主要反映在风险条款中。

二、三种主要险别及条款

1.（A）险条款

ICC（A）险的承保责任范围较广，不便把全部承保的风险一一列出，因此，对承保风险的规定采用"一切风险减除外责任"的方式，即除了在除外责任项下所列风险所致损失不予负责外，其他风险所致损失均予负责。（A）险的除外责任有下列四类：

（1）一般除外责任。是指被保险人故意的不法行为所造成的损失或费用；保险标的自然渗漏、重量或容量的自然损耗或自然磨损；由于包装或准备的不足或不当所造成的损失或费用；因保险标的内在缺陷或特征所造成的损失或费用；直接由于延迟所引起的损失或费用；因船舶所有人、经理人、租船人经营破产或不履行债务所造成的损失或费用；因使用任何原子或热核武器所造成的损失或费用。

（2）不适航、不适货除外责任。主要是指被保险人在保险标的装船时已知船舶不适航，以及船舶、运输工具、集装箱等不适货。

（3）战争除外责任。指由于战争、内战、敌对行为等所造成的损失和费用；由于捕获、拘留、扣留等（海盗除外）所造成的损失；由于漂流水雷、鱼雷等所造成的损失或费用。

（4）罢工除外责任。系指由于罢工、被迫停工所造成的损失或费用；由于罢工者、被迫停工工人等造成的损失或费用；任何恐怖主义者或出于政治动机而行动的人所致损失或费用。

2.（B）险条款

ICC（B）险对承保风险的规定是采用"列明风险"的方式，即把所承担的风险一一列举，凡属承保责任范围内的损失，无论是全部损失还是部分损失，保险人按损失程度均负责赔偿。

（B）险承保的风险是：灭失或损害要合理归因于以下几种原因：①火灾、爆炸；②船舶或驳船触礁、搁浅、沉没或者倾覆；③陆上运输工具倾覆或出轨；④船舶、驳船或运输工具同水外的任何外界物体碰撞；⑤在避难港卸货；⑥地震、火山爆发、雷电；⑦共同海损牺牲；⑧抛货；⑨浪击落海；⑩海水、湖水或河水进入船舶、驳船、运输工具、集装箱和大型海运箱或贮存处所；⑧货物在装卸时落海或跌落造成整件的全损。

（B）险的除外责任方面，除对"海盗行为"和恶意损害险的责任不负责外，其余均与（A）险的除外责任相同。

3.（C）险条款

ICC（C）的风险责任规定，也和（B）险一样，采用"列明风险"的方式，但是仅对"重大意外事故"（major casualties）所致损失负责，对非重大意外事故和自然灾害所致损失均不负责。

（C）险的承保风险是：灭失或损害要合理归因于：①火灾、爆炸；②船舶或驳船触礁、搁浅、沉没或倾覆；③陆上运输工具倾覆或出轨；④船舶、驳船或运输工具同除水以外的任何外界物体碰撞；⑤在避难港卸货；⑥共同海损牺牲；⑦抛货。

恶意损害险是新增加的附加险别，承保被保险人以外的其他人（如船长、船员等）的故意破坏行为所致被保险货物的灭失或损坏。但是，恶意损害如果出于政治动机的人的行动，不属于恶意损害险承保范围，而应属罢工险的承保风险。由于恶意损害险的承保责任范围已被列人（A）险的承保保险，所以，只有在投保（B）险和（C）险的情况下，才在需要时可以加保。

但是，即使同一险别，在不同国家和不同港口的费率也有差异。

战争险不论海运、空运、陆运及邮运，其费率都相同，而且一般无国家、地区、港口差异。

指明货物加费费率系按出口商品分类分别规定对需要加费货物的加费幅度。对某些特别易碎易损货物和粮谷等货物习惯上要扣除一定的免赔幅度。

交付保险费后，投保人即取得保险单（Insurance Policy）。保险单实际上已构成保险人与被保险人之间的保险契约，是保险人对被保险人的承保证明。在发生保险范围内的损失或灭失时，投保人可凭保险单向保险人要求赔偿。

三、提出索赔手续

当被保险的货物发生属于保险责任范围内的损失时，投保人可以向保险人提出赔偿要求。按《INCOTERMS 2000》规定，E组、F组、C组包含的八种价格条件成交的合同，一般应由买方办理索赔。按《INCOTERMS 2000》规定，D组包含的五种价格条件成交的合同，则视情况由买方或卖方办理索赔。

被保险货物运抵目的地后，收货人如发现整件短少或有明显残损，应立即向承运人或有关方面索取货损或货差证明，并联系保险公司指定的检验理赔代理人申请检验，提出检验报告，确定损失程度，同时向承运人或有关责任方提出索赔。属于保险责任的，可填写索赔清单，连同提单副本、装箱单、保险单正本、磅码单、修理配置费凭证、第三者责任方的签证或商务记录以及向第三者责任方索赔的来往函件等向保险公司索赔。

索赔应当在保险有效期内提出并办理，否则保险公司可以不予办理。

第五节　买卖合同中的保险条款

在国际货物买卖合同中，为了明确交易双方在货运保险方面的责任，通常都订有保险条款，其内容主要包括保险投保人、保险公司、保险险别、保险费率和保险金额的约定等事项。

一、保险投保人的约定

每笔交易的货运保险，究竟由买方抑或卖方投保，完全取决于买卖双方约定的交货条件和所使用的贸易术语。由于每笔交易的交货条件和所使用的贸易术语不同，故对投保人的规定也相应有别。例如，按 FOB 或 CFR 条件成交时，在买卖合同的保险条款中，一般只订明"保险由买方自理"。如买方要求卖方代办保险，则应在合同保险条款中订明："由买方委托卖方按发票金额的××％代为投保××险，保险费由买方负担"。按 DES 或 DEQ 条件成交时，在合同保险条款中，也可订明"保险由卖方自理"。凡按 CIF 或 CIP 条件成交时，由于货价中包括保险费，故在合同保险条款中，需要详细约定卖方负责办理货运保险的有关事项，如约定投保的险别、支付保险费和向买方提供有效的保险凭证等。

二、保险公司和保险条款的约定

在按 CIF 或 CIP 条件成交时，保险公司的资信情况，与卖方关系不大，但与买方却有重大的利益关系。因此，买方一般要求在合同中限定保险公司和所采用的保险条款，以利日后保险索赔工作的顺利进行。例如，我国按 CIF 或 CIP 条件出口时，买卖双方在合同中，通常都订明："由卖方向中国人民保险公司投保，并按该公司的保险条款办理。"

三、保险险别的约定

按 CIF 或 CIP 条件成交时，运输途中的风险本应由买方承担，但一般保险费则约定由卖方负担，因货价中包括保险费，买卖双方约定的险别通常为平安险、水渍险、一切险三种基本险别中的一种。但有时也可根据货物特性和情况加保一种或若干种附加险。如约定采用英国伦敦保险协会货物保险条款，也应根据货物特性和实际需要约定条款的具体险别。在双方未约定险别的情况下，按惯例，卖方可按最低的险别予以投保。

在 CIF 或 CIP 货价中，一般不包括加保战争险等特殊附加险的费用，因此，如买方要求加保战争险等特殊附加险时，其费用应由买方负担。如买卖双方约定，由卖方投保战争险并由其负担保险费时，卖方为了避免承担战争险的费率上涨的风险，往往会要求在合同中规定："货物出运时，如保险公司增加战争险的费率，则其增加的部分保险费，应由买方负担。"

四、保险金额的约定

按 CIF 或 CIP 条件成交时，因保险金额关系到卖方的费用负担和买方的切身利益，故买卖双方有必要将保险金额在合同中具体订明。根据保险市场的习惯做法，保险金额一般都是按 CIF 价或 CIP 价加成计算，即按发票金额再加一定的百分率。此项保险加成率，主要是作为买方的预期利润。按国际贸易惯例，预期利润一般按 CIF 价的 10％估算，因此，如果买卖合同中未规定保险金额时，习惯上是按 CIF 价或 CIP 价的 110％投保。

中国人民保险公司承保出口货物的保险金额，一般也是按国际保险市场上通常的加成率，即按 CIF 或 CIP 发票金额的 110％计算。由于不同货物、不同地区、不同时期的所得利润不一，因此，在磋商交易时，如买方要求保险加成超过 10％时，卖方也可酌情接受。如买方要求保险加成率过高，则卖方应同有关保险公司商妥后方可接受。

五、保险单的约定

在买卖合同中，如约定由卖方投保，通常还规定卖方应向买方提供保险单，如被保险的货物在运输过程中发生承保范围内的风险损失，买方即可凭卖方提供的保险单向有关保险公司索赔。

本章小结

在国际货物运输过程中，可能会遇到各种不同的自然灾害和意外事故，使货物遭受部分损失或全部灭失，从而给买方或卖方带来不利的经济后果。为了使货物在运输过程中可能遭到的意外损失得到补偿，货物的买方或卖方就需要按合同规定向保险公司办理保险手续。投保人同保险公司按照保险的基本原则订立保险契约，被保险人（买方或卖方）向保险人（保险公司）按一定的金额投保一定的险别，交付一定的保险费，从而将货运过程中可能遭到的风险交由保险公司承担。

国际货物运输保险包括海上货物运输保险、陆地货物运输保险（包括铁路货运和公路货运保险）、航空货物运输保险、邮包货物运输保险等多种形式。其中，海上货物运输保险的历史最久，业务量最大，在国际货物运输保险中占主要地位。

目前，我国海运货物保险的险别包括基本险和附加险，其中，基本险又分为平安险、水渍险和一切险；附加险分为一般附加险和特殊附加险。

为了明确买卖双方在货物运输保险方面的责任，就应该在买卖合同中订立保险条款，对保险投保人、保险人、保险险别及保险金额等事项加以规定。因为，保险条款是国际货物买卖合同中的重要组成部分之一，所以必须订得明确、合理。同时由于在国际保险市场上，英国伦敦保险业协会所制定的《协会货物保险条款》对世界各国有着广泛的影响，因此，对其必须有所了解，以利于订好保险条款和正确处理有关货运保险事宜。

习 题

一、复习思考题

1. 我国海上货物运输保险的险别有哪几种？各自的责任范围有何区别？
2. 何谓共同海损？其构成条件有哪些？

3. 某公司按 CIF 贸易术语对外发盘，若按下列险别作为保险条款提出是否妥当？如有不妥，试予更正并说明理由。

（1）一切险、偷窃提货不着险、串味险。

（2）平安险、一切险、受潮受热险、战争险及罢工险。

（3）水渍险、碰损破碎险。

（4）偷窃提货不着险、钩损险、战争险及罢工险。

（5）航空运输一切险、淡水雨淋险。

4. 某公司按 CIF 或 CIP 贸易术语对外成交，一般应怎样确定投保金额？为什么？

二、计算题

1. 某公司出口 CIF 合同规定按发票金额 110％投保一切险和战争险，如出口发票金额为 15 000 美元，一切险保险费率为 0.6％，战争险保险费率为 0.03％。试问，投保金额是多少？应付保险费多少？

2. 某公司出口报价为每吨 2 000 美元 CFR 神户港，现客户要求改报 CIF 价，加投保一切险和战争险，查一切险费率为 1％，战争险费率为 0.03％。试计算在不影响外汇净收入前提下的 CIF 报价。

3. 某公司对外出售货物一批，单价为每吨 1 000 英磅 CIF 伦敦。按合同规定，卖方按 CIF 发票金额的 110％投保，保险险别为水渍险和受潮受热险，两者费率合计为 0.9％。现客户要求改报 CFR 价，试计算在不影响收汇前提下的 CFR 伦敦价。

4. 一批出口货 CFR 价为 250 000 美元，现客户要求改 CIF 价加二成投保海运一切险，我方同意照办，如保险费率为 0.6％时，我方应向客户收取保险费多少？

三、案例分析

1. 我方以 CFR 贸易术语出口货物一批，在从出口公司仓库运到码头待运过程中，货物发生损失，该损失应由何方负责？如买方已经向保险公司办理了保险，保险公司对该项损失是否给予赔偿？并说明理由。

2. 某轮载货后，在航行途中不慎发生搁浅，事后反复开倒车，强行起浮，但船上轮机受损且船底划破，致使海水渗入货仓，造成船货部分损失。该船行驶至邻近的一港口船坞修理，暂时卸下大部分货物，前后花了 10 天时间，增加支出各项费用，包括船员工资。当船修复后装上原货启航后不久，A 舱起火，船长下令对该舱灌水灭火。A 舱原载有文具用品、茶叶等，灭火后发现文具用品一部分被焚毁，另一部分文具用品和全部茶叶被水浸湿。试分别说明以上各项损失的性质，并指出在投保 CIC 何种险别的情况下，保险公司才负责赔偿。

3. 某外贸企业进口散装化肥一批，曾向保险公司投保海运一切险。货抵目的港后，全部卸至港务公司仓库。在卸货过程中，外贸企业与装卸公司签订了一份灌装协议，并立即开始灌装。某日，由装卸公司根据协议将已灌装成包的半数货物堆放在港区内铁路堆场，等待铁路转运至他地以交付不同买主。另一半留在仓库尚待灌装的散货,因受台风袭击,遭受严重湿损。于是,外贸企业遂就遭受湿损部分向保险公司索赔,被保险公司拒绝。对此,试予评论。

四、网上模拟

下面继续使用"国际商务 EDI 模拟操作软件"来上机练习出口货物运输的保险环节。

(1)运行"国际商务 EDI 模拟操作软件"(2.0 版)。

(2)创建"中国保险公司"工作站。

(3)进入"中国三强服装进出口公司"填写"保险投保单"并网上发送给"中国保险公司"。

(4)进入"中国保险公司"办理出口货物保险,签发"保险单"。

(5)浏览两个工作站的业务菜单。

第五章　进出口货物的价格

在国际贸易中，如何确定进出口商品价格和规定合同中的价格条款，是交易双方关心的一个重要问题。因此，讨价还价往往成为交易磋商的焦点，价格条款便成为买卖合同中的核心条款，买卖双方在其他条款上的利害与得失，一般也会在商品价格上体现出来。因为，合同中的价格条款与其他条款有着密切的联系，价格条款的内容与其他条款的约定相互产生一定的影响。

在实际业务中，正确掌握进出口商品价格，合理采用各种作价办法，选用有利的计价货币，适当运用与价格有关的佣金和折扣，并订好合同中的价格条款，对体现对外政策和经营意图，完成进出口任务和提高外贸经济效益，都具有十分重要的意义。

第一节　价格核算与价格换算

一、核算价格时应考虑的因素

1. 要考虑商品的重量和档次

在国际市场上，一般都贯彻按质论价的原则，即好货好价，次货次价。品质的优劣，档次的高低，包装装潢的好坏，式样的新旧，商标、品牌的知名度，都会影响商品的价格。

2. 要考虑运输距离

国际货物买卖，一般都要经过长途运输。运输距离的远近，影响运费和保险费的开支，从而影响商品的价格。因此，确定商品价格时，必须认真核算运输成本，做好比价工作，以体现地区差价。

3. 要考虑交货地点和交货条件

在国际贸易中，由于交货地点和交货条件不同，买卖双方承担的责任、费用和风险有别，在确定进出口商品价格时，必须考虑这些因素。例如，同一运输距离内成交的同一商品，按 CIF 条件成交同按 DES 条件成交，其价格应当不同。

4. 要考虑季节性需求的变化

在国际市场上，某些节令性商品，如赶在节令前到货，抢行应市，即能卖上好价。过了节令的商品，往往售价很低，甚至以低于成本的"跳楼价"出售。因此，我们应充分利用季节性需求的变化，掌握好季节性差价，争取按对我方有利的价格成交。

5. 要考虑成交数量

按国际贸易的习惯做法，成交量的大小影响价格。即成交量大时，在价格上应给予适当优惠，例如采用数量折扣的办法；反之，如成交量过少，甚至低于起订量时，则可以适当提高售价。不论成交多少，都是一个价格的做法是不当的，我们应当掌握好数量方面的差价。

6. 要考虑支付条件和汇率变动的风险

支付条件是否有利和汇率变动风险的大小，都影响商品的价格。例如，同一商品在其他交易条件相同的情况下，采取预付货款和凭信用证付款方式下，其价格应当有所区别。同时，确定商品价格时，一般应争取采用对自身有利的货币成交，如采用对自身不利的货币成交时，应当把汇率变动的风险考虑到货价中去，即适当提高出售价格或压低购买价格。

二、价格的构成

在国际货物买卖中，货物的价格包括成本、费用（人民币费用、外币费用）和预期利润三大要素。

1. 成本

出口货物的成本（cost）主要是指采购成本。它是贸易商向供货商采购商品的价格，也称进货成本。它在出口价格中所占比重最大，是价格中的主要组成部分。

成本对出口商而言，即为进货成本，也就是贸易商向供货商购买货物的支出。但该项支出含有增值税。为了降低出口商品成本，增强产品竞争力，我国同其他国家一样，也实行出口退税制度，采取对出口商品中的增值税全额退还或按一定比例退还的做法，即将含税成本中的税收部分按照出口退税比例予以扣除，得出实际成本。

实际成本的计算公式：实际成本＝进货成本—退税金额

退税金额的计算公式：退税金额＝进货成本÷（1＋增值税率）×退税率

例如，某公司出口茶杯，每套进货成本人民币 90 元（包括 17％的增值税），退税率为8％，则

$$退税金额＝90÷（1+17％）×8％＝6.15 元$$
$$实际成本＝90-6.15＝83.85 元$$

即茶杯的实际成本为每套 83.85 元。

2. 费用

出口货物价格中的费用（expenses/ charges）主要是指商品流通费。比重虽然不大，但内容繁多，且计算方法不尽相同，因此，是价格核算中较为复杂的因素。业务中经常出现的费用有如下几种：

（1）包装费（packing charges）：通常包括在进货成本中，如果客户有特殊要求，则须另加。

（2）仓储费（warehousing charges）：提前采购或另外存仓的费用。

（3）国内运输费（inland transport charges）：装货前发生的内陆运输费用，如卡车、内

河运输费、路桥费、过境费及装卸费等。

（4）认证费（certification charges）：出口商办理出口许可、配额、产地证以及其他证明所支付的费用。

（5）港区港杂费（port charges）：货物装运前在港区码头支付的各种费用。

（6）商检费（inspection charges）：出口商品检验机构根据国家有关规定或出口商的请求对货物进行检验所产生的费用。

（7）捐税（duties and taxes）：国家对出口商品征收、代收或退还的有关税费，通常有出口关税、增值税等。

（8）垫款利息（interest）：出口商买进卖出期间垫付资金支付的利息。

（9）业务费用（operating charges）：出口商经营过程中发生的有关费用，也称经营管理费，如通讯费、交通费、交际费等。出口商可根据商品、经营、市场等情况确定一个费用率，这个比率为 5%～15% 不等，一般是在进货成本基础上计算费用定额率。定额费用＝进货价×费用定额率。

（10）银行费用（banking charges）：出口商委托银行向国外客户收取货款、进行资信调查等所支出的手续费。

（11）出口运费与集装箱费（freight charges）：货物出口时支付的海运、陆运、空运、多式联运费用及集装箱费。

（12）保险费（insurance premium）：出口商向保险公司购买货运保险或信用保险支付的费用。保险费＝保险金额×保险费率。

（13）佣金（commission）：出口商向经纪人支付的报酬。佣金有不同的计算方法，通常用发票价乘佣金率。

3．预期利润

预期利润（expected profit）是出口商的收入，是经营好坏的主要指标。

利润是商人的收入，它的核算方法可以某一固定数额作为单位商品的利润，也可用一定百分比作为经营的利润率来核算利润额。采用利润率核算利润时，应注意计算的基数，这个基数可以是成本，也可以是销售价格。计算利润的依据不同，销售价格和利润额也不一样。现举例说明。

某公司某种产品的实际成本为人民币 180 元，利润率为 15%，计算价格和利润额：

（1）以实际成本为依据。

$$销售价格＝实际成本＋利润额＝实际成本＋实际成本×利润率＝$$
$$180＋180×15\%＝207 元$$
$$利润＝实际成本×利润率＝180×15\%＝27 元$$

（2）以销售价格为依据。

$$销售价格＝实际成本＋利润额＝实际成本＋销售价格×利润率$$
$$销售价格＝实际成本/（1－利润率）＝$$

$$180/（1-15\%）=211.77\ 元$$

利润＝销售价格×利润率＝211.77×15％＝31.77元

三、盈亏核算

在价格掌握上，要注意加强成本核算，以提高经济效益，防止出现不计成本、不计盈亏和单纯追求成交量的偏向。尤其在出口方面，强调加强成本核算，掌握出口总成本、出口销售外汇（美元）净收入和人民币净收入的数据，并计算和比较各种商品出口的盈亏情况，更有现实意义。出口总成本是指出口商品的实际成本加上出口前的一切费用和税金。出口销售外汇净收入是指出口商品按FOB价出售所得的外汇净收入。出口销售人民币净收入是指出口商品的FOB价按当时外汇牌价折成人民币的数额。根据出口商品成本的这些数据，可以计算出出口商品换汇成本、出口商品盈亏率和出口创汇率。

1. 出口商品换汇成本

出口商品换汇成本也是用来反映出口商品盈亏的一项重要指标，它是指以某种商品的出口总成本与出口所得的外汇净收入之比，得出用多少人民币换回一单位的外币。出口商品换汇成本如果高于银行的外汇牌价，则出口为亏损；反之，则说明出口有盈利。其计算公式为

出口商品换汇成本＝出口总成本/出口销售外汇净收入

出口换汇成本在报价时的应用主要表现为保证不亏损的条件是出口换汇成本小于或等于外汇牌价，从而求出价格大于或等于多少单位外币。

2. 出口商品盈亏率

出口商品盈亏率是指出口商品盈亏额与出口总成本的比率。出口盈亏额是指出口销售人民币净收入与出口总成本的差额，前者大于后者为盈利；反之为亏损。其计算公式为

出口盈亏额＝出口销售外汇净收入×银行外汇买入价－出口总成本＝

（出口外汇总收入－出口外汇支出）×银行外汇买入价－出口总成本

出口盈亏率在报价时的应用在于：出口企业根据同行业的利润率水平和本公司的情况先规定本公司的目标利润率。令：〔（出口外汇总收入－出口外汇支出）×银行外汇买入价－出口总成本〕/出口总成本≥目标利润率，进而算出价格的最低值。

例如某企业计划出口10 000套茶具，预计出口时花费的外汇为20 000美元，外汇牌价中银行买入价为1美元＝8.276 6元人民币，出口总成本为200 000元人民币，目标利润率为20％。用 P 表示价格，对外报价的计算方法是

$$〔（10\ 000P-20\ 000）×8.276\ 6-200\ 000〕/200\ 000≥20\%$$

则 $P≥5.5$ 美元，即谈判时的价格让步底线是5.5美元。

例如，某企业出口运动鞋36 000双，出口价每双0.60美元CIF纽约，CIF总价21 600美元，其中海运费3 400美元，保险费160美元。进货成本每双人民币4元，共计人民币144 000元（含17％增值税），出口退税率14％，费用定额率12％。当时银行美元买入价为1美元＝8.27元人民币。运动鞋的换汇成本和出口盈亏率为

换汇成本＝出口总成本/出口销售外汇净收入（美元）＝

　　　　　｛进货成本－［进货成本÷（1＋增值税率）×退税率］＋进货成本×

　　　　　12％｝/（出口销售外汇收入－运费－保险费）＝

　　　　　｛144 000－［144 000÷（1＋17％）×14％］＋144 000×12％｝/（21 600－

　　　　　3 400－160）＝7.985 元/美元

运动鞋换汇成本低于外汇牌价，则企业是盈利的。

　　出口盈利额＝出口销售外汇净收入×银行外汇买入价－出口总成本＝

　　　　　USD18 040×8.27－144 049.23＝5 141.57 元人民币

　　出口盈利率＝（盈利额/出口总成本）×100％＝

　　　　　（5 141.57/144 049.23）×100％＝3.57％

运动鞋出口盈利率为 3.57％。

3. 出口创汇率

出口创汇率是指加工后成品出口的外汇净收入与原料外汇成本的比率。原料是进口的，则按该原料的 CIF 价计算原料外汇成本。通过出口的外汇净收入和原料外汇成本的对比，则可看出成品出口的创汇情况，从而确定出口成品是否有利。特别是在进料加工的情况下，核算出口创汇率这项指标，更有必要。

四、不同贸易术语间的价格换算

在国际贸易中，不同的贸易术语表示其价格构成因素不同，即包括不同的从属费用。例如：FOB 术语中不包括从装运港至目的港的运费和保险费；CFR 术语中则包括从装运港至目的港的通常运费；CIF 术语中除包括从装运港至目的港的通常运费外，还包括保险费。在对外磋商交易过程中，有时一方按某一种贸易术语报价时，对方要求改报成用其他术语所表示的价格，如一方按 FOB 报价，对方要求改按 CIF 或 CFR 报价。为了把生意做活和有利于达成交易，也可酌情改报价格，这就涉及到价格的换算问题。了解贸易术语的价格构成及其换算方法，乃是从事国际贸易的人员所必须掌握的基本知识和技能。

第三章介绍了运费的计算方法，第四章介绍了保险费的计算方法，使贸易术语之间的换算变得很简单。

用 I 表示保险费，用 F 表示运费，则 FOB，CFR，CIF 三种贸易术语之间的价格换算公式为

$$CIF＝FOB＋I＋F$$
$$CIF＝CFR＋I$$
$$CFR＝FOB＋F$$

用 I 表示保险费，用 P 表示运费，则 FCA，CPT，CIP 三种贸易术语之间的价格换算公式为

$$CIP = FCA + I + P$$
$$CIP = CPT + I$$
$$CPT = FCA + P$$

第二节　计价货币和佣金与折扣在报价中的应用

一、计价货币的选择

计价货币（Money of Account）是指合同中规定用来计算价格的货币。如合同中的价格是用一种双方当事人约定的货币（如美元）来表示的，没有规定用其他货币支付，则合同中规定的货币，既是计价货币，又是支付货币（Money of Payment）。如在计价货币之外，还规定了其他货币（如欧元）支付，则欧元就是支付货币。

在一般的国际货物买卖合同中，价格都表现为一定量的特定货币（如每公吨为 300 美元），通常不再规定支付货币。根据国际贸易的特点，用来计价的货币，可以是出口国家货币，也可以是进口国家货币或双方同意的第三国货币，由买卖双方协商确定。由于世界各国的货币价值并不是一成不变的，特别是在世界许多国家普遍实行浮动汇率的条件下，通常被用来计价的各种主要货币的币值更是严重不稳。国际货物买卖通常的交货期都比较长，从订约到履行合同，往往需要有一个过程。在此期间，计价货币的币值可能会发生变化，甚至会出现大幅度的起伏，其结果必然直接影响进出口双方的经济利益。因此，如何选择合同的计价货币就具有重大的经济意义，是买卖双方在确定价格时必须注意的问题。

除双方国家订有贸易协定和支付协定，而交易本身又属于上述协定的交易，必须按规定的货币进行清算外，一般进出口合同都是采用可兑换的、国际上通用的或双方同意的支付手段进行计价和支付。但是，这些货币的软硬程度并不相同，发展趋势也不一致。因此，具体到某一笔交易，都必须在深入调查研究的基础上，尽可能争取把发展趋势对我方有利的货币作为计价货币。至于说哪一种货币是硬币或软币，这要从影响汇率变动的因素来分析。影响汇率变动的因素有国际收支、相对经济增长率、相对通货膨胀率、相对利息率变动、投机活动和预期心理等。

从理论上说，对于出口交易，采用硬币计价比较有利；而进口合同用软币计价比较合算。但在实际业务中，以什么货币作为计价货币，还应视双方的交易习惯、经营意图以及价格而定。如果为达成交易而不得不采用对我方不利的货币，则可设法用下述三种办法补救：一是根据该种货币今后可能的变动幅度，相应调整对外报价；二是在可能条件下，争取订立保值条款，以避免计价货币汇率变动的风险；三是使用外汇期权、远期外汇买卖、外汇期货等外汇风险防范措施。

在合同规定用一种货币计价，而用另一种货币支付的情况下，因两种货币在市场上的地位不同，其中有的坚挺（称硬币），有的疲软（称软币），这两种货币按什么时候的汇率进行结算，是关系到买卖双方利害得失的一个重要的问题。

按国际上的一般习惯做法，如两种货币的汇率是按付款时的汇率计算，则不论计价和支付用的是什么货币，都可以按计价货币的量收回货款。对卖方来说，如果计价货币是硬币，支付货币是软币，基本上不会受损失，可起到保值的作用；如果计价货币是软币，支付货币是硬币，他所收入的硬币就会减少，这对卖方不利，而对买方有利。

如果计价货币和支付货币的汇率在订约时已经固定，那么，在计价货币是硬币、支付货币是软币的条件下，卖方在结算时收入的软币所代表的货值往往要少于按订约日的汇率应收入的软币所代表的货值，也就是说对买方有利，而对卖方不利。反之，如计价货币是软币，支付货币是硬币，则对卖方有利，对买方不利。

此外，也有在订合同时，即明确规定计价货币与另一种货币的汇率，到付款时，该汇率如有变动，则按比例调整合同价格。

二、佣金的应用

在合同价格条款中，有时会涉及佣金（Commission）。价格条款中所规定的价格，可分为包含有佣金的价格和不包含佣金的价格。包含有佣金的价格，在业务中通常称为"含佣价"，不含佣金的叫净价（Net Price）。

1. 佣金的含义

在国际贸易中，有些交易是通过中间代理商进行的。因中间商介绍生意或代买代卖而需收取一定的酬金，此项酬金叫佣金。凡在合同价格条款中，明确规定佣金的百分比，叫做"明佣"。在合同价格条款中不标明佣金的百分比，这种佣金叫做"暗佣"。

佣金直接关系到商品的价格，货价中是否包括佣金和佣金比例的大小，都影响商品的价格。显然，含佣价比净价要高。正确运用佣金，有利于调动中间商的积极性和扩大交易。

2. 佣金的规定办法

在商品价格中包括佣金时，通常应以文字来说明。例如："每公吨 200 美元 CIF 旧金山，包括 2% 的佣金"（US $ 200 per Metric ton CIF San Francisco, including commission 2%）。也可在贸易术语上加注佣金的缩写英文字母"C"和佣金的百分比来表示。例如："每公吨 200 美元 CIFC2% 旧金山"（US $ 200 per Metric ton CIF San Francisco including commission 2%）。商品价格中所包含的佣金，除用百分比表示外，也可以用绝对数来表示。例如："每公吨付佣金 25 美元。"

3. 佣金的计算与支付方法

在国际贸易中，计算佣金的方法不一，有的按成交金额约定的百分比计算，也有的按成交商品的数量来计算，即按每一单位数量收取若干佣金计算。在我国进出口业务中，计算方法也不一致，按成交金额和成交商品的数量计算的都有。在按成交金额计算时，有的以发票

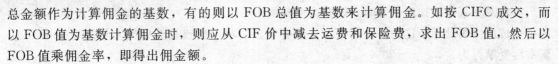

总金额作为计算佣金的基数，有的则以 FOB 总值为基数来计算佣金。如按 CIFC 成交，而以 FOB 值为基数计算佣金时，则应从 CIF 价中减去运费和保险费，求出 FOB 值，然后以 FOB 值乘佣金率，即得出佣金额。

关于计算佣金的公式如下：

$$单位货物佣金额＝含佣价×佣金率$$

$$净价＝含佣价－单位货物佣金额$$

上述公式也可写成

$$净价＝含佣价×（1－佣金率）$$

假如已知净价，则含佣价的计算公式应为

$$含佣价＝净价／（1－佣金率）$$

如在磋商交易时，我方拟获得 10 000 美元净价收益，但又必须按 3％的佣金率向经纪人支付佣金。在此情况下，我方对外报价应为 10 309.3 美元，才能保证获得 10 000 美元的外汇收益。

佣金的支付一般有两种做法：一是中间代理商直接从货款中扣除佣金；二是委托人收到货款后另行支付佣金。

三、折扣

1．折扣的含义

折扣是指卖方按原价给予买方一定百分比的价格减让。国际贸易中使用的折扣，名目很多，除一般折扣外，还有为扩大销售而使用的数量折扣（Quantity Discount）、为实现某种特殊目的而给予的特别折扣（Special Discount）以及年终回扣（Turnover Bonus）等。凡在价格条款中明确规定折扣率的，叫做"明扣"；凡交易双方就折扣问题已达成协议，而在价格条款中却不明示折扣率的，叫做"暗扣"。折扣直接关系到商品的价格，货价中是否包括折扣和折扣率的大小，都影响商品价格，折扣率越高，则价格越低。折扣如同佣金一样，都是市场经济的必然产物，正确运用折扣，有利于调动采购商的积极性和扩大销路，在国际贸易中，它是加强对外竞销的一种手段。

2．折扣的规定办法

在国际贸易中，折扣通常在合同价格条款中用文字明确表示出来。例如："CIF 伦敦每公吨 200 美元，折扣 3％"（US ＄ 200 per Metric ton CIF London including 3％ discount）。此例也可这样表示："CIF 伦敦每公吨 200 美元，减 3％折扣"（US ＄ 200 per metric ton CIF 伦敦 Less 3％ discount）。此外，折扣也可以用绝对数来表示。例如："每公吨折扣 6 美元"。

在实际业务中，也有用"CIFD"或"CIFR"来表示 CIF 价格中包含的折扣。这里的"D"和"R"是"Discount"和"Rebate"的缩写。鉴于在贸易往来中加注的"D"或"R"含义不清，可能引起误解，故最好不使用此缩写语。

交易双方采取暗扣的做法时，则在合同价格中不予规定。有关折扣的问题，按交易双方暗中达成的协议处理，这种做法属于不公平竞争。公职人员或企业雇佣人员拿"暗扣"，应属贪污受贿行为。

3. 折扣的计算与支付方法

折扣通常是以成交额或发票金额为基础计算出来的。例如，CIF伦敦，每公吨2 000美元，折扣2％，卖方的实际净收入为每公吨1 960美元。其计算方法如下：

单位货物折扣额＝原价（或含折扣价）×折扣率

卖方实际净收入＝原价－单位货物折扣额

折扣一般是在买方支付货款时预先予以扣除。也有的折扣金额不直接从货价中扣除，而按暗中达成的协议另行支付给买方，这种做法通常在给"暗扣"或"回扣"时采用。

第三节 作价办法与合同中的价格条款

一、作价办法

在国际货物买卖中，可以根据不同情况，分别采取下列各种作价办法：

1. 固定价格

我国进出口合同，绝大部分都是在双方协商一致的基础上，明确地规定具体价格，这也是国际上常见的做法。

按照各国法律的规定，合同价格一经确定，就必须严格执行。除非合同另有约定，或经双方当事人一致同意，任何一方都不得擅自更改。

在合同中规定固定价格是一种常规做法。它具有明确、具体、肯定和便于核算的特点。但是，国际商品市场的变化往往受各种临时性因素的影响，变化莫测。因此，在国际货物买卖合同中规定固定价格，就意味着买卖双方要承担从订约到交货付款以至转售时价格变动的风险。况且，如果行市变动过于剧烈，这种做法还可能影响合同的顺利执行。一些不守信用的商人很可能为逃避亏损，而寻找各种借口撕毁合同。为了减少价格风险，在采用固定价格时，首先，必须对影响商品供需的各种因素进行细致的研究，并在此基础上，对价格的前景做出判断，以此作为决定合同价格的依据；其次，必须对客户的资信进行了解和研究，慎重选择订约的对象。特别是在金融危机爆发时，由于各种货币汇价动荡不定，商品市场变动频繁，剧涨暴跌的现象时有发生。在此情况下，固定价格往往会给买卖双方带来巨大的风险，尤其是当价格前景捉摸不定时，更容易使客户裹足不前。因此，为了减少风险，促成交易，提高履约率，在合同价格的规定方面，也日益采取一些变通做法。

2. 非固定价格

非固定价格，即一般业务上所说的"活价"，大体上可分为下述几种：

（1）具体价格待定。这种订价方法又可分为：

1）在价格条款中明确规定定价时间和定价方法。例如："在装船月份前45天，参照当地及国际市场价格水平，协商议定正式价格"；或"按提单日期的国际市场价格计算"。

2）只规定作价时间，例如："由双方在××年×月×日协商确定价格"。这种方式由于未就作价方式做出规定，容易给合同带来较大的不稳定性，双方可能因缺乏明确的作价标准，而在商定价格时各执己见，相持不下，导致合同无法执行。因此，这种方式一般只适用于双方有长期交往并已形成比较固定的交易习惯的合同。

（2）暂定价格。在合同中先订立一个初步价格，作为开立信用证和初步付款的依据，待双方确定最后价格后再进行最后清算，多退少补。例如："单价暂定CIF神户，每公吨1 000英镑，作价方法：以××交易所3个月期货，按装船月份月平均价加5英镑计算，买方按本合同规定的暂定价开立信用证"。

（3）部分固定价格，部分非固定价格。为了照顾双方的利益，解决双方在采用固定价格或非固定价格方面的分歧，也可采用部分固定价格，部分非固定价格的做法；或是分批作价的办法，离交货期近的价格在订约时固定下来，余者在交货前一定期限内作价。

非固定价格是一种变通做法，在行情变动剧烈或双方未能就价格取得一致意见时，采用这种做法有一定的好处。表现在：

1）有助于暂时解决双方在价格方面的分歧，先就其他条款达成协议，早日签约。

2）解除客户对价格风险的顾虑，使之敢于签订交货期长的合同。数量、交货期的早日确定，不但有利于巩固和扩大出口市场，也有利于生产、收购和出口计划的安排。

3）对进出口双方，虽不能完全排除价格风险，但对出口人来说，可以不失时机地做成生意；对进口人来说，可以保证一定的转售利润。

非固定价格的做法，是先订约后作价，合同的关键条款价格条款在订约之后由双方按一定的方式来确定。这就不可避免地给合同带来较大的不稳定性，存在着双方在作价时不能取得一致意见，而使合同无法执行的可能；或由于合同作价条款规定不当，而使合同失去法律效力的危险。

3．价格调整条款

在国际货物买卖中，有的合同除规定具体价格外，还规定有各种不同的价格调整条款。例如："如卖方对其他客户的成交价高于或低于合同价格5%，对本合同未执行的数量，双方协商调整价格。"这种做法的目的是把价格变动的风险规定在一定范围之内，以提高客户经营的信心。

值得注意的是，在国际上，随着某些国家通货膨胀的加剧，有些商品合同，特别是加工周期较长的机器设备合同，都普遍采用所谓"价格调整条款"（Price Adjustment（Revision）Clause），要求在订约时只规定初步价格（Initial Price），同时规定如原料价格、工资发生变化，卖方保留调整价格的权利。

在价格调整条款中，通常使用下列公式来调整价格：

$$P = P_0 \ (A + BM/M_0 + CW/W_0)$$

式中　　P ——商品交货时的最后价格；

　　　　P_0 ——签订合同时约定的初步价格；

　　　　M ——计算最后价格时引用的有关原料的平均价格或指数；

　　　　M_0 ——签订合同时引用的有关原料的价格或指数；

　　　　W ——计算最后价格时引用的有关工资的平均数或指数；

　　　　W_0 ——签订合同时引用的工资平均数或指数；

　　　　A ——经营管理费用和利润在价格中所占的比重；

　　　　B ——原料在价格中所占的比重；

　　　　C ——工资在价格中所占的比重。

A，B，C 所代表的比例在合同签订后固定不变。

如果买卖双方在合同中规定，按上述公式计算出来的最后价格与约定的初步价格相比，其差额不超过约定的范围（如百分之若干），初步价格可不予调整，合同原定的价格对双方当事人仍有约束力，双方必须严格执行。

上述"价格调整条款"的基本内容，是按原料价格和工资的变动来计算合同的最后价格。在通货膨胀的条件下，它实质上是出口厂商转嫁国内通货膨胀、确保利润的一种手段。但值得注意的是：这种做法已被联合国欧洲经济委员会纳入它所制定的一些"标准合同"之中，而且其应用范围已从原来的机械设备交易扩展到一些初级产品交易，因而具有一定的普遍性。

由于这类条款是以工资和原料价格的变动作为调整价格的依据，因此，在使用这类条款时，就必须注意工资指数和原料价格指数的选择，并在合同中予以明确。在国际贸易中，人们有时也采用物价指数作为调整价格的依据。如合同期间的物价指数发生的变动超出一定的范围，价格即作相应的调整。

二、合同中的价格条款

合同中的价格条款，包括商品的单价和总值两项基本内容。单价条款例如"每公吨300美元 CIF 纽约"，这里包含着单价通常的 4 个组成部分：计量单位（公吨）、单位金额（300）、计价货币（美元）和贸易术语（CIF）。这四个方面是双方协商的结果。总值是指单价乘上成交数量，也就是成交总额。

本章小结

价格是交易双方谈判的焦点，报价前应对拟交易商品的价格的影响因素进行分析，并对拟交易商品的成本和价格进行核算。在分析价格构成的基础上，运用出口换汇成本、出口盈亏率和出口创汇率确定谈判时价格减让的底线。计价货币、佣金和折扣也是影响价格的因素，因此本章介绍了它们在报价中的应用。合同中的作价方法有固定作价法、非固定作价法和价格调整条款，在实践中应根据具体情况做出选择。

习　题

一、复习思考题

1. 影响进出口商品价格的因素有哪些？

2. 出口报价核算中的价格构成有哪些？

3. 进出口合同中的作价办法有哪些？

4. 进出口业务中如何选择计价货币？

5. 如何计算出口商品盈亏率、出口换汇成本和出口创汇率？并说明它们在报价时的应用。

二、计算题

1. 佳丽进出口公司向孟加拉国 Soul Brown Co. 出口货号为 AQL186 的高级海藻香皂，每块进货成本是 9.30 元人民币，其中包括 17％增值税，退税率为 9％。用纸箱包装，每箱 450 件，每件装 72 块，外箱体积 36 cm× 27.5 cm× 28 cm，毛重 12.5 kg，净重 10.8 kg。交货日期为 2005 年 6 月底之前，L/C 支付，起运港：梧州，成交条件 CFR 吉大港 USD1.50/pc，海运费 1 800 美元，定额费用率为进货成本的 6.2％。可直接认定的国内费用占进货成本的 10.2％，美元对人民币汇率为 1 美元＝8.276 7 元人民币。

根据上述资料，求：①实际成本；②退税金额；③费用总额（包括海运费）；④利润；⑤换汇成本。

2. 某公司出口化工原料，报价为每公吨 100 美元，FOB 厦门包括 2％佣金，共计 1 000 t，请计算该商品的外汇净收入。

3. 轻工公司出口一批头饰，退税率 13％，头饰供货商报价 129.6 元/罗（含 17％增值税），数量 900 罗。试计算该批头饰的退税金额是多少元？

4. 前进造纸厂向风华贸易公司供应某种纸张 80t，工厂生产成本为 5 500 元/t，销售利润是生产成本的 8％，增值税率 17％（增值税额＝货价×增值税率），退税率 9％。试计算：

（1）工厂给贸易公司的供货价每吨应为多少元？

（2）贸易公司的实际成本是多少元？

5. 加拿大某百货公司委托香港一中间商向我某公司采购一批文具，谈妥佣金率为 2％，我公司最初报价总额为 56 000 美元，因市场竞争极为激烈，为保持我方在该市场的占有率，最后同意在原报价的基础上给与特别折扣 3％，请问加拿大客商应支付给港商佣金多少美元？

6. 我某企业向新加坡 A 公司出售一批货物，共计 5 000 套，出口总价为 10 万美元 CIF

新加坡，其中从大连港运至新加坡的海运运费为 4 000 美元，保险按 CIF 总价的 110％投保一切险，费率为 1％。这批货物的出口总成本为 72 万元人民币。结汇时，银行外汇买入价 1 美元＝8.30 元人民币。试计算这笔交易的换汇成本和盈亏额。

7. 某公司向西欧推销箱装货，原报价每箱 50 美元 FOB 上海，现客户要求改报 CFRC3％Hamburg。问：在不减少收汇的条件下，应报多少？（该商品每箱毛重 40 kg，体积 0.05m³。在运费表中的计费标准为 W/M，每运费吨基本运费率为 200 美元，另加收燃油附加费 10％。）

第六章　国际货款收付

在进出口业务中，货款的收付直接影响双方的资金周转，关系到买卖双方的利益，买卖双方在交易磋商中都争取对自身有利的支付条件。买卖双方就支付条件协商统一后在合同中明确规定。支付条款是合同中的要件之一。本章主要介绍汇票、本票和支票等支付工具，汇付、托收、信用证、银行包含和国际保理等支付方式，各种支付方式的选用等内容。

第一节　支付票据

票据是由出票人签名于票据上，约定由自己或另一人无条件地支付确定金额的可流通转让的证券。票据是建立在信用基础上的书面支付凭证，信用作用是票据最本质的作用。在国际贸易中，很难同时实现一方交货另一方付款，必然要有一方先履行义务，这一方即为债权人，而另一方则成为债务人。这种债权债务关系的解除可以通过票据的使用得以实现。例如，买方在卖方发货后 2 个月付款，则卖方发货后可出具一张远期汇票，买方承兑后，即成为汇票的债务人，承担到期向汇票持有人付款的责任。在这里，如果通过票据提供信用的一方是商人，则属于商业信用；如果提供信用的一方为银行，则为银行信用。票据的这种信用作用，也使资金融通业务得以发展。

国际贸易中的支付票据有汇票、本票和支票三种，在国际货款结算中，主要使用汇票。

一、汇票

1. 汇票的含义与内容

汇票（bill of exchange，draft）是一个人向另一个人签发的要求对方见票后立即或见票后若干天或未来的某一个确定时间无条件支付一定金额的书面命令。简言之，它是一方开给另一方的无条件支付的书面命令。

汇票无统一格式（下面是信用证支付方式下汇票的一种格式），但其基本内容有八项：即汇票号码、汇票日期、汇票金额、汇票期限，受款人（payee），出票条款，付款人（payer），出票人（drawer）。

2. 汇票的种类

根据出票人、承兑人、付款时间及有无随附单据的不同，汇票可分四类：

（1）按出票人的不同，汇票可分为银行汇票（Banker's Draft）和商业汇票（Commercial

Draft)。银行汇票是银行签发的汇票。在国际贸易结算中，银行签发汇票后，一般交汇款人，由汇款人寄交国外收款人向指定的付款银行取款。出票行将付款通知书寄国外付款行，以便付款行在收款人持汇票取款时核对，核对无误后付款。票汇中使用的就是银行。

商业汇票是由工商企业签发的汇票。用托收方式进行货款结算中，汇票是出口商向进口商签发的汇票；用信用证进行货款结算中，汇票是出口商向银行签发的汇票。信用证和托收方式下使用的汇票都是商业汇票。

（2）按使用汇票时是否附随货运单据，汇票可分为光票（Clean Draft）和跟单汇票（Documentary Draft）。光票是不附带货运单据的汇票，银行汇票多为光票。光票常用于运费、保险费、货款尾数及佣金的收付。跟单汇票是附带货运单据的汇票，商业汇票多为跟单汇票。

（3）按付款时间不同，汇票可分为即期汇票（Sight Draft）和远期汇票（Time Draft）。即期汇票是在持票人向付款人提示时或付款人见票时立即付款的汇票。远期汇票是付款人在未来某个时间付款的汇票。

远期汇票付款时间的规定方法主要有四种：①见票后的若干天付款（at…days after sight）；②出票后的若干天付款（at…days after date）；③提单签发日后的若干天付款（at…days after date of Bill of Lading）；④指定日期付款（Fixed Date）。

（4）远期汇票按承兑人不同，可分为商业承兑汇票（Commercial Acceptance Draft）和银行承兑汇票（Banker's Acceptance Draft）。商业承兑汇票是工商企业承兑的远期汇票。在托收中经进口商承兑后的远期汇票就是商业承兑汇票。

银行承兑汇票是经银行承兑后的远期汇票。在信用证支付中经银行承兑后的远期汇票就是银行承兑汇票。

一张汇票往往可以同时具备几种性质，例如：一张商业汇票，同时又可以是即期的跟单汇票；一张远期的商业跟单汇票，同时又是银行承兑汇票。

BILL OF EXCHANGE

NO. 6105589   DATE JUN. 08. 2005 XIAN

EXCHANGE FOR USD 132，400.00

AT 30 DAYS AFTER SIGHT OF THIS FIRST EXCHANGE（SECOND OF EXCHANGE BEING UNPAID）PAY TO THE ORDER OF BANK COMMUN ICATIONS, XIAN（HEAD OFFICE）THE SUM OF SAY U. S. DOLLARS ONE HUN DRED THIRTY－TWO THOUSAND AND FOUR HUNDRED ONLY. DRAWN UNDER L/CNO. 01NU002516 DATED MAY. 08. 2005 ISSUED BY THE CHASE MANHATTAN BANK NEW YORK

TO THE CHASE MANHATTAN BANK

NEW YORK

U. S. A

AUTHORIZED SIGNATURE

3. 汇票的使用过程

汇票的使用过程主要包括出票、提示、承兑、付款、背书、拒付与追索等。

（1）出票（To Draw）。出票是指出票人签发汇票并将其交给持票人的行为。出票时对受款人栏目通常有三种填写方法：

1）限制性抬头。例如"仅付甲公司"（Pay to A co. Only）。这种抬头的汇票不能流通转让，只限甲公司收取货款。

2）指示性抬头。例如"付给甲公司指定的人"（Pay to the order of A co.）。这种汇票经背书可转让给第三者。

3）持票人或来人抬头。例如"付给持票人"（Pay Bearer）。这种汇票无需背书就可转让。

（2）提示（Presentation）。提示是指持票人将汇票提交付款人要求承兑或付款的行为。付款人见到汇票叫做见票（Sight）。提示可以分为两种：

1）付款提示。即指持票人向付款人提交汇票、要求付款的行为。这是即期汇票的情况。

2）承兑提示。即指持票人向付款人提交远期汇票，付款人见票后办理承兑手续，承诺到期时付款的行为。

（3）承兑（Acceptance）。承兑是指付款人对远期汇票表示承担到期付款责任的行为。付款人在汇票上写明"承兑"字样，注明承兑日期，并由付款人签字，交还持票人。付款人对汇票做出承兑，即成为承兑人。承兑人有在远期汇票到期时承担付款的责任。

（4）付款（Payment）。对即期汇票，在持票人提示汇票时，付款人即应付款；对远期汇票，付款人经过承兑后，在汇票到期日付款。付款后，汇票上的一切债务即告终止。

（5）背书（Endorsement）。在国际市场上，汇票又是一种流通工具（Negotiable Instrument），可以在票据市场上流通转让。背书是转让汇票权利的一种法定手续，就是由汇票持有人在汇票背面签上自己的名字，或再加上受让人（被背书人 Endorsee）的名字，并把汇票交给受让人的行为。经背书后，汇票的收款权利便转移给受让人。汇票可以经过背书不断转让下去。对于受让人来说，所有在他以前的背书人（Endorser）以及原出票人都是他的"前手"；而对出让人来说，所有在他让与以后的受让人都是他的"后手"。前手对后手负责，保证其汇票必然会被承兑或付款。

在国际市场上，一张远期汇票的持有人如想在付款人付款前取得票款，可以经过背书转让汇票，即将汇票进行贴现。贴现（Discount）是指远期汇票承兑后，尚未到期，由银行或贴现公司从票面金额中扣减按一定贴现率计算的贴现息后，将余款付给持票人的行为。

（6）拒付（Dishonour）与追索（Recourse）。持票人提示汇票要求承兑时，遭到拒绝承兑（Dishonour by Non-acceptance），或持票人提示汇票要求付款时，遭到拒绝付款（Dishonour by Non-payment），均称拒付，也称退票。

除了拒绝承兑和拒绝付款外，付款人拒不见票、死亡或宣告破产，以致付款事实上已不可能时，也称拒付。

如汇票在合理时间内提示，遭到拒绝承兑，或在到期日提示，遭到拒绝付款，对持票人立即产生追索权，他有权向背书人和出票人追索票款。按照有些国家的法律，持票人为了行使追索权应及时做出拒付证书（Protest）。所谓追索权（Right of Recourse）是指汇票遭到拒付，持票人对其前手（背书人、出票人）有请求其偿还汇票金额及费用的权利。拒付证书是由付款地的法定公证人（Notary Public）或其他依法有权做出证书的机构如法院、银行、公会、邮局等，做出证明拒付事实的文件，是持票人凭以向其"前手"进行追索的法律依据。如拒付的汇票已经承兑，出票人可凭拒付证书向法院起诉，要求承兑汇票的承兑人付款。

按我国《票据法》规定，持票人行使追索权时，应当提供被拒绝承兑或者被拒绝付款的有关证明。又规定，持票人提示承兑或提示付款被拒绝的，承兑人或付款人必须出具拒绝证明，或者出具退票理由书。否则，应当承担由此产生的民事责任，持票人可以依法取得其他有关证明。

此外，汇票的出票人或背书人为了避免承担被追索的责任，可在出票时或背书时加注"不受追索"（Without Recourse）字样。凡加注"不受追索"字样的汇票，在市场上难以流通。

4. 汇票的贴现及其计算

贴现是远期汇票承兑后，持票人在汇票到期前到银行兑换现款，银行从票面金额中扣除按贴现率计算的贴现息后付给持票人余款的行为。汇票的贴现实际上就是汇票的买卖。商业汇票一般都有贸易背景，用货物作为担保，因此，贴现时不再收取其他抵押品。对商人来说，是一条便捷的融资渠道。

银行一般根据汇票身价的高低（主要看承兑人的信用），来决定是否予以贴现。在国际贸易结算中，信用证项下远期汇票由出口地的付款行承兑后自行贴现的做法较为流行，可见，进口方银行在出口方当地有分行，有利于贸易的开展及货款的迅速结算。另外，出口地的议付行应受益人的要求，对资信好、资力强的开证行、付款行承兑的汇票，也可以有选择地办理贴现。贴现程序如下：

（1）出票人将汇票交给持票人。

（2）持票人将汇票交给付款人承兑。

（3）持票人再持承兑后的汇票交贴现银行贴现。

（4）汇票到期时贴现银行向付款人收取票款。

贴现计算如下：

面额为 10 000 美元的见票后 90 天付款的汇票，6 月 20 日得到付款人的承兑，该汇票应于 9 月 18 日到期，持票人于 6 月 30 日持汇票去某银行要求贴现，银行核算计息天数（7～8 月份各 31 天，9 月份 18 天，共计 80 天）。如果贴现年利率为 10％，按欧美算法，一年按 360 天计算，则

贴现利息＝汇票金额×贴现天数×年贴现率/360＝

（10 000×80×10％）/360＝222.22 美元

银行向持票人净付款＝汇票金额－贴现利息＝10 000－ 222. 22 ＝ 9 777.78 美元

银行受让汇票后，于 9 月 18 日向付款人提示，收取十足票款 10 000 美元

二、本票

本票（Promissory Note）是出票人签发的，承诺自己在见票时无条件支付确定的金额给收款人或者持票人的票据。本票的基本内容有确定金额、收款人名称、出票日期、出票人签章。

本票按出票人的不同分为商业本票和银行本票两种。出票人是企业或个人的称为商业本票，商业本票有即期和远期之分；出票人是银行的称为银行本票，只有即期一种。在国际贸易中使用本票结算时，大都用银行本票。

三、支票

支票（Cheque，Check）是出票人签发的，委托银行或其他金融机构在见票时无条件支付确定金额给收款人或持票人的票据。支票的出票人按照签发的支票金额承担向持票人付款的责任。

支票分为一般支票、划线支票、记名支票、不记名支票、保付支票和银行支票 6 种。

支票的基本内容有确定的金额、付款人名称、出票日期和出票人签章。

使用支票一般要注意三点：一是支票金额不得超过其存款金额，如果超出，即为空头支票，这是法律所不允许的。二是注意支票到手并不意味着货款到手，有时也有突发事件。如客户触犯法律，被当局冻结了银行账户，支票被付款银行拒付退回；再如，买方希望止付支票项下的货款，向出票银行称支票丢失，银行也会停止付款。三是支票付款既使到账也不能算资金收妥，因为，支票付款后一般都有 7～10 天的退单期，在此期间，出票人要求退回支票所付货款均有效。

在国际上，支票一般既可用以支取现金，也可通过银行转账，收款人可自主选择。但支票一经划线就只能通过银行转账，划线支票一般在其左上角划两道平行线，视其需要，支票既可由出票人划线，也可由收款人划线。收款人收到未划线支票时，可通过自己的往来行向付款行收款，存入自己的账户，也可径自到付款行提取现款。收到划线支票或收到未划线支票自己加上划线后，收款人只能通过往来行代为收款。

第二节　汇付

一、汇付的含义及其当事人

1. 汇付的含义

汇付（remittance）又称汇款，是付款人委托所在国银行，将款项以某种方式汇交给收

款人的结算方式。在汇付方式下，结算工具（委托通知或汇票）的传送方向与资金的流动方向相同，因此，称为顺汇。

2. 汇付的当事人

汇款涉及四个当事人：汇款人、汇出行、汇入行及收款人。

汇款人（Remitter）：即汇出款项的人，在进出口业务中，汇款人通常是买卖合同中的买方或其他经贸往来中的债务人。

汇出行（Remitting Bank）：即受汇款人的委托汇出款项的银行，通常是买方所在地银行。

汇入行（Paying Bank）：即受汇出行的委托解付汇款的银行。通常是卖方所在地银行。

收款人（Payee or Beneficiary）：即收取款项的人，在进出口业务中，通常是买卖合同中的卖方或其他经贸往来中的债权人。

汇款人在委托汇出行办理汇款时，要出具汇款申请书。该申请书是汇款人和汇出行之间的一种契约。汇出行一经接受申请，就有义务按照汇款申请书的指示通知汇入行解付一定金额的款项。

二、汇款的方式

1. 电汇

电汇（Telegraphic Transfer，T/T）是汇出行以电报、电传或 SWIFT（全球银行金融电讯协会）等电讯手段向汇入行发出付款委托的一种汇款方式。电汇费用较高，但交款迅速，业务中使用广泛。

使用电汇时，汇款人向汇出行提出申请，汇出行根据申请，拍发加押电报、电传或 SWIFT 给另一国的代理行或分行（汇入行）。发电后，汇出行将电报证实书寄给汇入行以便核对电文。汇入行核对密押后，缮制电汇通知书，通知收款人取款，收款人收取款项后出具收据作为收妥汇款的凭证。汇入行解付汇款后，将付讫借记通知书寄给汇出行进行转账，一笔汇款业务得以完成。电汇程序见图 6.1。

2. 信汇

信汇（Mail Transfer，M/T）是汇出行应汇款人的申请，以航空信函方式将汇款委托书寄交给汇入行，解付一定金额给收款人的一种汇款方式。使用信汇时，汇款人向汇出行提出申请，并交款、付费给汇出行，取得信汇回执。汇出行把信汇委托书邮寄汇入行，委托汇入行解付汇款，汇入行凭此通知收款人取款。收款人取款时须在"收款人收据"上签字或盖章，交给汇入行，汇入行凭此解付汇款，同时将付讫借记通知书寄给汇出行，从而使双方的债权债务得到清算，见图 6.1。

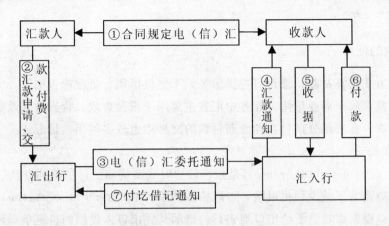

图 6.1　电（信）汇业务流程

信汇具有费用低廉的优点，但收款时间长。由于目前电讯事业的迅速发展，加之时间就是效益，收款时间长容易错过商机，因而，业务中较少使用。随着 SWIFT 的广泛应用，信汇、电传（电报）汇款方式将逐渐被其取代。

3．票汇（Remittance by Banker's Demand Draft，D/D）

票汇是以银行即期汇票为支付工具的汇款方式。使用票汇时，汇款人填写申请书，并交款，付费给汇出行。汇出行开立银行汇票交给汇款人，由汇款人自行邮寄给收款人。同时汇出行将汇票通知书或称票根（Advice or Drawing）邮寄给汇入行。收款人持汇票向汇入行取款时，汇入行验对汇票与票根无误后，解付票款给收款人，并把付讫借记通知书寄给汇出行，以结清双方的债权债务，见图 6.2。

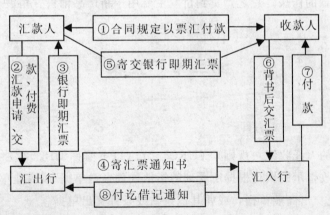

图 6.2　票汇业务流程

票汇与信汇、电汇不同的地方，在于票汇的汇入行无需通知收款人前来取款，而是收款人持票向汇入行取款；汇票经收款人背书后可以在市场上转让流通，而信汇委托书则不能转让流通。

三、汇款的使用

利用汇款方式结算货款，银行只提供服务，不提供信用，货款能否结清，完全取决于买方的信用，因此，属于商业信用。业务中汇款主要用于预付货款、货到付款及货款尾数、佣金、运费的结算，在采用分期付款和延期付款的交易中也较多使用汇付形式。

1. 预付货款

预付货款（Payment in Advance）是指在订货时或交货前汇付货款的办法。在预付货款的交易中，进口商为了减少预付风险，可以采用凭单付汇（Remittance Against Documents）的方法。即进口商先将货款汇给出口地银行，指示其凭出口人提供的指定单据和装运凭证付款。这种方式比一般汇付方式更为贸易双方所接受，对进口人来说，可以避免卖方收款后不交货的风险；对出口人来说，只要按合同规定交货、交单，即可立即向出口地银行支取货款。当然，汇款支取前是可以撤销的，因此，出口人收到汇款通知书后，应尽快发货，从速交单支款，避免造成货已发运而货款被撤销的被动局面。

2. 货到付款

货到付款（Payment After Arrival of the Goods）是指出口方收到货款以前，先交出单据或货物，然后由进口商主动汇付货款的方法。货到付款常用于寄售业务中，即出口人先将货物运至国外，委托国外商人在当地市场按事先规定的条件代为出售，买方将货物售出后才把货款付给出口人。再有，为适应空运到货迅速的特点，在空运条件下，进口方可采取凭卖方发货通知汇付货款的作法。总之，货到付款主要用于新产品销售、拓展新市场、大公司内部交易等。

第三节　托收

一、托收的含义

国际商会制定的《托收统一规则》（URC522）（以下简称 URC522）对托收的定义是：托收是指由接到托收指示的银行根据所受到的指示处理金融单据/或商业单据以取得付款/承兑，或凭付款/承兑交出商业单据，或凭其他条款或条件交出单据。

金融单据（Financial documents）是指汇票、本票、支票、付款收据或其他类似用于取得付款的凭证。商业票据（Commercial Documents）是指发票、运输单据或其他类似单据。

简单地讲，托收是出口人委托银行向进口人收款的一种支付方式。卖方发货后，将装运单证和汇票通过卖方的代理行送交进口商，进口商履行付款条件，银行才交付单证。由于托收项下汇票的传递方向与资金的流向相反，所以人们称其为逆汇。

二、托收的当事人

根据 URC522 第 3 条规定，托收方式所涉及的当事人主要有：

1. 委托人

委托人（Principal）是指委托银行办理托收业务的客户，通常是出口人。

2. 托收银行

托收银行（Remitting Bank）是指接受委托人的委托，办理托收业务的银行，一般为出口地银行。

3. 代收银行

代收银行（Collecting Bank）是指接受托收行的委托向付款人收取票款的进口地银行。代收银行通常是托收银行的国外分行或代理行。

4. 提示行

提示行（Presenting Bank）是指向付款人做出提示汇票和单据的银行。提示银行可以是代收银行委托与付款人有往来账户关系的银行，也可以由代收银行自己兼任提示银行。

5. 付款人

付款人（Drawee）是根据托收指示，向其做出提示的人。如使用汇票，即为汇票的受票人，也就是付款人，通常为进口人，即债务人。

在托收业务中，如发生拒付，委托人可指定付款地的代理人代为料理货物存仓、转售、运回等事宜，这个代理人叫做"需要时的代理"（Customer's representative in case of need）。委托人如指定需要时的代理人，必须在托收委托书上写明此代理人的权限。

三、托收的性质与特点

1. 托收的性质是商业信用

托收虽然是通过银行办理，但是银行只是按照卖方的指示办事，不承担付款的责任，不过问单据的真伪，如无特殊约定，对已运到目的地的货物不负提货和看管责任。因此，卖方交货后，能否收回货款，完全取决于买方的信誉。所以，托收的支付方式是建立在商业信用基础上的。

2. 对卖方的风险大

托收方式对卖方来说是先发货后收款，如果是远期托收，卖方还可能要在货到后才能收回全部货款，这实际上是向买方提供信用。而卖方是否能按时收回全部货款，取决于买方的商业信誉。因此卖方要承担一定的风险。这种风险表现在：如果买方倒闭，丧失付款能力，或是因为行市下跌，买方借故不履行合同，拒不付款，卖方不但要承担无法按时收回货款或货款落空的损失，而且要承担货物到达目的地后提货、存仓、保险的费用和变质、短量的风险，以及转售可能发生的价格损失；将货物转运他地或运回本国的运费负担；或是因储存时间过长，被当地政府贱价拍卖的损失等。当然，上述各项损失是买方违约造成的，卖方完全有权要求其赔偿损失。但在实践中，在买方已经破产或逃之夭夭或撕毁合同的条件下，卖方即使可以追回一些赔偿，也往往不足以弥补全部损失。特别是在行市下跌时，有些商人往往会利用不赎单给卖方造成被动，借以要挟卖方调低合同价格，对此，应特别予以注意。如采用承兑交单，卖方有可能遭受货、款两空的损失。托收对卖方虽有一定的风险，但对买方较为有利，可以减少费用支出，有利于资金融通。

3. 托收有利于调动买方采购货物的积极性

由于托收对买方有利，所以在出口业务中采用托收，有利于调动买方采购货物的积极性，从而有利于促进成交和扩大出口，故许多卖方都把采用托收支付方式作为推销库存和加强对外竞争的手段。

四、托收的种类

托收可分为光票托收和跟单托收两类。

1. 光票托收

光票托收（Clean Collection）是指金融单据不附有商业单据的托收，即提交金融单据委托银行代为收款。光票托收如以汇票作为收款凭证，则使用光票。在国际贸易中，光票托收主要用于小额交易、预付货款、分期付款以及收取贸易的从属费用等。

2. 跟单托收

跟单托收（Documentary Collection）是指金融单据附有商业单据或不附有金融单据的商业单据的托收。跟单托收如以汇票作为收款凭证，则使用跟单汇票。

采用托收方式收回货款时，大多采用跟单托收。在跟单托收的情况下，按照向进口人交单条件的不同，又可分为付款交单和承兑交单两种。

（1）付款交单。付款交单（Documents against Payment，简称 D/P）是指出口人的交单是以进口人的付款为条件。即出口人发货后，取得装运单据，委托银行办理托收，并指示银行只有在进口人付清货款后，才能把商业单据交给进口人。

付款交单按付款时间的不同，又可分为即期付款交单和远期付款交单。

1）即期付款交单（Documents Against Payment at Sight，简称 D/P at sight）。是指出口人发货后开具即期汇票，连同商业单据，通过银行向进口人提示，进口人见票后立即付款，进口人在付清货款后向银行领取商业单据。其业务流程见图6.3。

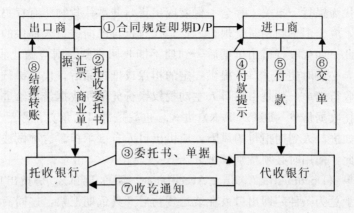

图 6.3　即期 D/P 流程

2）远期付款交单（Documents Against Payment After Sight，简称 D/P after sight）。是指出口人发货后开具远期汇票连同商业单据，通过银行向进口人提示，进口人审核无误后即在汇票上进行承兑，于汇票到期日付清货款后再领取商业单据。其流程见图6.4。

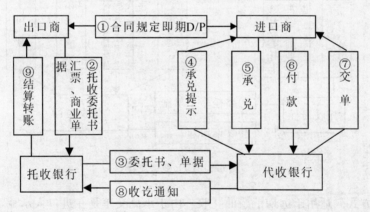

图 6.4　远期 D/P 流程

上述即期付款交单或远期付款交单的两种做法，都说明进口人必须在付清货款之后才能取得单据，提取或转售货物。在远期付款交单的条件下，如付款日和实际到货日基本一致，则不失为对进口人的一种资金融通。如果付款日期晚于到货日期，进口人为了抓住有利时机转售货物，可以采取两种做法：一是在付款到期日之前付款赎单，扣除提前付款日至原付款到期日之间的利息，作为进口人享受的一种提前付款的现金折扣。另一种做法是代收行对于资信较好的进口人，允许其凭信托收据（Trust Receipt）借取货运单据，先行提货，于汇票到期时再付清货款。

所谓信托收据，就是进口人借单时提供的一种书面信用担保文件，用来表示愿意以代收行的委托人身份代为提货、报关、存仓、保险或出售，并承认货物所有权仍属银行。货物售出后所得的货款，应于汇票到期时交银行。这是代收行自己向进口人提供的信用便利，而与出口人无关。因此，如代收行借出单据后，到期不能收回货款，则应由代收行负责。因此，采用这种做法时，必要时还要进口人提供一定的担保或抵押品后，代收银行才肯承做。但如系出口人指示代收行借单，就是由出口人主动授权银行凭信托收据借单给进口人，即所谓远期付款交单凭信托收据借单（D/P·T/R）方式，也就是进口人承兑汇票后凭信托收据先行借单提货，日后如进口人到期拒付的风险，应由出口人自己承担。这种做法的性质与承兑交单相差无几。因此，使用时必须特别慎重。

（2）承兑交单（Documents Against Acceptance，简称 D/A）。是指出口人的交单是以进口人在汇票上承兑为条件。即出口人在装运货物后开具远期汇票，连同商业单据，通过银行向进口人提示，进口人承兑汇票后，代收银行即将商业单据交给进口人，在汇票到期时，买方履行付款义务。其流程见图 6.5。

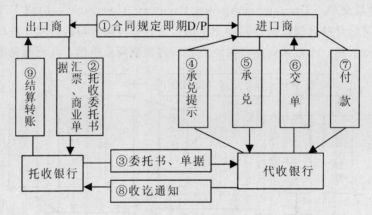

图 6.5　D/P 业务流程

承兑交单方式只适用于远期汇票的托收。由于承兑交单是在进口人承兑汇票后，即可取得货运单据，并凭以提货，这对出口人来说，已交出了物权凭证，其收款的保障只能取决于进口人的信用，一旦进口人到期不付款，出口人就有可能蒙受货物与货款两空的损失。所以，如采用承兑交单这种做法，必须从严掌握。

五、国际商会《托收统一规则》

在国际贸易中，各国银行办理托收业务时，往往由于当事人各方对权利、义务和责任的解释不同，各个银行的具体业务做法也有差异，因而会导致争议和纠纷。国际商会为调和各有关当事人之间的矛盾，以利国际贸易和金融活动的开展，早在 1958 年即草拟了《商业单据托收统一规则》，并建议各国银行采用该规则。后几经修订，于 1995 年公布了新的《托收统一规则》（URC522）（见附录Ⅰ），简称 URC522，并于 1996 年 1 月 1 日生效。

URC522 包括 7 部分：A. 总则及定义；B. 托收的方式及结构；C. 提示方式；D. 义务与责任；E. 付款；F. 利息、手续费及费用；G. 其他规定，共 26 条。主要内容及新增条款介绍如下：

1. 银行办理托收业务应以托收指示为准

一切寄出的托收单据均须附有托收指示，并注明该项托收按照 URC522 办理。托收指示是银行及有关当事人办理托收的依据。

2. 托收指示中应包括的主要内容

（1）托收行、委托人、付款人、提示行的情况，如全称、邮编和 SWIFT 地址、电话、电传及传真号码；

（2）托收金额及货币；

（3）所附单据及其份数；

（4）光票托收时据以取得付款和/或承兑的条款及条件；跟单托收时据以交单的条件：付款和/或承兑以及其他条件；

（5）应收取的费用，同时须注明该费用是否可以放弃；

（6）应收取的利息（如果有），同时须注明该项是否可以放弃，并应包括利率、计息期和计算方法（如一年是按 360 天还是 365 天计算）；

（7）付款的方式和付款通知的形式；

（8）发生拒付、不承兑和/或执行其他指示情况下的指示。

应当指出，上述 URC522 规定托收指示应包括的内容仅具有指南性质，一笔具体的托收业务的托收指示不一定仅局限于上述内容。

3. 对于 D/P 远期

如果托收含有远期付款的汇票，托收指示书应注明商业单据是凭承兑（D/A）交付款人还是凭付款（D/P）交付款人。如无此项注明，商业单据仅能凭付款交付，代收行对因迟交单据产生的任何后果不负责任。如果托收单据中含有远期付款汇票，且托收指示注明凭付款交付商业单据，则单据只能凭付款交付，代收行对于因任何迟交单据所产生的后果概不负责。

4. 不应以银行为收货人

除非事先征得银行同意，货物不应直接运交银行，不应以银行或其指定人为收货人，银行对跟单托收项下的货物没有义务采取任何行动，对此项货物的风险和责任由发货人承担。

5. 银行必须核实其所收到的单据与托收指示所列的内容表面是否相符

若发现单据缺少，银行有义务用电讯或其他快捷方式通知委托人。除此之外，银行没有进一步审核单据的义务。银行对于任何单据的形式及其完整性、准确性、真伪性或法律效力，或对于单据上规定的或附加的一般性和/或特殊条件概不承担责任；银行对于任何单据所表示的货物的描述、数量、重量、重量、状况、包装、交货、价值或存在与否，对于发货人、承运人、运输行、收货人、保险人或其他任何人的诚信、行为和/或疏忽、偿付能力、行为能力也概不负责。

6. 关于"需要时的代理"

如果委托人在托收指示中指定一名代表，在遭到拒绝付款或拒绝承兑时作为"需要时的代理"，就应在托收指示中明确而且完整地注明此项代理的权限。所谓"需要时的代理"是指委托人指定的在付款地的代理人，如托收发生拒付，此代理人便可代替委托人处理货物、存仓、保险、转售、运回等事宜。如委托人指定需要时的代理人，必须在托收指示中明确代理人的权限，如是否有权提货、指示减价转售货物等。否则，银行将不接受该需要时的代理的任何指示。

7. 关于拒付的处理

托收如被拒付，提示行应尽力确定拒绝付款和/或拒绝承兑的原因并须毫不延误地向发出托收指示的银行送交拒付的通知。委托行收到此项通知后，必须对单据如何处理给予相应的指示。提示行如在发出拒付通知后 60 天内仍未收到此项指示，则提示行可将单据退回发出托收指示的银行，而不再负任何责任。

URC522 还对托收的提示方式，付款、承兑的程序，利息、托收手续费和费用的负担，托收被拒付后作成拒绝证书等事宜做了具体规定。

《托收统一规则》公布实施后，已成为托收业务具有一定影响的国际惯例，并已被各国银行采纳和使用。但应指出，只有在有关当事人事先约定的条件下，才受该惯例的约束。我国银行在办理国际贸易结算，使用托收方式时，也参照该规则的解释办理。

六、使用托收时应注意的事项

在我国的出口业务中，为加强对外竞争能力和扩大出口，可针对不同商品、不同贸易对象和不同国家与地区的习惯，适当和慎重地使用托收方式。但是，在使用此种方式时，应注意下列问题：

1. 要把握进口人的资信

认真考察进口人的资信情况和经营作风，并根据进口人的具体情况妥善掌握成交金额，不宜超过其信用程度。

2. 要把握进口国的贸易管理和外汇管制情况

对于贸易管理和外汇管制较严的进口国家和地区不宜使用托收方式，以免货到目的地后，由于不准进口或收不到外汇而造成损失。

3. 要了解进口国家的商业惯例

了解进口国家的商业惯例，以免由于当地习惯做法，影响安全迅速的收汇。例如，有些拉美国家的银行，对远期付款交单的托收按当地的法律和习惯，在进口人承兑远期汇票后立即把商业单据交给进口人，即把远期付款交单（D/P 远期）改为按承兑交单（D/A）处理，因而会使出口人增加收汇的风险，并可能引起争议和纠纷。

4. 出口合同应争取按 CIF 或 CIP 条件成交

CIF 和 CIP 合同是由出口人办理货运保险，因此在选择一个基本险的基础上加保拒收险。

5. 要建立健全管理制度

采用托收方式收款时，要定期检查，及时催收清理，发现问题应迅速采取措施，以避免或减少可能发生的损失。

七、合同中的托收条款

现将合同中有关托收条款举例说明如下：

1. 即期付款交单（D/P at Sight）

"买方应凭卖方开具的即期跟单汇票于见票时立即付款，付款后交单。"

2. 远期付款交单（D/P after sight）

（1）"买方对卖方开具的见票后××天付款的跟单汇票，于第一次提示时应立即予以承兑，并应立于汇票到期日立即予以付款，付款后交单。"

（2）"买方应凭卖方开具的跟单汇票，于提单日后××天付款，付款后交单。"

（3）"买方应凭卖方开具的跟单汇票，于汇票出票日后××天付款，付款后交单。"

3. 承兑交单（D/A）

（1）"买方对卖方开具的见票后××天付款的跟单汇票，于第一次提示时应即予以承兑，并应立于汇票到期日立即付款，承兑后交单。"

（2）"买方对卖方开具的跟单汇票，于提示时承兑，并应于提单日后（或出票日后）××天付款，承兑后交单。"

第四节　信用证

一、信用证的含义与性质

信用证（Letter of Credit，L/C）是开证行根据申请人的请求，向受益人开立的有一定金额的在一定期限内凭规定单据在指定的地点支付的书面保证。信用证实质上是银行代表其客户（买方）向卖方有条件地承担付款责任的凭证。

信用证具有银行的保证作用，使买卖双方免去了互不信任的顾虑。对卖方来说，装运后，凭规定的单据即可向银行取款；对买方来说，付款即可得到货运单据，通过信用证条款控制卖方。同时，信用证还具有融通资金作用，可用于进出口押汇，以缓解资金紧张的矛盾。因此，在业务中被广泛采用，特别是初次交易的双方对此更为青睐。

信用证与汇款和托收相比，银行的服务有了质的飞跃，由（汇款、托收）只提供服务演变为既提供服务又提供信用和资金融通，属于银行信用。但是，信用证的使用也有其不完善的地方，如买方不按时、按要求开证，故意设陷阱，使卖方无法履行合同，甚至遭受降价、拒付、收不回货款的损失；卖方造假单据使之与证相符，欺骗买方货款；信用证费用较高，业务手续繁琐，审证、审单技术性较强，稍有失误，就会造成损失。

二、信用证的特点

银行信用一般比商业信用可靠，故信用证支付方式与汇付及托收方式比较，具有不同的特点，信用证支付方式的特点，主要表现在下列三个方面：

1. 开证行承担第一性付款责任

信用证支付方式是一种银行信用。由开证行以自己的信用做出付款的保证。在信用证付款的条件下，银行处于第一付款人的地位。《跟单信用证统一惯例》规定，信用证是一项约定，按此约定，根据规定的单据在符合信用证条件的情况下，开证银行向受益人或其指定人进行付款、承兑或议付。信用证是开证行的付款承诺。因此，开证银行是第一付款人。在信用证业务中，开证银行对受益人的责任是一种独立的责任。

2. 信用证是独立于合同之外的一种自足的文件

信用证的开立以买卖合同作为依据，但信用证一经开出，就成为独立于买卖合同之外的另一种契约，不受买卖合同的约束。买卖合同是进出口商之间的契约，信用证则是开证行与出口商（受益人）之间的契约。开证行及其他参与信用证业务的当事人只能根据信用证规定办事，不受贸易合同的约束。《跟单信用证统一惯例》规定，信用证与其可能依据的买卖合同或其他合同，是相互独立的交易。即使信用证中提及该合同，银行也与该合同无关，且不受其约束。所以，信用证是独立于有关合同之外的契约，开证银行和参与信用证业务的其他银行只按信用证的规定办事。因此，一家银行做出付款、承兑并支付汇票或议付及/或履行信用证项下其他义务的承诺，不受申请人与开证行或与受益人之间在已有关系下产生索偿或抗辩的制约。受益人在任何情况下，不得利用银行之间或申请人与开证行之间的契约关系。

3. 信用证项下付款是一种单据的买卖

在信用证方式之下，实行的是凭单付款的原则。《跟单信用证统一惯例》规定："在信用证业务中，各有关方面处理的是单据，而不是与单据有关的货物、服务及/或其他行业。"所以，信用证业务是一种纯粹的单据业务。银行虽有义务"合理小心地审核一切单据"，但这种审核，只是用以确定单据表面上是否符合信用证条款。开证银行只根据表面上符合信用证条款的单据付款，因此，银行对任何单据的形式、完整性、准确性、真实性、法律效力，或单据上规定的或附加的一般和/或特殊条件概不负责。在信用证条件下，实行严格符合的原则，不仅要做到"单证一致"（受益人提交的单据在表面上与信用证规定的条款一致），还要做到"单单一致"（受益人提交的各种单据之间的表面上一致）。在信用证业务中，各有关方面处理的是单据，而不是与单据有关的货物或服务。结汇单据要严格符合信用证规定的"单证一致"和"单单一致"原则。例如，信用证要求提供一批汽车的发票和提单，卖方只要提交符合信用证要求的单据，银行就必须付款，而不负责确认该批货是否真是汽车。即使装的

是一批废铁，银行也不负责。

三、信用证的当事人

信用证的基本当事人有四个：开证申请人、开证行、通知行和受益人。此外还有其他关系人：保兑行、议付行、付款行和偿付行等。现分述如下：

1. 开证申请人

开证申请人（Opplicant）又称开证人（Opener），系指申请开证的人，一般是贸易合同的买方。它要在规定的时间内开证，交开证押金并及时付款赎单。

2. 开证行

开证行（Opening Bank，Issuing Bank）是指开立信用证的银行，一般是进口地银行。有权收取开证手续费，正确及时开证，负第一性付款责任，无追索权。但也有例外：在凭索汇电报和偿付行仅凭汇票对外付款时，开证行有权追索。

3. 受益人

受益人（Beneficiary）是指有权使用信用证的人，一般为贸易合同的卖方。它拥有按时交货、提交符合信用证要求的单据、索取货款的权利和义务，又有对其后的持票人保证汇票被承兑和付款的责任。

4. 通知行

通知行（Advising Bank，Notifying Bank）是指受开证行委托，将信用证转递（通知）给受益人的银行，一般是出口地银行。它通常是开证行的代理行（Correspondent Bank）。卖方通常指定自己的开户行作为通知行。它应合理审慎地鉴别信用证的表面真实性，如果无法鉴别又想通知受益人，则应告诉受益人它未能鉴别该证的表面真实性。

5. 议付行

议付行（Negotiating Bank）是指根据开证行的授权买入或贴现受益人提交的符合信用证规定的票据的银行。如遭拒付，它有权向受益人追索垫款。

6. 付款行

付款行（Paying Bank，Drawee Bank）是指开证行的付款代理，代开证行验收单据，一旦验单付款后，付款行无权向受益人追索。

7. 偿付行

偿付行（Reimbursement Bank）也是开证行的付款代理，它不负责审单，只是代替开证行偿还议付行垫款的第三国银行。偿付行的付款不能视为开证行的付款。当开证行收到单据发现不符而拒绝付款时，仍可向索偿行（一般是议付行）追索。

8. 保兑行

保兑行（Confirming Bank）是指应开证行请求在信用证上加具保兑的银行，具有与开证行相同的责任和地位。它对受益人独立负责，在付款或议付后，不论开证行发生什么变化，都不能向受益人追索。业务中通常由通知行兼任，也可由其他银行加具保兑。

9. 转让行

转让行（Transferring Bank）是指应受益人的委托，将信用证转让给信用证的受让人即第二受益人的银行。一般为通知行、议付行、付款行或保兑行。

四、信用证的内容

信用证的内容大致相同，主要涵盖以下几个方面：

1. 关于信用证本身

（1）信用证的类型（Form of Credit）；

（2）信用证号码（L/C Number）；

（3）开证日期（Date of Issue）；

（4）信用证金额（L/C Amount）；

（5）有效期和到期地点（Expiry Date and Place）；

（6）开证银行（Issuing/Opening Bank）；

（7）通知银行（Advising/Notifying Bank）；

（8）开证申请人（Applicant）；

（9）受益人（Beneficiary）；

（10）单据提交期限（Documents Presentation period）。

2. 关于汇票

（1）出票人（Drawer）；

（2）付款人（Drawee）；

（3）付款期限（Tenor）；

（4）出票条款（Drawn clause）。

3. 关于单据

（1）商业发票（Commercial invoice）；

（2）提单（Bill of Lading）；

（3）保险单（Insurance Policy）；

（4）产地证明书（Certificate of Origin）；

（5）其他单据（Other Documents）。

4. 关于货物

（1）品名、货号和规格（Commodity Name，Article Number and Specification）；

（2）数量和包装（Quantity and Packing）及单价（Unit Price）。

5. 关于运输

（1）装货港（Port of Loading/Shipment）；

（2）卸货港或目的地（Port of Discharge or Destination）；

（3）装运期限（Latest Date of Shipment）；

（4）可否分批装运（Partial Shipment Allowed/ Not Allowed）；

（5）可否转船运输（Transshipment Allowed/Not Allowed）。

6．其他

（1）特别条款（Special Condition）；

（2）开证行对议付行的指示（Instructions to Negotiating Bank）；

（3）背批议付金额条款（Endorsement Clause）；

（4）索汇方法（Method of Reimbursement）和寄单方法（Method of Dispatching Documents）；

（5）开证行付款保证（Engagement /Undertaking Clause）；

（6）惯例适用条款（Subject to UCP Clause）；

（7）开证行签字（Signature）。

信用证格式示例：

* FIN/Session/OSN：F01 4304 295178
* Own Address：COMMCNSELXXXX BANK OF COMMUNICATIONS
* SHANGHAI
* （HEAD OFFICE）
* Output Message Type：700 ISSUE OF A DOCUMENTARY CREDIT
* Input Time：1322
* MIR：001115BKKBTHBKBXXX5195822751
* Sent by：BKKBTHBKBXXX BANGKOK BANK PUBLIC COMPANY LIMITED
* BANGKOK
* Output Date/Time：001115/1422
* priority：Normal
* 27 /SEQUENCE OF TOTAL
* 1/1
* 40A /FORM OF DOCUMENTARY CREDIT
* IRREVOCABLE
* 20 /DOCUMENTARY CREDIT NUMBER
* 307811722732
* 31C /DATE OF ISSUE
* 001115
* NOV—15—2000
* 31D /DATE AND PLACE OF EXPIRY
* 001230BENEFICIARIES' COUNTRY
* DEC—30—2000

* 50   /APPLICANT

*   MOUN CO. , LTD.

*   NO. 443，249，ROAD，

*   BANGKOK

*   THAILAND

* 59   /BENEFICIARY

*   SHANGHAI FOREIGN TRADE CORP.

*   SHANGHAI, CHINA

* 32   /CURRENCY CODE AMOUNT

*   USD18112，00

*   US Dollar

*   18112，00

* 41D   /AVAILABLE WITH … BY…—NAME/ADDR

*   ANY BANK IN

*   CHINA

*   BY NEGOTIATION

* 42C   /DRAFTS AT…

*   /SEE 47A/

* 42D   /DRAWEE—NAME AND ADDRESS

*   ISSUING BANK

* 43P   /PARTIAL SHIPMENTS

*   NOT ALLOWED

* 43T   /TRANSSHIPMENT

*   ALLOWED

* 44A   /ON BOARD/DISP/TAKING CHARGE

*   CHINA

* 44B   /FOR TRANSPORTATION TO

*   BANGKOK，THAILAND

* 44C   /LATEST DATE OF SHIPMENT

*   001210

*   DEC—10—2000

* 45A   /DESCP OF GOODS AND/OR SERVICES

*   16，000KGS. METHHAMIDOPHOS 70 PCT. MIN TECH.

*   AT USD1. 132 PER KG. CIF BANGKOK, THAILAND
*   PACKING IN 200 KGS/IRON DRUM
*   DETAILS AS PER PROFORMA INVOICE NO. 33745
* 46A /DOCUMENTS REQUIRED
*   +COMMERCIAL INVOICE IN ONE ORIGINAL PLUS 6 COPIES,
*   INDICATING
*   FOB VALUE, FREICHT CHARGES AND INSURANCE PREMIUM
*   SEPARATE-LY, ALL OF WHICH MUST BE MANUALLY SIGNED.
*   +FULL SET OF 3/3 CLEAN ON BOARD OCEAN BILLS OF LADING OR
*   MULTIMODAL TRANSPORT DOCUMENF AND TWO NON-NEGOTIABLE
*   COPIES MADE
*   OUT TO ORDER OF BANGKOK BANK PUBLIC COMPANY LIMITED,
*   BANGKOK
*   MARKED FREICHT PREPAID AND NOTIFY APPLICANT
*   NAME OF SHIPPING AGENT IN BANGKOK WITH FULL ADDRESS AND
*   TELEPHONE NUMBER, INDICATING THIS L/C NUMBER.
*   IF MULTIMODAL TRANSPORT DOCUMENT IS PRESENTED, IT MUST
*   SHOW AN
*   ON BOARD VESSEL NOTATION INDICATING THE DATE, THE OCEAN
*   VESSEL'S
*   NAME AND PORT OF LOADING.
*   +INSURANCE POLICY OR CERTIFICATE OR DECLARATION IN TWO
*   NEGOTIABLE FORMS INDICATING "ORIGINAL" AND
*   "DUPLICATE" PLUS
*   ONE NON-NEGOTIABLE COPY ENDORSED IN BLANK FOR FULL
*   INVOICE VALUE
*   PLUS 10 PER CENT WITH CLAIM PAYABLE IN BANGKOK IN
*   THE SAME
*   CURRENCY AS THE DRAFT, COVERING INSTITUTE CARGO CLAUSES
*   (ALL
*   RISKS) AND INSTITUTE WAR CLAUSES (CARGO).
*   +PACKING LIST IN ONE ORIGINAL PLUS 4 COPIES, ALL OF
*   WHICH MUST

```
*        BE MANUALLY SIGNED
*        +CERTIFICATE OF ANALYSIS IN TWO COPIES.
*        +CERTIFICATE OF ORIGIN IN TWO COPIES.
*        +BENEFICIARIES' CERTIFICATE CERTIFYING THAT ONE COPY
*        OF ALL
*        NON-NEGOTIABLE DOCUMENTS HAVE BEEN SENT DIRECTLY
*        TO BUYER
*        WITHIN FIVE DAYS AFTER SHIPMENT EFFECTED.
* 47A   /ADDITIONAL CONDITIONS
*        /DRAFTS IN DUPLICATE AT 120 DAYS AFTER SHIPMENT DATE,
*        INTEREST/
*        DISCOUNT CHARGES AND ACCEPTANCE COMMISSION ARE FOR
*        BENEFI-
*        CIARIES'
*        ACCOUNT AND INDICATING THIS L/C NUMBER
*        A DISCREPANCY FEE OF USD50.00 WILL BE IMPOSED ON
*        EACH SET OF
*        DOCUMENTS PRESENTED FOR NEGOTIATION UNDER THIS
*        L/C WITH
*        DISCREPANCY. THE FEE WILL BE DEDUCTED FROM THE BILL
*        AMOUNT.
* 71B   /CHARGES
*        ALL BANK CHARGES OUTSIDE
*        THAILAND INCLUDING REIMBURSING
*        BANK COMMISSION AND DISCREPANCY
*        FEE (IF ANY) ARE FOR
*        BENEFICIARIES' ACCOUNT.
* 49    /CONFIRMATION INSTRUCTIONS
*        WITHOUT
* 53D   /REIMBURSING BANK—NAME/ADDRESS
*        BANGKOK BANK PUBLIC COMPANY
*        LIMITED, NEW YORK BRANCH
*        AT MATURITY.
```

```
* 78    /INSTRUCS TO PAY/ACCPT/NEGOT BANK
*       DOCUMENTS TO BE DESPATCHED IN ONE SET BY COURIER.
*       ALL CORRESPONDENCE TO BE SENT TO BANGKOK BANK
*       PUBLIC COMPANY
*       LIMITED HEAD OFFICE，333 SILOM ROAD，BANGKOK 10500，
*       AHAILAND.
*       ATTN：L/C NO. 10110277504 IMPORT UC SECTION 6.
```

注释：

（1）开证行：BANGKOK BANK PUBLIC COMPANY LIMITED，BANGKOK。

（2）通知行：交通银行上海（总行）。

（3）不可撤销信用证号：3078U7222732；

开证日期：2000 年 11 月 15 日。

（4）信用证有效期及地点：2000 年 12 月 30 日，受益人所在国。

（5）申请人：MOUN CO.，LTD.

　　　　　　No. 443，249ROAD。

　　　　　　BANGKOK，THAILAND。

（6）受益人：上海对外贸易公司。

（7）信用证金额：USD 18 112.00。

（8）信用证允许自由议付。

（9）汇票出具：2 份，装船日后 20 天，利息、贴现及承兑费用由受益人承担，汇票上注明信用证号码；汇票付款人：开证银行。

（10）分批装运：不允许；

转运：允许，从中国运至泰国曼谷。

（11）最后装船期：2000 年 12 月 10 日。

（12）货物描述：16 000 千克 METHAMIDOPHOS TO PCT MIN TECH

单价 USD 1 132/千克 CIF 曼谷，泰国

包装：200 千克/铁桶

（详细内容依据 33745 号形式发票）

（13）单据要求：

1）商业发票一份正本加六份副本，全部手签。将 FOB 价格、运费和保险费用分别标出。

2）全套（3/3）正本清洁的已装船海运提单或联合运输单据加上两份副本，做成 TO ORDER OF BANGKOK BANK PUBLIC COMPANY LIMITED，BANGKOK 抬头，注明

运费预付通知申请人。提单上必须注明信用证号码以及在曼谷的船公司代理详细名称、地址及电话号码。

3）保险单两份分别注明"ORIGNAL"和"DUPLICATE"加上一份副本，空白背书，投保金额为110％发票金额，表明索赔地在曼谷，索赔币种为汇票币种，投保险别：INSTITUTE CARGO CLAUSES（ALL RISKS）AND INSTSTUTE WAR CLAUSES（CARGO）（伦敦协会货物保险条款的战争险和一切险）。

4）分析证明两份。

5）产地证两份。

6）受益人证明：表明一套副本单据在装船后五天内已经寄进口商。

（14）所有泰国以外的银行费用包括偿付行费用、不符点费用均由受益人承担。

（15）偿付行：BANGKOK BANK PUBLIC COMPANY LIMITED NEWYORK BRANCH。

（16）寄单：一次寄单。

五、信用证支付程序

1. 开证与通知

买卖双方订立合同时就信用证的种类和开证时间做出了明确规定。

（1）进口商向银行申请开立信用证。进口商向银行申请开立信用证时，要填写开证申请书并提供押金（margin）或担保，要求银行向出口商开出信用证。

（2）开证行开立信用证。开证行按照开证申请书的规定开证，并将信用证邮寄，或用电讯方式通知出口地银行或受益人。信用证的开立形式主要有信开本和电开本两种形式：

1）信开本（To Open by Airmail）。信开本是指开证银行采用印就的信函格式的信用证，开证后以空邮寄送通知行。这种形式现已很少使用。

2）电开本（To Open by Cable）。电开本是指开证行使用电报、电传、传真、SWIFT等各种电讯方法将信用证条款传达给通知行。电开本又可分为以下几种：

（i）简电本（Brief Cable）。即开证行只是通知已经开证，将信用证主要内容，如信用证号码、受益人名称和地址、开证人名称、金额、货物名称、数量、价格、装运期及信用证有效期等预先通告通知行，详细条款将另航寄通知行。由于简电本内容简单，在法律上是无效的，不足以作为交单议付的依据。简电本有时注明"详情后告"（Full Details to Follow）等类似词语，如果有这种措辞，该简电本通知只能作为参考，不是有效的信用证文件，开证行应立即寄送有效的信用证文件。

（ii）全电本（Full Cable）。即开证行以电讯方式开证，把信用证全部条款传达给通知行。全电开证本身是一个内容完整的信用证，因此是交单议付的依据。

（iii）SWIFT 信用证。SWIFT 是"全球银行金融电讯协会"（Society for Worldwide Interbank Financial Telecommunication）的简称，于 1973 年在比利时布鲁塞尔成立。该组织设有自动化的国际金融电讯网，该协定的成员银行可以通过该电讯网办理信用证业务以及外汇买卖、证券交易、托收等。目前，该组织已有 1 000 多家成员银行，凡参加 SWIFT 组织的成员银行，均可使用 SWIFT 办理信用证业务。

凡按照国际商会所制定的电讯信用证格式，利用 SWIFT 系统设计的特殊格式（format），通过 SWIFT 系统传递的信用证的信息（message），即通过 SWIFT 开立或通知的信用证称为 SWIFT 信用证，也有称为"全银电协信用证"的。

采用 SWIFT 信用证，必须遵守 SWIFT 使用手册的规定，使用 SWIFT 手册规定的代号（tag）信用证必须按国际商会制定的《跟单信用证统一惯例》（UCP500）的规定，在信用证中可以省去银行的承诺条款（undertaking clause），但不能免去银行所应承担的义务。目前开立 SWIFT 信用证的格式代号为 MT700 和 MT701，如需对开出的 SWIFT 信用证进行修改，则采用 MT707 标准格式传递信息。

只有 SWIFT 的成员银行才能使用密码在它的电讯网上进行信用证资料传递，所以其真实性相当可靠。目前我国银行使用 SWIFT 信用证已占很大比重。

（3）通知行通知信用证。通知行收到信用证核对签字与密押后，将信用证通知或转递给出口商。

2. 交单与付款

（1）出口商审证、发货、交单。出口商收到信用证后，认真审核，如有差错，通知开证人（买方），请求改证。开证人如果同意，就向开证行提交改证申请，开证行据以做出修改，改证通知书函寄或电告通知行，并由其转交受益人。出口商收到开证行改过的证后，审核无误即可发货，遂即可备齐规定的各种单据，提交出口商所在地银行议付。

（2）议付行议付、索偿。议付银行（出口地银行）收到单据后，与信用证核对相符，即按汇票金额扣除从议付之日起到预计收款日为止的利息和手续费，付给出口商，这一过程称为"议付"。议付行议付后，根据信用证规定向开证行或其指定的银行索偿，即将单据连同汇票和索偿证明（证明单证相符）分次以航空邮寄给开证行或其指定的付款行。

如信用证指定偿付行，开证行应向其发出偿付授权书，议付行一面将单据寄往开证行，一面向偿付行发出索偿书，说明该证单据已作议付，请其按指定的方法进行偿付。偿付行收到索偿书后，只要索偿金额不超过授权金额，即向议付行付款。

凡信用证规定有电汇索偿条款的，议付行就可以用电报或电传向开证行、付款行或偿付行进索偿。

（3）偿付。信用证中的偿付（reimbursement）是指开证行或被指定的付款行或偿付行向议付行进行付款的行为。开证行或其指定的银行收到单据后，核验认定与证相符，即将票款偿付议付行。如有不符可以拒付，但应在不迟于收到单据次日起七个营业日内通知议付行。

（4）付款、赎单、提货。开证行偿付后，立即通知进口商付款赎单。进口商如果发现单证不符也可拒绝赎单。如果审核无误，进口商付款或扣减开证押金后，即可取得全套货运单据凭以提货。

上述程序可用简图表示，见图6.6。

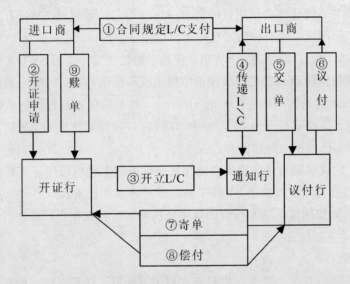

图6.6 跟单 L/C 支付程序

六、信用证的种类

1. 跟单信用证与光票信用证

（1）跟单信用证（Documentary Credit）。它是开证行凭跟单汇票或仅凭单据付款的信用证。业务中使用的信用证绝大部分是跟单信用证。

（2）光票信用证（Clean Credit）。它是开证行仅凭不附单据的汇票（光票）付款的信用证。常用于预付货款。

2. 不可撤销信用证和可撤销信用证

（1）不可撤销信用证（Irrevocable L/C）。它是指信用证一经开出，在有效期内未经受益人及有关当事人的同意，开证行不得单方面修改和撤销。如果信用证未标明可否撤销，则视为不可撤销信用证。

（2）可撤销信用证（Revocable L/C）。它是指信用证一经开出不必征得受益人或有关当事人的同意，开证行有权随时撤销的信用证。但也不是没有限制的，在受益人依信用证条款规定已得到了议付、承兑或延期付款保证时，该信用证就不能被撤销或修改。

3．保兑信用证和不保兑信用证

（1）保兑信用证（Confirmed L/C）。它是指开出的信用证，由另一家银行保证对符合信用证条款规定的单据履行付款义务。保兑是指开证行以外的银行保证对信用证承担付款责任。

（2）不保兑信用证（Unconfirmed L/C）。它是指开证行开出的信用证没有经另一家银行保兑。当开证行的自行状况好且成交金额不大时，一般都使用这种不保兑的信用证。

4．即期信用证和远期信用证

（1）即期信用证（Sight L/C）。它指开证行或付款行收到符合信用证条款的跟单汇票或装运单据后，立即付款的信用证。在即期信用证中，有时加列电汇索偿条款（T/T reimbursement clause）。即开证行授权议付行议付后，拍电报或通过 SWIFT 通知开证行或指定付款行，说明提交的单据与信用证要求一致，开证行或指定付款行接到通知后，即用电汇将货款拨交议付行。

（2）远期信用证（Usance L/C）。它指开证行或付款行收到符合信用证规定的单据后，不立即付款，而是待信用证规定的到期日再付款的信用证。使用远期信用证，一方面，双方都要承担汇价风险，另一方面出口商收回货款之前要承担利息上的损失，如果出口商将利息加到货价上，则进口商就要支付较高价格。

远期信用证可分为两种：

1）承兑信用证（Acceptance L/C）。它是以开证行作为远期汇票付款人的信用证。出口商开立远期汇票连同单据交议付行，银行审单无误，将汇票、单据寄给其在进口地的代理行或分行，由其向开证行提示请求承兑或直接寄开证行要求承兑，开证行承兑后，将单据留下，把"承兑书"寄给议付行或将汇票退给议付行在进口地的代理行保存，待到期时再向开证行要求付款。承兑信用证用于远期付款的交易。

如果出口商要求贴现汇票，议付行在进口地的代理可将承兑的汇票交贴现公司贴现，把扣除贴息后的净款交给议付行，转交出口商。汇票到期时，由贴现公司向开证行索汇。

2）假远期信用证。进出口业务中还有一种信用证，虽然开立的是远期汇票，但信用证订明付款行可即期付款或同意贴现，所有贴现和承兑费用（贴现费：银行对客户使用资金收取的费用；承兑费：银行因承兑存在信贷风险所收的费用及与交易有关的管理费用）由进口人负担。这种信用证表面上看是远期信用证，对出口人而言却可即期收款，因此，称之为"假远期信用证"（Usance L/C Payable at Sight）；对进口人来说，可以等到汇票到期时才向付款行支付货款，所以，人们把这种信用证又称为买方远期信用证（Buyer's Usance L/C）。使用这种信用证的原因有两个：一是可以利用贴现市场或银行的资金，解决资金周转不足的问题；二是可以摆脱进口国家外汇管理的限制（有的国家规定凡进口商品一律要远期付款，该国商人与外国出口商签订即期付款合同后，只能采取这种假远期的办法来解决）。

5. 可转让信用证和不可转让信用证

(1) 可转让信用证（Transferable L/C）。它是信用证规定受益人（第一受益人）可将使用信用证的权利转让给其他人（第二受益人）的信用证。信用证只能转让一次，但允许第二受益人将信用证重新转让给第一受益人。如果信用证允许分批装运（支款），则将信用证金额按若干部分分别转让给几个第二受益人（总和不超过信用证金额），该项转让的总和被视为信用证的一次转让，手续由转让银行办理。

根据《跟单信用证统一惯例》的规定，唯有开证行在信用证中明确注明"可转让"（Transferable），信用证方可转让。

信用证只能按原证条款转让，但信用证金额、单价、到期日、交单日及最迟装运日期可减少或缩短，投保加成比例可以增加，信用证申请人可以变动。

可转让信用证在转让后，第一受益人有权用自己的发票和汇票替换第二受益人的发票和汇票，其金额不得超过信用证规定的原金额。在替换发票和汇票时，第一受益人可在信用证项下取得自身发票和第二受益人发票之间的差额。

在实际业务中，要求开立可转让信用证的第一受益人，通常是中间商。为了取得差价受益，中间商要将信用证转让给实际供货人，由供货人办理出运手续。但是，开立可转让信用证，并不等于买卖合同的转让，如发生第二受益人不能按时交货或者单据有问题，第一受益人（原出口商）仍要承担合同义务。

(2) 不可转让信用证（Non-Transferable L/C）。它指受益人不能将信用证的权利转让给他人，并未注明"可转让"者，即为不可转让信用证。

6. 循环信用证

循环信用证（Revolving L/C）是指信用证被全部或部分使用后，其金额又恢复到原金额，可再次使用，直至规定的次数或规定的总金额用完为止的信用证。循环信用证的使用可使买方免去多次开证的麻烦，节省开证费用，同时也简化了卖方审证、改证等手续，有利于合同的履行。这种信用证通常在分批均匀交货的情况下采用。

循环信用证可分为按时间循环信用证和按金额循环信用证两种。

(1) 按时间循环信用证。按时间循环信用证是受益人在一定的时间内可多次支取信用证规定的金额。例如，"本证按月循环，信用证每月可支取金额 50 000 美元，于每个日历月的第一天被自动恢复。本行在此循环信用证项下的最大责任不超过 6 个月的总值 300 000 美元，每个月未使用余额不能移至下个月合并使用。"

(2) 按金额循环信用证。按金额循环信用证是指在信用证金额议付后，仍可恢复到原金额再使用，直至用完规定的总额为止。在按金额循环的信用证条件下，恢复原金额的具体做法有以下三种：

1) 自动循环：受益人按规定时间装运货物交单议付一定金额后，信用证可自动恢复到原金额，再次按原金额使用。例如，"本信用证项下付给你方的金额可自动提取，但总额不得超过 50 000 美元。"

2）非自动循环：受益人每次装货议付后，须接到开证行通知后，才能恢复到原金额的再度使用。例如，"每次议付后，待收到开证行通知后，方可恢复到原金额。"

3）半自动循环：受益人每次装货议付后，在若干天内开证行未提出中止循环的通知，信用证即自动恢复至原金额再次使用。例如，"每次议付后 7 天内，议付行未接到停止循环的通知时，本信用证未用余额，可增至原金额。"

7．对开信用证

对开信用证（Reciprocal L/C）是指两张信用证的开证申请人互以对方为受益人而开立的信用证。第一张信用证的受益人就是第二张信用证（回头证）的开证申请人。两证金额大致相等，此种信用证一般用于来料加工、补偿贸易和易货交易。信用证生效办法一是两张同时生效，即第一张信用证的生效以第二张信用证的开出为条件；再就是两张信用证分别生效，即第一张信用证开出后立即生效，第二张信用证以后再开；或者第一张信用证受益人交单议付时，附一份担保书，保证在一定期限内开出回头证。

使用对开信用证应注意两点事项：一是在来料来件加工装配业务中，加工方要用延期付款信用证代替一般远期信用证，这样可以避免开证人凭银行承兑的汇票进行贴现而不开立回头购买成品的信用证；二是加工方付款期限要结合加工时间来确定，避免加工方在远期信用证到期时必须付款而对方尚未开来购买成品的即期信用证的情况发生。

8．对背信用证

对背信用证（Back to Back L/C）又称转开信用证，是指受益人要求原证的通知行或其他银行以原证为基础，另开一张内容相似的新信用证。这种信用证通常是中间商转售他人货物从中图利，或两国不能直接办理进出口，通过第三者来沟通贸易而开立的。

对背信用证的内容除开证人、受益人、金额、单价、装运期限和有效期限等可有变动外，其他与原证相同。不可转让的信用证，可办理对背信用证。

9．预支信用证

预支信用证（Anticipatory L/C）是指开证行授权通知行，允许受益人在装运交单前预支货款的信用证。是进口商通过银行开立给出口商的一种以出口贸易融资为目的的信用证。预支信用证有全部预支和部分预支两种。在预支信用证项下，受益人预支的方式有两种：一种是向开证行预支，货物装运前出口商开具以开证行为付款人的汇票，由议付行买下向开证行索偿；另一种是向议付行预支，由出口地的议付行垫付货款，待货物装运后交单议付时，借记开证行账户，扣除垫款本息，将余额支付给出口商。如货未装运，由开证行偿还议付行的垫款和利息，然后开证行再向开证申请人追索此款。为引人注目，预支货款的条款常用红字打出，所以也称"红条款信用证"（Red Clause L/C）。

10．付款信用证

付款信用证（payment L/C）是指定某一银行付款的信用证。一般不需要出具汇票，凭受益人提交的单据付款。它又可分为即期付款信用证和延期付款信用证。延期付款信用证（Deferred Payment Credit）是指受益人不用开具汇票，开证行保证货物装船后或收单后若干天付款的信用证。此种信用证项下出口商不能利用贴现市场资金，只能自行垫款或向银行借款。因此，延期付款信用证的货价比承兑信用证的货价高。这种信用证实际上是出口商向进口商提供资金融通。它与承兑信用证的区别在于卖方不能提前得到货款（不能贴现）。

11. 议付信用证

议付信用证（Negotiation L/C）是开证行允许受益人向某一银行或任何银行交单议付的信用证。它包括公开议付和限制议付两种。

（1）公开议付信用证（Open Negotiation L/C）。公开议付信用证是指开证行对愿意办理议付的任何银行做公开议付邀请和普通付款承诺的信用证，即任何银行均可按信用证条款自由议付的信用证。

（2）限制议付信用证（Restricted Negotiation L/C）。限制议付信用证是指开证行指定某一银行或开证行本身进行议付的信用证。这种信用证，注明了"本证限××银行议付"的文句。

12. 备用信用证

（1）备用信用证的定义。备用信用证（standby L/C），又称担保信用证或保证信用证。是开证行根据开证申请人的请求向受益人开立的承担某项义务的凭证。

如果开证申请人没有履约，开证行负责支付；如果开证申请人已经履约，则此证不必使用。也就是说，备用信用证在申请人具有履约能力时，银行风险为零；在申请人没有履约能力时，银行风险为100％。

（2）备用信用证的适用。备用信用证是在有些国家禁止银行开立保函的情况下使用的，首先产生于美国、日本。它是备用于"开证申请人违约时受益人取得补偿的一种方式"。一般用在投标、履约、还款、预付货款或赊销等业务中，有些国家也将其用于买卖合同项下货款的支付。例如，买方采用L/C方式，为防止卖方货物出现问题，可要求卖方开出一个备用L/C，买方是信用证的受益人，一旦货物不符合要求，可要求开证行付款。

（3）备用信用证与跟单信用证的区别。备用信用证是银行信用证，但与跟单信用证不同：首先，跟单信用证在受益人履约时，即可要求开证行付款；备用信用证则在申请人未履行合约时，才能行使备用信用证规定的权利。其次，跟单信用证只用于货物的买卖；备用信用证既适用于货物买卖，也适用于其他方面的交易（例如投标、借款、赊销等）。第三，跟单信用证对符合信用证条款的单据付款；备用信用证则只凭受益人提供的开证申请人的违约证明付款。

七、《跟单信用证统一惯例》

《跟单信用证统一惯例》（Uniform Customs and Practice for Documentary Credits）简称UCP，由国际商会于1929年拟定实施。该统一惯例对信用证有关当事人的权利义务、信用证条款的规定以及操作规则都做了明确的解释，为世界各国商人所接受，因此，成为国际贸易界人士参照执行的国际惯例。随着国际经济的不断发展变化，国际商会适应时代的要求，

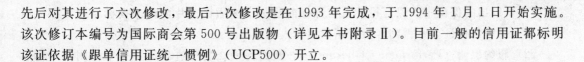

先后对其进行了六次修改，最后一次修改是在 1993 年完成，于 1994 年 1 月 1 日开始实施。该次修订本编号为国际商会第 500 号出版物（详见本书附录 II）。目前一般的信用证都标明该证依据《跟单信用证统一惯例》（UCP500）开立。

八、合同中的信用证支付条款

在进出口合同中，若约定用信用证支付，买卖双方应将开证日期、信用证的类别、付款时间、信用证的金额、信用证的有效期和到期地点等事项做出明确规定。现举例如下：

1. 即期信用证支付条款

"买方应于×年×月×日前通过银行开出以卖方为受益人的、不可撤销的、由××银行保对的全部发票金额的即期信用证。信用证有效期延至装运日期后 30 天在中国到期。"

2. 远期信用证支付条款

"买方应于×年×月×日前通过××银行开出以卖方为受益人的不可撤销的、可转让的见票后×天付款的银行承兑信用证。信用证议付有效期延至装运日期后 15 天在中国到期。"

第五节　银行保函与国际保理业务

在国际贸易的具体业务中，有时一方当事人履行了义务，担心另一方违约，通常要求对方的往来银行出具保证文件，担保该方的履约义务。所以，银行保函常常被作为一种银行信用凭证在业务中加以使用。用 D/P 或 O/A 方式结算时，有时会用到国际保理。

一、银行保函

1. 银行保函的定义

银行保函（Banker's Letter of Guarantee L/G）是银行应申请人的请求，向第三者（受益人）开立的担保履行某项义务并承担经济赔偿责任的书面承诺文件。银行保函实际上是银行通过签发保证文件以自己的信用代替客户的信用向受益人提供担保。保证在申请人未能按双方协议履行其责任或义务时，由银行代其履行一定金额、一定期限范围内的某种支付责任或经济赔偿责任。银行签发保函之前，都会要求客户签署对等（反向）保障函，即同意偿还银行根据保证文件已经付出的金额。

2. 银行保函的当事人

委托人：保函的申请人，一般是合同的债务人。

担保人：保函的开立人，一般是银行。

受益人：通过保函取得赔偿的人。

3. 银行保函的种类

银行保函不仅用于货物买卖，而且更多地用于国际经济合作业务中。

（1）投标保函（Tender Guarantee）。它是银行应投标人（委托人）的申请向招标人

（受益人）发出的保证书。保证投标人在开标前绝不中途撤标或片面修改投标条件，中标后签约和交付履约保证金。否则，银行赔偿招标人的损失。

（2）履约保函（Performance Guarantee）。履约保函在货物进出口业务中使用时，可以分为进口履约保函和出口履约保函。前者是银行应进口商的请求开给出口商的保证承诺，保证在出口人按期交货后，进口人未按合同规定付款，则由担保人负责偿还。后者是指银行应出口商的请求开给进口商的保证承诺，保证在出口商未能按合同规定交货的情况下，由担保人负责赔偿进口人的损失。

（3）还款保函（Repayment Guarantee）。还款保函又称预付款保函或定金保函。是银行应合同一方的申请，向另一方开立的保证书。如果申请人不履行合同义务，不退还受益人预付、支付的款项，则由银行向受益人退还或支付款项。

二、国际保理

1. 国际保理业务的含义

国际保理（International Factoring）又叫承购应收账款业务，是指在使用承兑交单（Documents Against Acceptance，D/A）和记账赊销（Open Account，O/A）等非信用证方式结算货款时，保理商（Factor）向出口商提供的一项集买方资信调查、应收款管理和追账、贸易融资及信用管理于一体的综合性现代金融服务。其基本做法是，在以商业信用出口货物时，出口商按照与保理商事先商定的协议，向进口商交货后把应收账款的发票和装运单据转交给保理商，即可得到保理商的资金融通，取得应收账款的全部或大部分货款。日后一旦发生进口商不付款或逾期付款，则保理商承担付款责任。

国际保理业务作为现代金融服务方式之一，是以出口商与保理商签订的国际保理合同为核心的。根据国际统一私法学会 1988 年 5 月通过的《国际保理公约》（The Convention on International Factoring）的规定，该合同是指一方当事人（供货商）与另一方当事人（保理商）之间所订立的合同。该合同应该符合如下基本条件：

（1）必须是商业机构与商业机构之间货物销售产生的应收账，该应收账款不属于个人或家庭消费或类似的使用性质；

（2）该商业机构必须将应收账款的权利转让给保理商；

（3 保理商必须履行下述职能：以贷款或预付款形式向供货商融通资金；管理与应收账款有关的账户；收取应收账款；对债务人拒付提供坏账担保；

（4）应收账款的转让通知必须送交债务人。

为强调国际保理合同的国际性，公约还规定，该公约适用于营业地处于不同国家的供货商和债务人之间订立的货物销售合同所生的、根据保理合同所转让给保理商的应收账款。该公约所指的"货物"和"货物销售"应包括服务和服务的提供。

2. 国际保理业务的当事人

在国际保理业务中一般有四个当事人：

(1) 供货商（Seller）。供货商在国际货物买卖中即出口商，是指对所提供的货物或劳务出具发票，向保理商转让其应收账款权力的保理协议当事人。

(2) 债务人（Debter）。债务人在国际货物买卖中即进口商，是指对由提供货物或劳务产生的应收账款负有付款责任的当事人。

(3) 出口保理商（Export Factor）。出口保理商是指在出口国内对供货商的应收账款做保理业务的当事人。

(4) 进口保理商（Import Factor）。进口保理商是指在进口国内同意代收由供货商转让给出口保理商的应收账款，并承担信用风险审查以及负责应收账款催收和管理的当事人。

在一项国际保理业务中，供货商与出口保理商签订国际保理合同，进、出口保理商之间签订保理商代理合约，各有关当事人分别根据所签署的保理合约办理保理业务。签署的各项保理合同是确定有关双方权利和义务的基本法律文件。

3. 国际保理业务的基本程序

目前在国际贸易中，保理商所提供的国际保理业务一般都是双保理的做法。现将国际上通行的双保理业务程序简介如下：

(1) 进出口商签订货物买卖合同，规定使用 D/A 或 O/A 等非信用证结算方式；

(2) 出口商与出口保理商签订保理协议，并书面提出对进口商所审查的信用额度；

(3) 出口保理商将出口商提出的信用额度申请转给与之有业务往来的进口保理商；

(4) 进口保理商对进口商的资信进行调查和评估，确定进口商的信用额度，告知出口保理商，并转通知出口商；

(5) 出口商到期交货，并提交发票及各项货运单据；

(6) 出口商同时将发票副本交出口保理商，即可取得 80% 的发票金额融资；

(7) 出口保理商将发票副本送交进口保理商，进口保理商将发票入账，并定期催促进口商按期付款；

(8) 进口商到期向进口保理商支付发票全部金额；

(9) 进口保理商将发票金额拨交出口保理商；

(10) 出口保理商扣除预付货款、服务费用及其他费用，将货款余额交出口商。

4. 国际保理业务的特点

(1) 贸易融资。保理商在收妥发票后，即向出口商预付发票金额 70%～80% 的货款。出口商由于收回了大部分货款，从而加速了资金周转。提高了企业的经济效益。这 70%～80% 的融资一般都是无追索权的。当然，保理商做保理业务要收取一定的融资利息和保理服务费。

(2) 信用风险担保。通常，在保理合同签订后，出口商要填写信用额度申请表，保理商通过对客户的资信调查，为客户确定一个信用额度，由保理商以书面通知核准信用额度以内的应收账款，这叫已核准应收账款。对这部分应收账款，保理商提供 100% 的信用风险担保。而对于未经核准信用额度产生的应收账款，叫未核准应收账款，保理商对此种账款只承担代收责任，而不承担保证付款责任。

（3）销售分户账管理和催收应收账款。销售分户账是出口商与进口商（债务人）交易的记录。在保理业务中，保理商可利用先进的管理技术和丰富的管理经验为出口商提供财务管理服务。保理商收到出口商交来的发票后，在计算机中设立有关账户，并利用计算机自动进行记账、催收、计息、收费、统计等项工作，可随时向出口商提供有关资料和数据。如进口商对应收账款到时不付，或逾期付款，保理商可以利用有效的追债手段和法律途径负责收取债款。

（4）资信调查和信用评估。各国保理商都有设备先进的数据中心和数据通讯网络，所以保理商可利用广泛的数据网络和咨询机构，收集有关进口商的资信情况，并做出信用评估，为出口商提供资信报告，核定合理的信用额度。在信用额度内，如因进口商的信用出现坏账，只要这种坏账不是由于交货品质、数量、交货期或财务水平所引起的贸易纠纷，保理商对此坏账负责赔付。

第六节　各种支付方式的选用

为保证安全、迅速地收取外汇，加速资金周转，促进贸易的发展，进、出口双方可以选择对自己有利的支付方式。在实际业务中，除采用某一种支付方式外，有时也可以将各种不同的支付方式结合起来使用，如将信用证与汇付、托收以及备用信用证、银行保证书等结合使用。在成交金额大、交货时间长的成套设备、飞机、船舶等运输工具的交易中，还可以结合使用分期付款、延期付款的支付做法。

一、信用证与汇付相结合

这是指部分货款用信用证支付，余数用汇付方式结算。例如，对于矿砂等初级产品的交易，双方约定：信用证规定凭装运单据先付发票金额若干成，余数待货到目的地后，根据检验的结果，按实际品质或重量计算出确切的金额，另用汇付方式支付。

二、信用证与托收相结合

这是指部分货款用信用证支付，余数用托收方式结算。一般做法是，信用证规定出口人开立两张汇票，属于信用证部分的货款凭光票付款，而全套单据附在托收部分汇票项下，按即期或远期付款交单方式托收。这种做法，对进口人来说，可减少开证金额，少付开证押金，少垫资金；对出口人来说，因有部分信用证的保证，且信用证规定货运单据跟随托收汇票，开证银行须等全部货款付清后才能向进口人交单，所以，收汇比较安全。在实践中，为了防止开证银行在未收妥全部货款前即将货运单据交给进口人，要求信用证必须注明"在全部付清发票金额后方可交单"的条款。在出口合同中也应规定相应的支付条款，以明确进口人的开证和付款责任。出口合同如使用部分信用证、部分托收的做法，合同中通常要订明支付条款，如："买方须在装运月份前××天将不可撤销信用证送达卖方，规定×‰发票金额凭即期光票支付，其余×‰金额用即期跟单托收方式付款交单。全套货运单据附于托收项下，在买方付清发票的全部金额后交单。如买方不能付清全部发票金额，则货运单据须由开证行掌握，凭卖方指示处理。"

三、托收与备用信用证或银行保证书相结合

跟单托收对出口人来说，有一定风险。如在使用跟单托收时，结合使用备用信用证或银行保证书，由开证银行进行保证，则出口人的收款就能基本得到保障。具体做法是，出口人在收到符合合同规定的备用信用证或银行保证书后，就可凭光票与声明书向银行收回货款。

采用这种方式时，通常应在出口合同中订入相应的支付条款。例如：

（1）"凭即期付款交单方式支付全部发票价值。代收银行必须无迟延地用电传向托收银行发出付款通知。装船前，需由一家信誉卓著的银行开立一份金额为××美元以卖方为受益人的不可撤销备用信用证，规定凭光票和随附的一份书面声明付款；在该声明中注明买方在代收银行提出跟单汇票后 5 天内按×年×月×日第×号合同履行付款义务。"

（2）"即期付款交单付款，并以卖方为受益人的总金额为××美元的银行保证书担保。银行保证书应载有以下条款：如×号合同项下跟单托收的汇票付款人不能在预定日期付款，受益人有权在本银行保证书项下凭其汇票连同一份列明×号合同的款项被拒付的声明书支款。"

在使用这种结算方式时，备用信用证和银行保证书的有效期必须晚于托收付款期限后一定时间，以便被拒付后能有足够时间办理追偿手续。出口人在办理托收手续时，还应在托收申请书中明确规定，在发生拒付时，要求托收银行请代收银行立即用电报或电传通知，以免耽误，造成备用信用证或银行保证书失效，以致失去追索权利。

四、汇付、托收、信用证三者相结合

在成套设备、大型机械产品和交通工具的交易中，因为成交金额较大，产品生产周期较长，一般采取按工程进度和交货进度分若干期付清货款，即分期付款（Pay by Instalments）和延期付款（Deferred Payment）的方法，一般采用汇付、托收和信用证相结合的方式。

1. 分期付款

买卖双方在合同中规定，在产品投产前，买方可采用汇付方式，先交部分货款作为订金，在买方付出订金前，卖方应向买方提供出口许可证影印本和银行开具的保函。除订金外，其余货款，可按不同阶段分期支付，买方开立不可撤销的信用证，即期付款，但最后一笔货款一般是在交货或卖方承担重量保证期满时付清。货物所有权则在付清最后一笔货款时转移。在分期付款的条件下，货款在交货时付清或基本付清。因此，按分期付款条件所签订的合同是一种即期合同。

2. 延期付款

在成套设备和大宗交易的情况下，由于成交金额较大，买方一时难以付清全部货款，可采用延期付款的办法。其做法是，买卖双方签订合同后，买方一般要预付一小部分货款作为订金。有的合同还规定，按工程进度和交货进度分期支付部分货款，但大部分货款是在交货后若干年内分期摊付，即采用远期信用证支付。延期支付的那部分货款，实际上是一种赊销，等于是卖方给买方提供的商业信贷，因此，买方应承担延期付款的利息。在延期付款的条件下，货物所有权一般在交货时转移。

采用延期付款，其做法虽与分期付款类似，但两者有所不同，主要区别是：

第一，货款清偿程度不同。采用分期付款，其货款是在交货时付清或基本付清；而采用延期付款时，大部分货款是在交货后一个相当长的时间内分期摊付。

第二，所有权转移时间不同。采用分期付款时，只要付清最后一笔货款，货物所有权即行转移；而采用延期付款时，货物所有权一般在交货时转移。

3. 支付利息费用不同

采用分期付款时，买方没有利用卖方的资金，因而不存在利息问题；而采用延期付款时，由于买方利用卖方的资金，所以买方需向卖方支付利息。

本章小结

本章讨论了进出口业务中的主要支付工具、支付方式、及不同支付方式的选用等问题。

在进出口业务中涉及的支付工具有汇票、本票和支票。其中主要是汇票。汇票是一个人向另一个人签发的要求对方见票后立即或见票后若干天或未来的某一个确定时间无条件支付一定金额的书面命令。简言之，它是一方开给另一方的无条件支付的书面命令。

在进出口业务中的支付方式有汇付、托收、信用证、银行保函和国际保理等。其中，汇付和托收都是商业信用，对出口商的风险大。信用证和银行保函属于银行信用。国际保理是保理商（Factor）向出口商提供的一项集买方资信调查、应收款管理和追账、贸易融资及信用管理于一体的综合性现代金融服务。

每一种支付方式都有其利弊，如何选用有利于自身的支付方式，需要考虑多种因素，不同支付方式的结合使用可以降低只使用某单一方式存在的风险。

习　　题

一、复习思考题

1. 何谓汇票？汇票有哪几种？汇票在市场上是怎样流转使用的？
2. 何谓本票？银行本票与商业本票的区别何在？

3. 汇付的性质与应用。

4. 何谓托收？其性质与特点如何？采用托收应注意什么事项？

5. 信用证的性质与特点如何？为什么它在国际贸易中被广泛采用？

6. 信用证的主要内容有哪些？它与买卖合同有什么关系？

7. 在国际贸易中常见的信用证有哪些？各种的使用情况如何？

8. 何谓备用信用证？其使用范围怎样？它与信用证有何不同？

9. 何谓分期付款？何谓延期付款？两者有何区别？

10. 国际保理的特点表现在哪些方面？

二、案例分析

1. 某出口公司收到国外开来的一份不可撤销即期议付信用证，正准备按信用证规定发运货物时，突然接到开证行的通知，声称开证申请人已经倒闭。对此，出口公司应如何处理？为什么？

2. 某农产品进出口公司出口一笔大麻子（hempseeds ），总值 985 000 美元。合同规定付款条件为 "The buyers shall duly accept the documentary draft drawn by the sellers at 30 days sight upon first presentation and make payment on its maturity. The shipping documents are to be delivered against acceptance"（卖方开立见票后 30 天付款的跟单汇票，买方应于首次提示时承兑，承兑时即可获得运输单据，到期日立即付款），卖方装运完毕，备齐各种单据于 3 月 15 日向托收行（出口地银行）办理 D/A30 天到期的托收手续。托收行选择 D.K 银行（进口地银行）作为代收行，并寄单委托其收款。4 月 25 日买方来电称，经与船方联系，货已到港多日，但我地银行至今未收到有关该货的托收单据。4 月 28 日卖方去电告知，我方 3 月 15 日即委托我地托收行——C 银行办妥 D/A30 天的托收手续，并于 3 月 16 日寄出单据。4 月 30 日买方来电称，经过查询，我方往来行 W 银行，根本没有收到该笔托收单据。卖方接电后，立刻与我地托收行联系，这时托收行也接到国外代收行 D.K 银行来电，称我托收指示书上的付款地址不详，无法办理，请速告如何处理。

经查实，我业务经办人未将代收行的详细地址告诉单证人员，致使有关文件漏打付款人的地址。同时，我方办理托收时又未指定代收行，所以，托收行选择了 D.K 银行作为代收行。鉴于上述情况，我方请托收行电告 D.K 银行付款人的地址或者将有关手续转交买方的往来行 W 银行向付款人提示。

但 5 月 15 日接到代收行拒付通知。由于单据的延误，未能按时提取货物，货因雨淋受潮，且被存入费用昂贵的海关仓库，故付款人拒绝承兑付款。最后，该案以我方降价处理告终。请说明该案例的启示。

3. 某公司以 CIF 鹿特丹条件与外商成交，出口一批货物，按发票金额 110％投保一切险及战争险。售货合同的支付条款只简单填写 "Payment by L/C"（信用证方式支付）。国外来证条款中有如下文句 "payment under this credit will be made by us only after arrival of

goods at Rotterdam"（该证项下的款项在货到鹿特丹后由我行支付），卖方审证时未发现此问题，未请对方改证。我外贸公司交单结汇时，银行也未提出异议。不幸60％的货物在运输途中被大火烧毁，船到目的港后开证行拒付全部货款。对此应当如何处理？

4. 某外贸专业公司从国外某商行进口一批钢材，货物分两批装运，不可撤销信用证支付，每批分别由中国银行开立一份信用证。第一批货物装运后，卖方在有效期内向银行交单议付，议付行审单后，即向中行索偿货款，随后中行对国外货款做了偿付。我方在收到第一批货物后，发现货物品质不符合同，因而要求开证行对第二份信用证项下的单据拒绝付款，但遭到中行拒绝。中行这样做是否合理？

5. 2005年4～5月间，某外贸进出口公司与香港某公司分别签订了五份出口冷轧钢板的出口销售合同，总额65万美元，付款方式为付款交单托收方式（D/P at sight on collect basis）。6月初，前四批货分两批陆续从上海港装船发出，运至菲律宾马尼拉港。我方将价值45万美元的托收单据通过中行寄往港方的账户银行办理托收。这四批货发货时间紧凑，第四批货发出后，第一批货款亦将到期，但港方坚持验完全部货物再付款，货款一拖再拖，逾期一个月之久。

正当我方千方百计要追回这四批货款时，同年7月中旬，港方又提出要执行第五个合同，我方为了追回前四笔货款，又能保住客户，正常收汇，提出结汇方式改为即期信用证付款（payment by letter of credit at sight），同时提出对前四笔托收的催收。但港方以资金不足为由，坚持执行完第五个合同后一次付清，为此，双方僵持不下，后经磋商，某外贸公司同意执行第五个合同，向其提供20多万美元的货物；同时，港方同意开证。为使单证相符，我方拟定该证主要条款，并将该证的保证条款作成："我们谨此向汇票出票人、背书人和善意持票人承诺：当信用证项下单证相符时，我们将对受益人的汇票提示予以支付。支付时，我们将在托收项下另付450 000美元，作成对受益人第95ST0987号售货确认书项下托收货款的支付。这是开证人保证的，也是开证人和受益人同意的。"

基于同样道理，港方应我方要求，同意再开立一份不可撤销备用信用证。若在信用证结算时，还未将前面四笔托收款项付清，我方可凭信用证项下的结汇水单、违约证明及应收金额的汇票，执行该备用信用证。

港方按要求开证后不断传真催促我方发货，却只字不提开立备用信用证的事。我方立即电告港方，根据双方合同规定，港方需开立两个信用证，一个是不可撤销跟单信用证，另一个是不可撤销备用信用证，港方只有开立备用信用证，我方才能执行跟单信用证，否则不会发货。因该笔生意是向菲律宾政府招标工程提供原材料，如不能按时、按质、按量将货发到马尼拉，港方将承担高额罚款。为此，港方要货心切，但仍然讲保证付款，请先发货。而我方坚持原有立场，必须开立备用信用证，才能发货。

万般无奈之下，港方终于开出一份不可撤销备用信用证。该证有效期晚于跟单信用证有效期一个月。

我方收到证后发出第五批货，制单议付，并附上一套托收项下的45万美元的汇票，并要求议付行进行电报索汇。

果然不出我方所料，10天后，开证行支付了该笔货款，但港方未将前四笔货款一并付来。我方去电催收，而港方来电称资金困难，容一个月后支付并承担利息。显而易见，一个月后，该备用信用证将会失效，届时港方又能将45万美元货款无限期地拖延下去。于是，我方立即按备用信用证要求，填制了一张45万美元的即期汇票，附上跟单信用证项下的结汇水单（应是65万美元，实则是20多万美元）及一份违约证明书，一并交原议付行向国外追索。10天后，开证行将45万美元付出。

至此，货款全部收回，思考一下该案留给我们的启示。

6. 有1份信用证规定交货数量为6 000 t，1～6月每月下旬装运1 000 t。信用证的受益人1～3月均按要求发出了货物，4月份由于台风登陆，迟延到5月2日才装运货物，其余几批货物均按要求发出。

问：（1）出口商凭该信用证能收回哪几批货款？为什么？

（2）若你是该出口商，你应如何处理此事？

第七章 检验、索赔、仲裁和不可抗力

在国际货物买卖中，判断一方交货是否符合合同规定、是否符合法规要求，必然要进行相关检验。若一方违约就存在索赔问题。索赔中必然存在争议，争议的解决方式有协商、调节、仲裁和诉讼，仲裁比诉讼有许多优点，因此，合同中一般都订仲裁条款。但并不是某一方在任何情况下都承担赔偿责任，因此，合同中一般都会订有不可抗力条款。本章介绍检验、索赔、仲裁和不可抗力条款的相关知识。

第一节 检验

一、检验的意义与内容

国际货物买卖中的商品检验（Commodity Inspection），简称商检，是指商品检验机构对卖方拟交付货物或已交付货物的品质、规格、数量、重量、包装、卫生、安全等项目所进行的检验、鉴定和管理工作。

商品检验是随着国际货物买卖的发展而产生和发展起来的，它在国际货物买卖中占有十分重要的地位。国际货物买卖中，由于交易双方身处异地，相距遥远，货物在长途运输中难免会发生残损、短少、甚至灭失，尤其是凭单交接货物的象征性交货条件下，买卖双方对所交货物的品质、数量问题更易产生争议。因此，为了便于查明货损原因，确定责任归属，以利货物的交接和交易的顺利进行，就需要一个公正的第三者，即商品检验机构，对货物进行检验或鉴定。由此可见，商品检验是国际货物买卖中不可缺少的一个环节。

由于商品检验直接关系到买卖双方在货物交接方面的权利与义务，特别是某些进出口商品的检验工作还直接关系到本国的国民经济能否顺利、协调发展，生态环境能否保持平衡，人民的健康和动植物的生长能否得到保证，以及能否促进本国出口商品重量的提高和出口贸易的发展，因此，许多国家的法律和国际公约都对商品的检验问题做了明确规定。

例如，《中华人民共和国进出口商品检验法》第五条规定："列入《商品机构实施检验的进出口商品检验表》的进出口商品和其他法律、行政法规规定需经商检机构检验的进出口商品，必须经过商检机构或国家商检部门、商检机构指定的检验部门检验。"该条款同时规定，凡是列入《商检机构实施检验的进出口商品检验表》的进出口商品，除非经国家部门检查批准免于检验的，进口商品未经检验或检验不合格的，不准销售、使用；出口商品未经检验或检验不合格的，不准出口。

又如，英国《1893 年货物买卖法》（1979 年修订）第 34 条规定："除非双方另有约定，当卖方向买方交付货物时，买方有权要求有合理的机会检验货物，以确定它们是否与合同规定的相符。"买方在未有合理机会检验货物之前，不能认为他已经接受了货物。

此外，《联合国国际货物销售合同公约》第 38 条也对货物的检验问题做出了明确规定："买方必须在按实际情况可行的最短时间内检验货物或由他人检验货物。如果合同涉及到货物运输，检验可推迟到货物达到目的地后进行。"

上述各种有关商品检验的规定都体现了一个共同的原则，即除非买卖双方另有约定，买方在接受货物之前应享有对所购买的货物进行检验的权利。但需要注意的是，买方对货物的检验权并不是强制性的，它不是买方接受货物的前提条件。也就是说，如果买方没有利用合理的机会检验货物，那么就相当于他自动放弃了检验货物的权利。另外，如果合同中的检验条款规定，以卖方的检验为准，此时，就排除了买方对货物的检验权。

所以，有关商品检验权的规定是直接关系到买卖双方权利与义务的重要问题，因此，交易双方应在买卖合同中对与商品检验有关的问题做出明确具体的规定，这就是合同中的检验条款。

二、合同中的检验条款

1. 检验的内容

商品检验的基本内容，包括商品的品质、规格、数量、重量、包装及其是否符合安全、卫生要求等。

（1）品质检验。即根据合同和有关检验标准规定或申请人的要求对商品的使用价值所表现出来的各种特性，运用人的感官或化学、物理等各种手段进行测试、鉴别。其目的就是判别、确定该商品的品质是否符合合同中规定的商品品质条件。包括外观品质和内在品质的检验。

外观品质检验：是指对商品外观尺寸、造型、结构、款式、表面色彩、表面精度、软硬度、光泽度、新鲜度、成熟度、气味等的检验。

内在品质检验：指对商品的化学组成、性质和等级等技术指标的检验。

（2）规格检验。规格表示同类商品在量（如体积、容积、面积、粗细、长度、宽度、厚度等）方面的差别，与商品品质优次无关。如鞋类的大小、纤维的长度和粗细、玻璃的厚度和面积等规格，只表明商品之间在量上的差别，而商品品质取决于品质条件。商品规格是确定规格差价的依据。

由于商品的品质与规格是密切相关的两个重量特征，因此，贸易合同中的品质条款一般都包括了规格要求。

（3）数量和重量检验。数量和重量是买卖双方成交商品的基本计量和计价单位，直接关系着双方的经济利益，也是对外贸易中最敏感而且容易引起争议的因素之一。它们包括了商品个数、件数、双数、打数、令数、长度、面积、体积、容积和重量等。

（4）包装重量检验。商品包装本身的重量和完好程度，不仅直接关系着商品的品质，还关系着商品数量和重量。一旦出现问题时，是商业部门分清责任归属、确定索赔对象的重要依据之一。如检验中发现有商品数（重）量不足情况，包装破损者，责任在运输部门；包装完好者，责任在生产部门。包装重量检验的内容主要是内外包装的重量。如包装材料、容器结构、造型和装潢等对商品储存、运输、销售的适宜性，包装体的完好程度，包装标志的正确性和清晰度，包装防护措施的牢固度等。

（5）安全、卫生检验。商品安全检验是指电子电器类商品的漏电检验、绝缘性能检验和辐射检验等。商品的卫生检验是指商品中的有毒有害物质及微生物的检验。如食品添加剂中砷、铅、镉的检验，茶叶中的农药残留量检验等。

对于进出口商品的检验内容除上述内容外，还包括海损鉴定、集装箱检验、进出口商品的残损检验、出口商品的装运技术条件检验、货载衡量、产地证明、价值证明以及其他业务的检验。

2. 检验的时间与地点

检验的时间和地点是指在何时、何地行使对货物的检验权。所谓检验权，是指买方或卖方有权对所交易的货物进行检验，其检验结果即作为交付与接受货物的依据。确定检验的时间和地点，实际上就是确定买卖双方中的哪一方行使对货物的检验权，也就是确定检验结果以哪一方提供的检验证书为准。谁享有对货物的检验权，谁就享有了对货物的品质、数量、包装等项内容进行最后评定的权利。由此可见，如何规定检验时间和地点是直接关系到买卖双方切身利益的重要问题，因而是交易双方商定检验条款时的核心所在。

在国际货物买卖合同中，根据国际贸易习惯作法和我国的业务实践，有关检验时间和地点的规定办法可归纳为以下几种：

（1）在出口国检验。此种方法又包括产地（工厂）检验和装运港（地）检验两种。

1）产地（工厂）检验。产地（工厂）检验是指在产地出运或工厂出厂前，由产地或工厂的检验部门或买方的验收人员进行检验和验收，并由买卖合同中规定的检验机构出具检验证书，作为卖方所交货的品质、数量等项内容的最后依据，卖方只承担货物离开产地或工厂前的责任，对于货物在运输途中所发生的一切变化，卖方不承担责任。

2）装运港（地）检验。装运港（地）检验又称"离岸品质、离岸重量"（Shipping Quality and Weight），是指货物在装运港或装运地交货前，由买卖合同中规定的检验机构对货物的品质、重量（数量）等项内容进行检验鉴定，并以该机构出具的检验证书作为最后依据。卖方对交货后货物所发生的变化不承担责任。

采用上述两种规定办法时，即使买方在货物到达目的港或目的地后，自行委托检验机构对货物进行复验，也无权对商品的品质和重量向卖方提出异议，除非买方能证明，他所收到的与合同规定不符的货物是由于卖方的违约或货物的固有瑕疵所造成的。因此，这两种规定办法从根本上否定了买方的复验权，对买方极为不利。

（2）在进口国检验。此种方法又分为目的港（地）检验和买方营业处所（最终用户所在地）检验。

1）目的港（地）检验。目的港（地）检验又称"到岸品质、到岸重量"（Landed Quality and Weight），是指货物运达目的港或目的地时，由合同规定的检验机构在规定的时间内，就地对商品进行检验，并以该机构出具的检验证书作为卖方所交货物品质、重量（数量）的最后依据。采用这种方法时，买方有权根据货物运抵目的港或目的地时的检验结果，对属于卖方责任的品质、重量（数量）不符点，向卖方索赔。

2）买方营业处所（最终用户所在地）检验。对于一些因使用前不便拆开包装，或因不具备检验条件而不能在目的港或目的地检验的货物，如密封包装货物、精密仪器等，通常都是在买方营业处所或最终用户所在地，由合同规定的机构在规定的时间内进行检验。货物的品质和重量（数量）等项内容以该检验机构出具的检验证书为准。

采取上述两种做法时，实际上是卖方承担到货品质、重量（数量）的责任。如果货物在品质、数量等方面存在的不符点属于卖方责任所致，买方则有权凭货物在目的港、目的地或买方营业处所或最终用户所在地经检验机构检验后出具的检验证书，向卖方提出索赔，卖方不得拒绝。由此可见，这两种方法对卖方很不利。

（3）出口国检验、进口国复验。出口国检验、进口国复验是指卖方在出口国装运货物时，以合同规定的装运港或装运地检验机构出具的检验证书，作为卖方向银行收取货款的凭证之一，货物运抵目的港或目的地后，由双方约定的检验机构在规定的地点和期限内对货物进行复验。复验后，如果货物与合同规定不符，而且属于卖方责任所致，此时，买方有权凭该检验机构出具的检验证书，在合同规定的期限内向卖方索赔。由于这种做法兼顾了买卖双方的利益，较为公平合理，因而它是国际货物买卖中最常见的一种规定检验时间和地点的方法，也是我国进出口业务中最常用的一种方法。

（4）装运港（地）检验重量、目的港（地）检验品质。在大宗商品交易的检验中，为了调和买卖双方在商品检验问题上存在的矛盾，常将商品的重量检验和品质检验分别进行，即以装运港或装运地验货后检验机构出具的重量检验证书，作为卖方所交货物的最后依据，以目的港或目的地验货后检验机构出具的品质检验证书，作为商品品质的最后依据。货物到达目的港或目的地后，如果货物在品质方面与合同规定不符，而且该不符点是卖方责任所致，则买方可凭品质检验证书，对货物的品质向卖方提出索赔。但买方无权对货物的重量提出异议，这种规定检验时间和地点的方法就是装运港（地）检验重量、目的港（地）检验品质，习称"离岸重量、到岸品质"（Shipping Weight, Landed Quality）。

需要指出的是，由于实际业务中检验时间和地点的规定，常常与合同中所采用的贸易术语、商品的特性、检验手段、行业惯例以及进出口国的法律、法规密切相关，因此，在规定商品的检验时间和检验地点时，应综合考虑上述因素，尤其要考虑合同中的贸易术语。通常情况下，商品的检验工作应在货物交接时进行，即卖方向买方交付货物时，买方随即对货物进行检验。货物经检验合格后，买方即受领货物，卖方在货物风险转移之后，不再承担货物发生品质、数量等变化的责任。这一做法特别适用于以 E 组和 D 组实际交货的贸易术语达成的交易。但如果按装运港交货的 FOB、CFR 和 CIF 贸易术语成交时，情况则大不相同。由于在采用上述三种术语成交的情况下，卖方只要按合同规定在装运港将货物装上船舶，并提交符合合同规定的单据，就算完成交货义务，货物风险也自货物越过装运港船舷开始由卖方转移给买方。但此时买方却并没有收到货物，自然更无机会检验货物。因此，按装运港交货的贸易术语达成的买卖合同，在规定检验时间和地点时，采用"出口国检验、进口国复验"最为适宜。

3. 检验机构

在国际货物买卖中，交易双方除了自行对货物进行必要的检验外，通常还要委托独立于买卖双方之外的第三方对货物进行检验。有时，虽然买卖双方未要求对所交易的商品进行检验，但根据有关法律和法规的规定，必须由某机构进行检验，经检验合格后方可出境或入境。这种根据客户的委托或有关法律、法规的规定对进出境商品进行检验、鉴定和管理的机构就是商品检验机构，简称检验机构或商检机构。

(1) 国际上商品检验机构的类型。国际上的商品检验机构，种类繁多，名称各异，有的称作公证行（Authentic Surveyor）、宣誓衡量人（Sworn Measurer），也有的称之为实验室（Laboratory），检验机构的类型大体可归纳为官方检验机构、半官方检验机构和非官方检验机构三种。

1) 官方检验机构。是指由国家或地方政府投资，按照国家有关法律法令对出入境商品实施强制性检验、检疫和监督管理的机构。例如美国食品药物管理局（FDA）、美国动植物检疫署、美国粮谷检验署、日本通商省检验所等。

2) 半官方检验机构。是指一些有一定权威的、由国家政府授权、代表政府行使某项商品检验或某一方检验管理工作的民间机构。例如，根据美国政府的规定，凡是进口与防盗信号、化学危险品以及与电器、供暖、防水等有关的产品，必须经美国担保人实验室（Underwriter's Laboratory）这一半官方检验机构检验认证合格，并贴上该实验室的英文缩写标志"UL"，方可进入美国市场。

3) 非官方检验机构。主要是指由私人创办的、具有专业检验、鉴定技术能力的公证或检验公司，如英国劳埃氏公证行（Lloyd's Surveyor）、瑞士日内瓦通用鉴定公司（Societe Generale de Surveillance S，A，SGS）等。

(2) 我的的检验机构。在我国，主管全国出入境商品检验、鉴定和管理工作的机构是中华人民共和国国家出入境检验检疫局及其设在各地的分支机构。

中华人民共和国国家出入境检验检疫局（以下简称国家商检部门），其前身为中华人民共和国国家进出口商品检验局，它是负责统一管理全国出入境商品检验的机关。国家商检部门设在全国各地的检验机构，负责管理所辖地区的出入境商品检验工作。国家商检部门设在全国各地的检验机构，负责管理所辖地区的出入境商品检验工作。国家商检部门根据对外贸易发展的需要，对涉及社会公共利益的进出口商品，指定和公布了《商检机构实施检验的进出口商品种类表》（以下简称《种类表》），并根据实际情况随时予以调整。

根据《中华人民共和国国家进出口商品检验法》（以下简称《商检法》），和《中华人民共和国国家进出口商品检验法实施条例》的规定，国家商检部门及其设在各地的检验机构的职责有下述三项：

1）对进出口商品实施检验。商检机构实施进出口商品检验的内容，包括商品的品质、规格、数量、重量、包装以及是否符合安全、卫生要求。

商检机构实施进出口商品检验的范围可归纳为两方面，即法定检验和法定检验以外的进出口商品的检验。

法定检验是指商检机构或国家商检部门、商检机构指定的检验机构，根据国家的法律、行政法规，对规定的进出口商品和有关的检验事项实施强制性检验。凡属法定检验范围内的进出口商品，必须经过商检机构或者国家商检部门、商检机构指定的检验机构的检验，未经检验或者经检验不合格的商品，一律不准进出口。商检机构和国家商检部门、商检机构指定的检验机构对进出口商品实施法定检验的范围包括：①对列入《种类表》的进出口商品的检验；②对出口食品的卫生检验；③对出口危险货物包装容器的性能鉴定和使用鉴定；④对装运出口易腐烂变质食品、冷冻品的船舱、集装箱等运载工具的适载检验；⑤对有关国际条约规定需经商检机构检验的进出口商品的检验；⑥对其他法律、行政法规规定必须经商检机构检验的进出口商品的检验；⑦对于法定检验以外的进出口商品，商检机构可以抽查检验。此外，商检机构还对对外贸易合同约定或者进出口商品的收货人、发货人申请商检机构签发检验证书的进出口商品实施检验。

2）对进出口商品的品质和检验工作实施监督管理。监督管理是指国家商检部门、商检机构对进出口商品的收货人、发货人及生产、经营、储运单位以及国家商检部门、商检机构指定或认可的检验人员的检验工作实施监督管理。例如，向列入《种类表》的出口商品的生产企业派出检验人员，参与监督出口商品出厂前的重量检验工作；进行进出口商品重量认证工作；对重要的进出口商品以及生产企业实行重量许可制度；通过考核，认可符合条件的国内外检验机构承担委托的进出口商品检验工作；对指定或认可的检验机构的进出口商品检验工作进行监督，抽查检验其已检验的商品。

3）办理进出口商品鉴定。鉴定业务是指商检机构或国家商检部门、商检机构指定的检验机构以及经国家商检部门批准的其他检验机构接受对外贸易关系人（通常指出口商、进口商、承运人、保险人以及出口商品的生产、供货部门和进口商品的收货、用货部门、代理接运部门等）以及国内外有关单位的委托，办理规定范围的进出口商品鉴定业务。进出口商品鉴定业务的范围主要包括：进出口商品的品质、数量、重量、包装、海损鉴定，集装箱及集装箱货物鉴定，进口商品的残损鉴定，出口商品的装运技术条件鉴定、货载衡量、产地证明、价值证明以及其他业务。

进出口商品鉴定业务不同于法定检验。鉴定业务最突出的特点是凭进出口商品经营者或有关关系人的申请和委托而进行进出口商品的检验和鉴定；法定检验则是根据国家有关法律、法规的规定，对进出口商品实施强制性检验。

此外，为了适应我国对外贸易发展的需要，20 世纪 80 年代初，经国务院批准我国成立了中国进出口商品检验总公司（以下简称商检公司）。商检公司作为一家独立的检验机构，以非官方身份和公正科学的态度，接受进出口业务中的当事人和外国检验机构的委托，办理进出口商品的检验鉴定业务，签发检验、鉴定证书并提供咨询服务。商检公司的成立既为进出口商品的顺利交接、结汇以及合理解决索赔争议提供了诸多便利条件，同时也促进了我国同世界各国进出口商品检验机构的联系与合作。

4．检验证书

在国际贸易中，采用哪种检验证书，应根据商品的种类、特性、政策与法律规定以及贸易习惯而定，为了明确要求，在检验条款中应规定所需证书的类别。

（1）检验证书的种类：

1）品质检验证书（Inspection Certificate of Quality）。即运用各种检测手段，对进出口商品的品质、规格、等级进行检验后出具的书面证明。

2）重量检验证书（Inspection Certificate of Weight），即根据不同的计量方法证明进出口商品的重量。

3）数量检验证书（Inspection Certificate of Quantity）。根据不同计量单位，证明商品的数量。

4）兽医检验证书（Veterinary Inspection Certificate）。证明动物产品在出口前经过兽医检验，符合检疫要求，如冻畜肉，皮张，毛类，绒类，猪鬃及肠衣等商品，经检验后出具此证书。

5）卫生检验证书（Inspection Certificate of Health）。出口食用动物产品，如肠衣罐头食品、蛋品、乳制品等商品，经检验后使用此种证明书。

6）消毒检验证书（Disinfection Inspection Certificate）。证明出口动物产品经过消毒，使用此种证书，如猪鬃，马尾，羽毛，人发等商品。

7）产地检验证书（Inspection Certificate of Origin）。证明出口产品的产地时使用此种证书。

8）价值检验证书（Inspection Certificate of Value）。需要证明产品的价值时使用此种证书。

9）残验检验证书（Inspection Certificate on Damaged Cargo）。证明进口商品残损情况，估定残损贬值程度，判断残损原因，供索赔时使用。

（2）商检证书的作用。上述各种检验证书，尽管类别不一，但其作用是基本相同的，商检证书的作用主要表现在下列几个方面：

1）作为证明卖方所交货物的品质、重量（数量）、包装以及卫生条件等是否符合合同规定的依据。

2）作为买方对品质、重量、包装等条件提出异议、拒收货物、要求索赔、解决争议的凭证。

3）作为卖方向银行议付货款的单据之一。

4）作为海关验关放行的凭证。

三、检验检疫的程序

出入境检验检疫机构对进出口商品实施检验检疫的工作程序，主要有四个环节，即报验、抽样、检验检疫、签证放行。

对外贸易关系人对应检验的出口商品应及时向出入境检验检疫机构办理报验。出入境检验检疫机构根据商品的不同情况，或派员进行抽样，或直接派员检验。经检验不合格的，发给不合格通知单，经返工整理后可申请一次复验，复验仍不合格的，不准出口。经检验合格的，办理签证和放行，即可报关出口。出口商品需要普惠制产地证的，在报验时应另外申请办理。

对外贸易关系人对应检验的进口商品，到货后应向出入境检验检疫机构申请登记，登记后办理放行手续，据以报关提货；登记后应抓紧办理报验（也可在登记时同时办理报验）。经出入境检验检疫机构检验后，按规定发给证书或证单。不属法定检验的进口商品，到货后收货，用货单位应抓紧自行按规定验收，验收发现问题需对外索赔的，应及早向出入境检验检疫机构办理报验。进口商品在卸货时已发现残损的，应立即向口岸出入境检验检疫机构申请验残。其他有关情况，可随时向出入境检验检疫机构咨询。

第二节　索赔

一、违约

违约行为是指违反合同债务的行为，亦称为合同债务不履行。这里的合同债务，既包括当事人在合同中约定的义务，又包括法律直接规定的义务，还包括根据法律原则和精神的要求，当事人所必须遵守的义务。

《联合国国际货物销售合同公约》规定："一方当事人违反合同的结果，如使另一方当事人蒙受损失，以致于实际上剥夺了他根据合同规定有权期待得到的东西，即为根本违反合同"。受损害的一方有权向违约方要求损害赔偿并有权宣告合同无效。但如违约的情况尚未达到根本违反合同的程度，则受损害方只能要求损害赔偿而不能宣告合同无效。

1. 违约的构成条件

（1）大陆法的规定。大陆法在处理买卖合同这类民事责任时，是以过失责任作为一项基本原则。也就是说买卖合同当事人出现不能或不能完全履行合同义务时，只有当存在着可以归咎于他的过失时，才能构成违约，从而承担违约的责任。

（2）英美法的规定。英美法认为，一切合同都是"担保"，只要债务人不能达到担保的结果，就构成违约，应负责赔偿损失。在《英国货物买卖法》和《美国统一商法典》中，关于构成违约的条件并未被详细写明，但从司法实践中看，处理违法并不是以当事人有无过失作为构成违约的必要条件。通常只要当事人未履行合同规定的义务，均被视为违约。

（3）《联合国国际货物销售合同公约》的规定。《联合国国际货物销售合同公约》（以下简称《公约》）也未明确规定违约必须以当事人有无过失为条件。从《公约》第25条看，只要当事人违反合同的行为的结果使另一方蒙受损害，就构成违约，当事人要承担违约的责任。

2. 违约的形式

（1）大陆法的规定。大陆法基本上将违约的形式概括为不履行债务和延迟履行债务两种情况。不履行债务，也称为给付不能，是指债务人由于种种原因，不可能履行其合同义务。延迟履行债务，也称为给付延迟，是指债务人履行期已届满，而且是可能履行的，但债务人没有按期履行其合同义务。违约方是否要承担违约责任，则要看是否有归责于他的过失。如果有过失，违约方才承担违约责任。

（2）英国法的规定。《英国货物买卖法》将违约的形式划分为违反要件和违反担保两种。违反要件（Breach of Condition）是指合同当事人违反合同中重要的、带有根本性的条款。按英国法，买卖合同中关于履约的时间、货物的品质和数量等条款都属于合同的要件。违反担保（Breach of Warranty）是指当事人违反合同中次要的、从属于合同的条款。

（3）美国法的规定。美国法现已放弃使用"要件"与"担保"这两个概念来划分违约的情况，即不是用合同条款的性质来划分，而是从违约的性质和带来的结果来划分违约的情况。美国法把违约划分成两类：轻微的违约和重大的违约。

所谓轻微的违约（Minor Breach of Contract），是指债务人在履约中尽管存在一些缺陷，但债权人已经从合同履行中得到该交易的主要利益。例如履行的时间略有延迟，交付的货物数量和品质与合同略有出入等，都属于轻微的违约之列。当一方轻微违约时，受损方可以要求赔偿损失，但不能拒绝履行合同的义务或解除合同。所谓重大的违约（Material Breach of Contract），是指由于债务人没有履行合同或履行合同有缺陷致使债权人不能得到该项交易的主要利益。在重大违约情况下，受损的一方可以解除合同，同时还可以要求赔偿全部损失。

（4）《联合国国际货物销售合同公约》的规定。《联合国国际货物销售合同公约》（以下简称《公约》）将违约划分为根本性违约和非根本性违约。所谓根本性违约（Fundamental Breach of Contract），按《公约》第25条的规定，是指："一方当事人违反合同的结果，如使另一方当事人蒙受损害，以至于实际上剥夺了他根据合同有权期待得到的东西，即为根本性违反合同，除非违反合同的一方并不预知而且同样一个通情达理的人处于相同情况中也没有理由预知会发生这样的结果。"不构成根本性违约的情况，均视为非根本性违约（Non-fundamental Breach of Contract）。由此可见，《公约》规定根本性违约的基本标准是"实际上剥夺了合同对方根据合同有权期待得到的东西"。这种规定，避免了对各种违约情况做出武断的划分，实际上是对违约的性质做了基本的定义。至于怎样才构成根本性违约，只能视具体情况而定。从法律结果看，《公约》认为，构成根本性违约，受害方可解除合同，否则只能请求损害赔偿。

3. **违约的救济方法**

救济方法（Remedies）是指一个人的合法权利被他人侵害时，法律上给予受损害一方的补偿方法。各国法律均规定，如果合同一方当事人违反合同规定，另一方当事人有权采取相应的救济方法。各国法律对各种救济方法都有较详细的规定，但不尽相同，有的规定比较概括，有的规定比较具体。综观各国法律，其法律规定的基本救济方法可概括为三种：实际履行、损害赔偿和解除合同。现分别详细介绍如下：

（1）实际履行。实际履行有两重含义：一重含义是指一方当事人未履行合同义务，另一方当事人有权要求他按合同规定完整地履行合同义务，而不能用其他补偿手段，如金钱来代替；另一重含义是指一方当事人未履行合同义务，另一方当事人有权向法院提起实际履行之诉，由法院强制违约当事人按照合同规定履行他的义务。各国法律对实际履行作为一种救济方法都有规定，但是差异较大。现分析如下：

1）大陆法的规定。大陆法将实际履行作为一种主要的救济方法。按照大陆法的原则，债权人可以请求法院判令债务人实际履行合同，但是法院只有在债务人履行合同尚属可能时，才能做出实际履行的判决。如果出现实际履行不可能的情况，如买卖的特定物已被烧毁，法院就不会做出实际履行的判决。在实践中，当事人提起实际履行之诉的情况并不多见。一般当事人都要求其他救济方法，如解除合同或请求损害赔偿等。只有当金钱赔偿不能满足其要求时，债权人才会提起实际履行之诉。

2）美英法的规定。美英法将实际履行作为例外的辅助性的救济方法。美英法认为，强制债务人具体履行某种人身性质的义务，是对"个人自由"原则的过分干预，是违反宪法精神的，故英美法中并未规定这种实际履行的救济方法。但在司法实践中，依据衡平法原则，实际履行只被视为一种例外的救济方法。法院对是否判令实际履行有自由裁量权。

3）我国《合同法》的规定。我国《合同法》明确规定实际履行可以作为一种救济方法。该法第110条规定："当事人一方不履行非金钱债务或者履行非金钱债务不符合约定的，对方可以要求履行。"这里指的就是实际履行。只要根据具体情况，采用实际履行的措施是合理的，当事人可以要求实际履行，法院和仲裁院也可以做出实际履行的判定。但是上述实际履行有下列情形之一的除外："法律上或者事实上不能履行；债务的标的不适于强制履行或者履行费用过高；债权人在合理期限内未要求履行。"

4）《联合国国际货物销售合同公约》的规定。《联合国国际货物销售合同公约》为了调和美英法和大陆法在实际履行问题上的分歧，并不给予法院依据《公约》做出实际履行判决的权力。《公约》第28条做了如下规定："如果按《公约》的规定，当事人有权要求他方履行某项义务，法院没有义务做出判决，要求实际履行此项义务，除非法院依照其本身的法律对不受本《公约》支配的类似买卖合同可以这样做。"按《公约》的上述规定，当事人有权要求对方实际履行合同义务。当事人的这项权利在第 46 条和第 62 条均做出规定。然而，如果当事人诉诸法院，要求法院判决实际履行，法院没有义务按《公约》去判决实际履行，除非法院按法院本地法对不受公约支配的类似买卖合同的一方当事人判决实际履行。

（2）损害赔偿。损害赔偿（Damages）是指违约方用金钱来补偿另一方由于其违约所遭受的损失。各国法律均认为损害赔偿是一种比较重要的救济方法。在国际货物买卖中，它是使用最广泛的一种救济方法。但是各国法律对损害赔偿的规定，往往涉及到违约一方赔偿责任的成立、赔偿范围和赔偿方法问题，而且差异很大。现介绍如下：

1）损害赔偿责任的成立。合同当事人一方违约，另一方当事人在什么情况下才有权向对方提出损害赔偿的主张？提出损害赔偿的主张有无基本的前提条件？此问题涉及到损害赔偿责任的成立。对此，各国法律有着不同的规定。

大陆法认为，损害赔偿责任的成立，必须具备以下三个条件：a. 必须要有损害的事实。此条主要基于如果根本没有发生损害，就不存在赔偿的问题。b. 必须有归责于债务人的原因。这是大陆法承担违约责任的基本原则和前提条件。c. 损害发生的原因与损害之间必须有因果关系，即损害是由于债务人应予负责的原因造成的。

英美法不同于大陆法。根据美英法的解释只要一方违约就足以构成对方可以提起损害赔偿之诉。至于违约一方有无过失，是否发生实际损害，并不是损害赔偿责任成立的前提。如果守约方没有遭到实际损失，或无法证明，或不能确定损失的基础，他就无权要求实质性的损害赔偿。

《公约》认为，损害赔偿是一种主要的救济方法。一方违反合同，只要使另一方遭受损失，受害方就有权向对方提出损害赔偿，而且要求损害赔偿并不因采取了其他救济方法而丧失。因此，《公约》关于损害赔偿责任的成立主要是考虑到买卖双方的实际利益。

2）损害赔偿的方法。综观各国法律，损害赔偿的方法有两种，恢复原状和金钱赔偿。所谓恢复原状，是指用实物赔偿损失，使恢复到损害发生前的原状，例如把损害的物品加以修复，或用同类货物替换等。所谓金钱赔偿，就是用支付一定金额的货币来弥补对方所遭受的损害。

各国法律对各种损害赔偿的方法都予以考虑，但对以哪种方法为主却有不同的规定。德国法是以恢复原状为损害赔偿的原则，以金钱赔偿为例外。法国法与德国法不同。法国法以金钱赔偿为原则，以恢复原状为例外。英美法采用金钱上的赔偿方法。英美法认为，损害赔偿的目的，就是在金钱可能做到的范围内，使权利受到损害的一方处于该项权利得到遵守时同样的地位。所以，英美法对任何损害一般都判令债务人支付金钱赔偿。这项原则又称为"金钱上的恢复原状"（pecuniary restitution in integrum）。

3）损害赔偿的范围。损害赔偿的范围是指，在发生违约以后，当事人在要求损害赔偿时，其金额应包括哪些方面，按什么原则来确定。对此，具体情况千差万别，但在法律上，对损害赔偿的范围的规定有两种情况：一种是约定的损害赔偿，即由当事人自行约定损害赔偿的金额或计算原则；另一种是法定的损害赔偿，即在当事人没有约定的情况下，由法律予以确定损害赔偿的金额。

（i）约定的损害赔偿。通常情况下是当事人在订立合同时，就考虑到当事人可能会由于各种情况出现违约行为。为了使履约顺利进行，双方当事人在签定合同条款时，就订立违约金条款（Liquidated Damages），事先约定一方违反合同，应向对方支付一定额度的金钱。但在订立违约金时，其金额的多少直接关系到当事人的利益。一方违约，另一方按违约金条款索取的违约金，有时会低于造成的损失额；有时与造成的损失额相当；有时可能会高出造成的损失额，带有明显的罚款性质。由于规定的违约金额往往不能与造成的损失数额相当，当事人就违约金的规定往往会出现争议。为了解决这个问题，各国法律对违约金的性质都做了详细规定。然而，各国的规定不同，差异较大。

德国法认为，违约金具有惩罚的性质，它是对债务人不履行合同的一种制裁。法国法认为，违约金的性质是属于约定的损害赔偿金额。也就是说，违约金是双方当事人事先约定的，违约时，债务人应支付给债权人一定的金额作为损害赔偿。因此，债权人一旦要求债务人支付违约金，他就不能另行提出不履行债务的损害赔偿，也不能要求债务人履行主债务。这一点与德国法的规定恰恰相反。

英美法将合同中约定的违约金按两种不同性质去处理。一种性质是属于约定的损害赔偿金额，一种性质是属于罚款。从客观上讲，违约金可以是约定的损害赔偿金额（如果违约金与损失相当的话），也可能是一定数额明显的罚款（如果违约金大大超过了违约带来的损失）。为了妥善和公平地处理损害赔偿，按英美法，法院要依据案情或事实来断定这一金额是罚金还是约定的损害赔偿金额。

根据我国《合同法》第114条规定，违约金具有"赔偿"和"惩罚"的双重性质，违约金的"赔偿"性表现在对损失的补偿上，如第2款规定："约定的违约金低于造成的损失的，当事人可以请求人民法院或者仲裁机构予以增加；约定的违约金过高于造成的损失的，当事人可以请求人民法院或者仲裁机构予以适当的减少。"

（ii）法定的损害赔偿。如果当事人在合同中未就有关赔偿范围做出规定，发生违约时，当事人只能依照法律规定来计算或确定损害赔偿的金额。各国法律对损害赔偿的范围都有较明确的规定。

德国法认为，损害赔偿的范围应包括违约所造成的实际损失和所失利益两个方面。实际损失是指一方违约给对方造成的现实的损害，即指按合同规定的合法利益遭受到的损失。如交付品质低于合同规定的货物品质，或交付数量少于合同规定的货物数量，这时的品质差价或短量差价就属于实际损失。所失利益是指，如果债务人不违反合同，债权人本应能够取得、但因债务人违约而丧失了的利益。通常所失利益比实际损失较难以确定。法国法对损失的赔偿范围也有类似德国法的规定。

英美法认为，损害赔偿的范围是使由于债务人违约而蒙受损害的一方，在经济上能够处于该合同得到履行时的同等地位。法院在做出判决时，对损害赔偿范围的确定遵循两个原则：一是这种损失必须是依据一般正常情况下直接或必然会引起的估定的损失；二是这种损失必须是当事人在订立合同时，对于违约可能产生的后果所合理地预见到的。如果有关货物存在一个可以利用的市场，则赔偿金额初步断定应按合同价格与约定的履行日期的市场价格两者之间的差额计算。

按照我国《合同法》的规定，在确定损害赔偿金额时，要遵循两个原则：首先，当事人赔偿责任应相当于另一方所受到的损失；其次，赔偿责任不得超过违约方在订立合同时应当预见到的因违反合同可能造成的损失。由此可见在订立合同时，要注意一方有必要让对方知道违约会给他带来严重的损失。

《联合国国际货物销售合同公约》对损害赔偿的范围做了两项原则性的规定（参阅第74条规定）：首先，一方当事人违反合同应负的损害赔偿额应与另一方当事人因他违反合同而遭受的包括利润在内的损失额相等。这是确定损害赔偿范围的总原则。这里《公约》特别强调包括利润损失在内。其次，守约方可以得到的损害赔偿"不得超过违反合同一方在订立合同时，按照他当时已知道或理应知道的事实和情况，对违反合同预料到或理应预料到的可能损失"。此条规定与我国《合同法》的有关规定是相同的，均排除了对不可预料的损失提起损害赔偿的要求。

（3）解除合同。解除合同（Rescission）指合同当事人免除或中止履行合同义务的行为。各国法律均认为解除合同是一种法律救济方法。那么合同当事人在对方违约情况下是否可以解除合同呢？各国法律对构成解除合同的条件有着不同的规定，现介绍如下：

1）大陆法的规定。大陆法对解除合同的条件规定得比较简单。大陆法认为，只要合同一方当事人不履行其合同义务时，对方就有权解除合同。债务人不履行合同包括：拒绝给付、全部给付不能和部分给付不能、给付迟延、不完全给付。在拒绝给付和给付不能两种情况下，需要先经催告，通知对方履行，在催告的期限内，债务人仍未完全履行时，债权人也可以解除合同。

2）英国法的规定。英国法认为，一方违约构成违反要件，对方才可要求解除合同；如果一方仅仅是违反担保，对方只能请求损害赔偿，而不能要求解除合同。要件是涉及到合同本质的那些条款，它既可以是明示的，也可以是默示的。英国法在解除合同的条件上，其规定比大陆法更为苛刻。

3）美国法的规定。美国法与英国法的规定有些相似。美国法认为，只有一方违约构成重大违约时，对方才可以要求解除合同。如果是轻微地违约。只能请求损害赔偿，不能要求解除合同。

4）我国《合同法》的规定。我国《合同法》第94条规定，一方违约，另一方在下列两种情况下才能要求解除合同：①违约必须导致不能实现合同的目的，即违约必须造成严重的后果，使对方期望的目的不能实现。这时，守约方可以解除合同。②如果一方延迟履行合同，经催告后在合理期限内仍未履行，则守约方可要求解除合同义务。这一条与大陆法中实行的催告制度有相似之处。

5)《联合国国际货物销售合同公约》的规定。《公约》认为，合同一方不履行义务构成根本性违约时，另一方有权解除合同。然而，解除合同必须向对方发出通知，如延迟交货或货物存在瑕疵，很难判断是否属于根本性违约。《公约》还规定，可以规定一段合理的额外时限，让违约方履行义务。如果在这一段时间内，违约方仍未履行合同，那么守约方可以根据违约情况，宣告合同无效。解除合同并不意味着他就不能采取其他救济方法。

二、索赔与理赔

索赔与理赔是一个问题的两个方面。索赔是指买卖双方中一方违约给对方造成损失，受损害方向违约方要求赔偿的行为。理赔则是指违约方对受损害方提出的赔偿要求的受理和处理。索赔和理赔发生的前提是违约行为的存在。

在索赔和理赔案件中，应正确判定违约责任，正确寻找索赔对象。对于索赔方来讲，找不准索赔对象，就可能得不到应有的索赔；对于理赔方来讲，不属于自己赔偿的损失，他可以拒赔。所以，在发生货物损失时，首先必须弄清楚造成损失的原因及哪一方对此损失应负责任。

应负责任的对象主要有卖方、买方、船舶公司（或承运人）和保险公司。他们所负的责任根据造成损失的原因和有关合同的规定而有所不同。

属于卖方的责任主要有：①货物品质规格与合同规定不符；②原装货物数量短少；③包装不善致使货物受损；④延期交货；⑤其他不符合合同规定的行为致使买方受到损失。

属于买方的责任主要有：①付款不及时；②（在 FOB 条款成交的合同中）订舱或配船不及时或延迟接货；③买方不符合合同规定的其他行为致使卖方受到损失。

属于船舶公司（或承运人）责任的主要有：①数量少于提单载明的数量；②收货人持有清洁提单而货物发生残损短缺。

属于保险公司责任的主要有：①在承保范围以内的货物损失；②船舶公司（或承运人）不予赔偿的损失或赔偿额不足以补偿货物的损失而又属于承保范围以内的。

以上主要是就各个索赔对象应负的单独责任而言的。如果损失的发生牵涉到几个方面的责任，则应注意同时向几个方面的责任人提出索赔。例如，保险的货物到达目的港后发生短缺，由于船舶公司对每件货物的赔偿金额有一定限制，往往不能赔足，其不足部分就应由保险公司负责，这时索赔对象就涉及船舶公司和保险公司两方面。

三、合同中的索赔条款

1. 异议与索赔条款

异议与索赔条款的内容，主要包括索赔的依据、索赔的期限、索赔的办法等。

（1）索赔的依据。在索赔条款中，一般都规定提出索赔应出具的证据和出证机构，如双方约定：货到目的港卸货后，若发现品质、数量或重量与合同规定不符，除应由保险公司或船舶公司负责外，买方于货到目的港后若干天内凭双方约定的某商检机构出具的检验证明向卖方提出索赔。

（2）索赔的期限。守约方向违约方提出索赔的时限，应在合同中订明，如超过约定时间索赔，违约方可不予受理。因此，索赔期限的长短应当规定合适。在规定索赔期限时，应考虑不同商品的特性和检验条件。对于有品质保证期限的商品，合同中还应加订保证期。此外，在规定索赔期限时，还应对索赔期限的起算时间一并做出具体规定，通常有下列几种起算方法：

1）货到目的港后××天起算；

2）货到目的港卸离海轮后××天起算；

3）货到买方营业处所或用户所在地后××天起算；

4）货物检验后××天起算。

（3）索赔的方法。异议索赔条款对合同双方当事人都有约束力，不论任何方违约，受损害方都有权提出索赔。鉴于索赔是一项复杂而又重要的工作，故处理索赔时，应弄清事实，分清责任，并区别不同情况，有理有据地提出索赔。至于索赔金额因订约时难以预知，只能事后本着实事求是的原则酌情处理，故在合同中一般不作具体规定。

2. 罚金或违约条款

此条款一般适用于卖方延期交货或买方延期接运货物、拖延开立信用证、拖欠货物等场合。在买卖合同中规定罚金或违约金条款，是促进合同当事人履行合同义务的重要措施，能起到避免和减少违约行为发生的预防性作用，在发生违约行为的情况下，能对违约方起到一定的惩罚作用，对守约方的损失能起到补偿作用。可见，约定此项条款，采取违约责任原则，对合同当事人和全社会都是有益的。

罚金或违约金与赔偿损失虽有相似之处，但仍存在差异，其差别在于：前者不以造成损失为前提条件，即使违约的结果，并未发生任何实际损害，也不影响对违约方追究违约金责任。违约金数额与实际损失是否存在及损失的大小没有关系，法庭或仲裁庭也不要求请求人就损失举证，故在追索程序上比后者简便得多。

违约金的数额一般由合同当事人商定，我国现行合同法也没有对违约金数额做出规定，而以约定为主。按违约金是否具有惩罚性，可分为惩罚性违约金和补偿性违约金，世界上大多数国家都以违约金的补偿性为原则，以惩罚性为例外。根据我国合同法的规定，在约定违约金数额时，双方当事人应预先估计因违约可能发生的损害赔偿确定一个合适的违约金比率。在此需要着重指出的是，在约定违约金的情况下，即使一方违约未给对方造成损失，违约方也应支付约定的违约金。为了体现公平合理原则，如一方违约给对方造成的损失大于约定的违约金，守约方可以请求法院或仲裁庭予以增加；反之，如约定的违约金过分高于实际造成的损失，当事人也可请求法院或仲裁庭予以适当减少。但如约定的违约金不是过分高于实际损失，则不能请求减少，这样做，既体现了违约金的补偿性，也在一定程度上体现了它的惩罚性。当违约方支付约定的违约金后，并不能免除其履行债务的义务。

合同中罚金条款的规定方法各异，常见的规定方法如下：

Unless caused by the force majeure specified in Clause ×of this contract, in case of delayed delivery, the sellers shall pay to the buyers for every week of delay a penalty amounting to 0.5% of the total value of the goods whose delivery has been delayed. Any fraction part of a week is to be considered a full week. The total amount of penalty shall not, however, exceed 5% of the total value of the goods involved in late delivery and is to be deducted from the amount due to the sellers by the paying bank at the time of negotiation, or by the buyers direct at the time of payment. In case the period of delay exceeds ten weeks later than the time of shipment as stipulated in the contract, the buyers have the right to terminate this contract but the sellers shall not thereby be exempted from payment of penalty.

除本合同第×条所列举的不可抗力原因外，卖方不能按时交货，在卖方同意由付款银行在议付货款中扣除罚金或由买方于支付货款时直接扣除罚金的条件下，买方应同意延期交货。罚金率按每7天收取延期交货部分总值的0.5%，不足7天者以7天计算。但罚金不得超过延期交货部分总金额的5%。如卖方延期交货超过合同规定期限10周时，买方有权撤销合同，但卖方仍应不延迟地按上述规定向买方支付罚金。

第三节　不可抗力

一、不可抗力的含义与构成条件

1. 不可抗力的含义

不可抗力是指买卖合同订立以后，非订约者任何一方当事人的过失或疏忽，而是发生了当事人不能预见、无法避免和预防及非当事人所能控制的意外事故，致使合同不能按期履行或不能履行，遭受意外事故的一方当事人依照法律或合同而免负责任，另一方当事人不得对此要求损坏赔偿。因此，不可抗力是一项免责条款。

不可抗力是国际贸易中通用的一个业务术语，也是许多国家的一项法律规则。但是，对其内容和范围解释并不统一。从国际贸易实践和某些国家判例来看，一般都是严格解释的某些事故。例如签约后的价格上涨和下跌、货币的突然升值和贬值，这些虽然对当事人来说是无法控制的，但这是交易中常见的现象，并不是不可预见的，所以不属于不可抗力的范畴。只有签约后发生了当事人不可预见、无法避免和预防的自然力量或社会力量造成的自然灾害和意外事故，例如地震、洪水、旱灾、飓风、大雪、暴风雪或战争以及政府禁令等才属于不可抗力事故，但是对上述的解释各国并非完全一致，如美国习惯上认为不可抗力事故仅指由于自然力量所引起的事故而不包括由于社会力量所引起的意外事故，所以美国的买卖合同一般不使用"不可抗力"一词，而称为"意外事故条款"（Contingency Clause）。

2. 不可抗力的事故范围

从其起因上看，不可抗力的范围一般可包括两种：

一种是因自然原因引起的，如暴雨、冰雹、地震、海啸、雷击或台风等，各国法律一般都承认这类严重自然灾害属不可抗力。

另一种是社会原因引起的，如战争、政府法律法令的颁布或改变，政府行政的干预等，除战争一般可列入不可抗力外，各国对社会原因引起的不可抗力范围规定差异很大，对罢工、政府干预等尤为突出。

鉴于各国立法上的差异，不可抗力事件的范围，可以由当事人在合同中约定。约定不可抗力条款应十分慎重，对具体情况进行具体分析，特别是在国际交往中，因社会制度、法律规定的不同，对约定不可抗力条款不可笼统草率从事。如"罢工事件"，一般地讲，某个企业的职工罢工就很难解释为当事人不能防止或不可避免。如果允许在合同中笼统地将罢工列入不可抗力事件，是不妥当的。

3. 不可抗力的构成条件

不可抗力具有严格的构成条件。根据《合同法》的规定，不可抗力的构成条件为：

(1) 事件必须是发生在合同签订以后。

(2) 不可预见性。所谓不可预见性，是指合同当事人在订立合同时不可抗力事件是否会发生是不可能预见到的。应当指出的是，所谓不可预见，是指在当时的客观、主观条件下，该当事人是不可能预见到的。

(3) 不可避免性。所谓不可避免性，是指合同当事人对于可能出现的意外情况尽管采取了及时合理的措施，但是在客观上并不能阻止这一意外情况的发生。即尽管当事人在主观上做了很大的努力，但在客观上并不能阻止这一意外情况的发生。

(4) 不可克服性。所谓不可克服性，是指合同的当事人对于意外事件所造成的损失是不能克服的。如果意外事件造成的结果可以通过当事人的努力而得到克服，则该事件即不属于不可抗力事件。

二、不可抗力事件处理方法

《联合国国际货物销售合同公约》规定，一方当事人享受的免责权利只对履约障碍存在期间有效，如果合同未经双方同意宣告无效，则合同关系继续存在，一国履行障碍消除，双方当事人仍须继续履行合同义务。

所以不可抗力事件所引起的后果，可能是解除合同也可能是延迟履行合同，应由双方按《公约》规定结合具体形势商定。

《公约》还规定在不可抗力事件发生后，违约方必须及时通知另一方，并提供必要的证明文件，而且在通知中应提出处理意见。如果因未及时通知而使另一方受到损害，则应负赔偿责任。

另一方接到不可抗力事件的通知和证明文件后，应根据事件性质，决定是否确认其为不可抗力事件，并把处理意见及时通知对方。

不可抗力事件的处理，关键是对不可抗力事件的认定，尽管在合同的不可抗力条款中做了一定的说明，但在具体问题上，双方会对不可抗力事件是否成立出现分歧。通常应注意下列事项。

区分商业风险和不可抗力事件。商业风险往往也是无法预见和不可避免的，但是它和不可抗力事件的根本区别在于一方当事人承担了风险损失后，有能力履行合同义务，典型情况是对"种类货"的处理，此类货物可以从市场中购得，因而卖方通常不能免除其交货责任。另外，应重视"特定标的物"的作用。对于包装后刷上唛头或通过运输单据等已将货物确定为某项合同的标的物，称为"特定标的物"，此类货物由于意外事件而灭失，卖方可以确认为不可抗力事件。如果货物没特定化，则会造成免责的依据不足，比如 30 000 m 棉布在储存中由于不可抗力损失了 10 000 m，若棉布分别售于两个货主，而未对棉布做特定化处理，则卖方对两个买主都无法引用不可抗力条款免责。

三、合同中的不可抗力条款

不可抗力条款的内容，主要包括不可抗力事件的范围、不可抗力事件的处理原则和方法、事件发生后通知对方的期限和通知方式以及出具事件证明的机构等。

1. 不可抗力事件的范围

关于不可抗力事件的范围，应在买卖合同中订明。通常有下列三种规定办法：

（1）概括规定。即在合同中不具体规定不可抗力事件的范围，只作概括的规定。例如：

如果由于不可抗力的原因导致卖方不能履行合同规定的义务时，卖方不负责任，但卖方应立即电报通知买方，并须向买方提交证明发生此类事件的有效证明书。

If the fulfillment of the contract is prevented due to force majeure, the seller shall not be liable. However, the seller shall notify the buyer by cable and furnish the sufficient certificate attesting such event or events.

（2）具体规定。即在合同中明确规定不可抗力事件的范围，凡在合同中没有订明的，均不能作为不可抗力事件加以援引。例如：

如果由于战争、洪水、火灾、地震、雪灾、暴风的原因致使卖方不能按时履行义务时，卖方可以推迟这些义务的履行时间，或者撤销部分或全部合同。

If the shipment of the contracted goods is delayed by reason of war, flood, fire, earthquake, heavy snow and storm, the seller can delay to fulfill, or revoke part or the whole contract.

（3）综合规定。即采用概括和列举综合并用的方式。在我国进出口合同中，一般都采取这种规定办法。例如：

如果因战争或其他人力不可控制的原因，买卖双方不能在规定的时间内履行合同，如此种行为或原因，在合同有效期后继续三个月，则本合同的未交货部分即视为取消，买卖双方的任何一方，不负任何责任。

If the fulfillment of the contract is prevented by reason of war or other causes of force majeure, which exists for three months after expiring the contract, the non-shipment of this contract is considered to be void, for which neither the seller nor the buyer shall be liable.

2. 不可抗力事件的处理

发生不可抗力事件后，应按约定的处理原则和办法及时进行处理。不可抗力的后果有两种：一是解除合同；一是延期履行合同。究竟如何处理，应视事件的原因、性质、规模及其对履行合同所产生的实际影响程度而定。

3. 不可抗力事件的通知期限、方式

不可抗力事件发生后如影响合同履行时，发生事件的一方当事人，应按约定的通知期限和通知方式，将不可抗力事件情况如实通知对方，如以电报通知对方，并在15天内以航空信提供事故的详尽情况和影响合同履行程度的证明文件。对方在接到通知后，应及时答复，如有异议也应及时提出。

4. 不可抗力事件的证明

在国际贸易中，当一方援引不可抗力条款要求免责时，必须向对方提交有关机构出具的证明文件，作为发生不可抗力的证明。在国外，一般由当地的商会或合法的公证机构出具。在我国，由中国国际贸易促进委员会或其设在口岸的贸促分会出具。

四、援引不可抗力条款和处理不可抗力事件应注意的事项

当不可抗力事件发生后，合同当事人在援引不可抗力条款和处理不可抗力事件时，应注意如下事项：

（1）发生事故的一方当事人应按约定期限和方式将事件情况通知对方，对方也应及时答复。

（2）双方当事人都要认真分析事件的性质，看其是否属于不可抗力事件的范围。

（3）发生事件的一方当事人应出具有效的证明文件，以作为发生事件的证据。

（4）双方当事人应就不可抗力的后果，按约定的处理原则和办法进行协商处理。处理时，应弄清情况，体现实事求是的精神。

第四节　仲裁

一、争端的解决方式

在贸易交往中，争端的发生不可避免。争端的解决，主要有协商、调解、仲裁和诉讼几种方式。

1. 协商解决

双方当事人在没有第三者干预的情况下通过谈判自主解决争端。其优点是程序简单，节省费用，且不破坏双方的合作关系。但是协商解决一般难于达成协议，取得令双方都满意的

结果；而且协商结果没有法律强制的约束力，一旦一方反悔，又会发生新的争端。在所有的国际贸易争端中，能通过此种方式解决的所占比例很小。

2. 调解解决

调解是争端当事人在中立的第三人（即调解人）协助下解决争端的程序。充当调解人的一般为常设性仲裁机构。很多常设仲裁机构（如中国国际经济贸易仲裁委员会、国际商会仲裁院等）有专门的调解规则，或在仲裁规则中有关于调解的规定。即使没有此种规定的仲裁机构，也不意味着排除调解程序的适用。

调解同协商解决一样，尊重当事人的意愿，气氛良好。其好处是，由于有第三人的参加，能促成协议的尽快达成。而且，如果仲裁机构根据调解协议做出裁决，其内容也即产生约束力。调解所需的费用和调解程序，与诉讼、仲裁相比也要节省或简便一些。

调解解决在目前的争端解决方式中所占比例还不是很高，但是越来越多的仲裁机构已经开始重视调解的作用。

3. 仲裁解决

仲裁解决方式，是指双方当事人在争端发生之前或在争端发生之后，达成书面协议，自愿将争端提交双方所同意的第三者审理，由其做出裁决。

仲裁是目前解决国际贸易争端最主要的方式。

4. 诉讼解决

如果当事人在争端发生后，不能通过协商、调解的方式解决，又没有在合同中订立仲裁条款，则任何一方当事人都可以向有管辖权的法院起诉，通过诉讼的方式解决争议。

二、仲裁的含义和特点

1. 仲裁的含义

这里所说的仲裁（Arbitration）是指国际经济贸易仲裁，它是指由买卖双方当事人在争议发生之前或在争议之后，达成书面协议，自愿将他们之间友好协商不能解决的争议交给双方同意的第三者进行裁决（Award）。裁决对双方当事人都有约束力，双方必须执行。通过仲裁解决国际货物买卖过程中出现的争议，是当前国际上普遍采用的方式。因为，它较一般的友好协商易于解决问题，裁决对双方的约束力也较大；仲裁比司法诉讼有较大的灵活性。仲裁员多由国际贸易和法律专家担任，解决争端比法院快，仲裁费用也较低，裁决的结果双方在自愿的基础上执行，双方解决争议的感情和气氛比较好，有利于未来业务的发展。

仲裁与司法诉讼是不同的，二者主要区别在于：法院是国家机器的重要组成部分，具有法定管辖权，当一方向法院起诉时，无需事先征得对方的同意，而由有管辖权的法院发出传票，传唤对方出庭。仲裁机构是民间组织，没有法定的管辖权；仲裁是在自愿的基础上进行的，如果双方当事人没有达成仲裁协议，任何一方都不能迫使另一方进行仲裁；仲裁机构不受理无仲裁协议的案件。另外，仲裁员可以由双方当事人指定，而双方当事人无权指定法官。仲裁可以按照产业惯例做出裁决，因此，对当事人来说，仲裁比司法诉讼具有较大的灵活性和非强制性。所以，在国际贸易中，当有争议的双方通过友好协商不能解决问题时，一般都愿意采取仲裁方式来解决争端。

我国《合同法》第 129 条规定："因国际货物买卖合同和技术进出口合同争议提起诉讼或者申请仲裁的期限为四年，自当事人知道或者应当知道其权利受到侵害之日起计算。"在《中华人民共和国仲裁法》第一章第 4 条规定："当事人采用仲裁方式解决纠纷，应当双方自愿，达成仲裁协议。没有仲裁协议，一方申请仲裁的，仲裁委员会不予受理。"国际上的一些习惯做法和一些国家的法律规定，也都要求采取仲裁解决争议的，当事人双方必须订有仲裁协议。

2. 仲裁的特点

仲裁是当今国际上公认并广泛采用的解决争议的重要方式之一。国外通过仲裁解决经济纠纷已是非常普遍，国内随着仲裁法的颁布实施，目前越来越多的人开始了解、熟悉并选择仲裁方式来解决经济纠纷。仲裁与调解、诉讼相比，有其鲜明的特点。

（1）充分尊重当事人自愿。我国仲裁法第四条明确规定："当事人采用仲裁方式解决纠纷，应当双方自愿，达成仲裁协议。"可见仲裁采取自愿原则，仲裁是以当事人自愿为前提的，包括自愿决定采用仲裁方式解决争议；自愿决定解决争议的事项，选择仲裁机构等；当事人还有权在仲裁委员会提供的名册中选择其所信赖的人士来处理争议。涉外仲裁的当事人双方还可以自愿约定采用哪些仲裁规则和适用的法律等。

（2）裁决具有法律效力。我国仲裁法第六十二条规定："当事人应当履行裁决。一方当事人不履行的，另一方当事人可以依照民事诉讼法的有关规定向人民法院申请执行。受申请的人民法院应当执行。"可见，仲裁裁决和法院判决一样，同样具有法律约束力，当事人必须严格履行。经济纠纷在仲裁庭主持下通过调解解决的，所制作的调解书与裁决书具有同等法律效力。涉外仲裁的裁决，只要被请求执行方所在国是《承认和执行外国仲裁裁决公约》（简称《纽约公约》）的缔约国或是成员国，如果当事人向被执行人所在国的法院申请强制执行，该法院就得依其国内法予以强制执行。

（3）一裁终局。即裁决一旦做出，就发生法律效力，并且当事人对仲裁裁决不服是不可以就同一纠纷再向仲裁委员会申请复议或向法院起诉的，仲裁也没有二审、再审等程序。

（4）不公开审理。我国仲裁法第四十条规定："仲裁不公开进行。"此举可以防止泄露当事人不愿公开的专利、专有技术等。仲裁方式保护了当事人的商业秘密，更为重要的是仲裁从庭审到裁决结果的秘密性，使当事人的商业信誉不受影响，也使双方当事人在感情上容易接受，有利于日后继续生意上的往来。

（5）独立、公平、公正。仲裁案件可以得到公正妥善的处理，原因如下：第一，仲裁是由仲裁庭独立进行的，任何机构和个人均不得干涉仲裁庭；第二，仲裁委员会聘请的仲裁员都是公道正派的有名望的专家，由于经济纠纷多涉及特殊知识领域，由专家断案更有权威，而且仲裁员在仲裁中处于第三人地位，不是当事人的代理人，由其居中断案，更具公正性。

由于仲裁具有上述特点，因而也产生了收费较低、结案较快、程序较简单、气氛较宽松、当事人意愿得到广泛尊重的优点。

三、仲裁协议

1. 仲裁协议的形式

仲裁协议必须采用书面形式。一种是双方当事人在争议发生之前订立的，表示一旦发生争议应提交仲裁，通常为合同中的一个条款，称为仲裁条款；另一种是双方当事人在争议发生后订立的，表示同意把已经发生的争议提交仲裁的协议，往往通过双方函电往来而订立。

2. 仲裁协议的作用

仲裁协议表明双方当事人愿意将他们的争议提交仲裁机构裁决，任何一方都不得向法院起诉。仲裁协议也是仲裁机构受理案件的依据，任何仲裁机构都无权受理无书面仲裁协议的案件。仲裁协议还排除了法院对有关案件的管辖权，各国法律一般都规定法院不受理双方订有仲裁协议的争议案件，包括不受理当事人对仲裁裁决的上诉。

仲裁协议作用的中心是排除法院对争议案件的管辖权。因此，双方当事人不愿将争议提交法院审理时，就应在争议发生前在合同中规定争议条款，以免将来发生争议后，由于达不成仲裁协议而不得不诉诸法院。

根据中国法律，有效的仲裁协议必须载有请求仲裁的意思表示、选定的仲裁委员会和约定仲裁事项（该仲裁事项依法应具有可仲裁性）；必须是书面的；当事人具有签订仲裁协议的行为能力；形式和内容合法。否则，依据中国法律，该仲裁协议无效。

四、合同中的仲裁条款

国际货物买卖合同中的仲裁条款，一般需包括仲裁地点、仲裁机构、仲裁规则、仲裁裁决的效力、仲裁费的负担等内容。

1. 仲裁地点

在何处仲裁，往往是交易双方磋商仲裁条款时极为关心的一个十分重要的问题。因为仲裁地点与仲裁适用的程序和合同争议所适用的实体法密切相关。按照有关国家法律的解释，凡属程序方面的问题，除非仲裁协议另有规定，一般都适用审判地法律，即在哪个国家仲裁，就往往适用哪个国家的仲裁法规。至于确定合同双方当事人权利、义务的实体法，如合同中未规定，一般是由仲裁庭根据仲裁国所在地点的法律冲突规则予以确定。由此可见，仲裁地点不同，适用的法律可能不同，对买卖双方的权利、义务的解释就会有差别，其结果也会不同。因此，交易双方对于仲裁地点的确定都很关注，都力争在自己比较了解和信任的地方，尤其是力争在本国仲裁。

我国进出口贸易合同中的仲裁地点一般采用下列三种规定方法：力争规定在我国仲裁；有时规定在被诉方所在国仲裁；规定在双方同意的第三国仲裁。

由于我国企业目前大多缺乏在国外申诉的能力，所以应力争在我国仲裁。

2. 仲裁机构

国际贸易中的仲裁，可由双方当事人在仲裁协议中规定在常设的仲裁机构进行，也可以由当事人双方共同指定仲裁员组成临时仲裁庭进行仲裁。当事人双方选用哪个国家（地区）的仲裁机构审理争议，应在合同中做出具体说明。

目前，世界上有许多国家和一些国际组织都设有专门从事处理商事纠纷的常设仲裁机构。我国常设的仲裁机构主要是中国国际经济贸易仲裁委员会和海事仲裁委员会。根据业务发展的需要，中国国际经济贸易仲裁委员会又分别在深圳和上海设立了分会。北京总会及其在深圳、上海的分会是一个统一的整体，总会和分会使用相同的仲裁规则和仲裁员名册，在整体上享有一个仲裁管辖权。此外，在中国一些省市还相继设立了一些地区性的仲裁机构。

中国各外贸公司在订立进出口和同的仲裁条款时，如双方同意在中国仲裁，一般都订明在中国国际经济贸易仲裁委员会仲裁。

我们在外贸业务中经常遇到的外国仲裁常设机构有英国伦敦仲裁院、瑞典斯德哥尔摩商会仲裁院、瑞士苏黎世上会仲裁院、日本国际商事仲裁协会、美国仲裁协会、意大利仲裁协会等。俄罗斯和东欧各国商会中均设有对外贸易仲裁委员会。国际组织的仲裁机构有设在巴黎的国际商会仲裁院等。

临时仲裁庭是专为审理指定的争议案件而由双方的当事人指定的仲裁员组织起来的，案件处理完毕后即自动解散。因此，在采取临时仲裁庭解决争议时，双方当事人需要在仲裁条款中就双方指定仲裁员的办法、人数、组成仲裁庭的成员、是否需要首席仲裁员等问题做出明确规定。

3. 仲裁规则

仲裁规则是规定进行仲裁的程序和具体做法。各国机构都有自己的仲裁规则，但值得注意的是，所采用的仲裁规则与仲裁地点并非绝对的一致。按照国际仲裁的一般做法，原则上采用仲裁所在地的仲裁规则，但在法律上也允许根据双方当事人的约定，采用仲裁地点以外的其他国家（地区）仲裁机构的仲裁规则进行仲裁。我国现行的《中国国际经济贸易仲裁委员会仲裁规则》是由中国国际贸易促进委员会于 1988 年通过并于 1989 年 1 月 1 日起施行的。其他国家的仲裁机构也都有各自的仲裁规则。此外，还有一些国际性和地区性的仲裁规则，如联合国国际贸易法委员会制定的仲裁规则、欧洲经济委员会仲裁规则及远东及亚洲经济委员会仲裁规则等。

4. 仲裁裁决的效力

仲裁裁决的效力主要是指由仲裁庭做出的裁决，对双方当事人是否具有约束力、是否为终局性的和能否向法院起诉要求变更裁决应在合同中明确规定。

在中国，凡由中国国际经济贸易仲裁委员会做出的裁决一般是终局性的，对双方当事人都有约束力，必须依照执行，任何一方都不许向法院提起诉讼要求变更。在其他国家，一般也不允许当事人对仲裁裁决不服而上诉法院。即使向法院提起诉讼，法院一般也只是审查程序，不审查实体，即审查仲裁裁决在法律手续上是否完备，而不审查裁决本身是否正确。如果法院查出在程序上有问题，有权宣布裁决无效。由于仲裁的采用是以双方当事人的自愿为基础，因此，对于仲裁裁决理应承认和执行。目前，从国际仲裁的实践看，当事人不服裁决诉诸法院的只是一种例外，而且仅限于有关程序的问题，至于对裁决本身，是不得上诉的。若败诉方不执行裁决，胜诉方有权向有关法院起诉，请求法院强制执行。

为了强调和明确仲裁裁决的效力，以利执行裁决，在订立仲裁条款时，通常都规定仲裁裁决是终局的，对当事人双方都有约束力。

5. 仲裁费用的负担

通常在仲裁条款中明确规定出仲裁费用由谁负担。一般规定由败诉方承担。

本章小结

本章主要讲述了国际货物买卖合同中有关争议的预防和处理的各个条款，包括检验、索赔、不可抗力和仲裁条款的订立及相关的知识。

国际货物买卖中的商品检验是指商品检验机构对卖方拟交付货物或已交付货物的品质、规格、数量、重量、包装、卫生、安全等项目所进行的检验、鉴定和管理工作。

合同中的索赔条款可以包括异议与索赔条款和罚金条款。异议与索赔条款主要适用于品质、数量、包装方面的索赔，其内容涉及索赔期限、索赔依据和索赔办法及索赔金额等。罚金条款主要用于延期交货或延期接货及拒付货款等违约行为。

不可抗力条款的内容一般包括不可抗力事故的范围、不可抗力事故的处理原则、发生不可抗力事故后通知对方的期限和方式及不可抗力事故的证明与出具证明的机构等。

仲裁条款主要包括仲裁地点、仲裁机构、仲裁程序、仲裁效力和仲裁费用等内容。仲裁的裁决是终局性的，对双方均具有约束力。

在国际贸易中，买卖双方交易的商品，一般都要经过检验。合同当事人的任何一方，如有违约情况，给对方造成损失，受损害方有权提出索赔。合同签订后，如发生人力不可抗拒事件，致使合同不能履行，可按合同关于不可抗力条款的规定免除合同当事人的责任。交易双方在履行合同中若产生争议，则可按合同中约定的仲裁方式解决。由此可见，买卖双方在商定合同时，应分别订立商品检验、索赔、不可抗力与仲裁条款。

习　题

一、复习思考题

1. 关于进出口商品检验的时间和地点通常有哪几种规定办法？
2. 国际贸易中检验证书有哪些作用？
3. 国际货物买卖合同中的索赔条款包括哪些主要内容？
4. 构成不可抗力的条件有哪些？
5. 国际货物买卖争端的解决方式有哪些？其中仲裁有何特点？
6. 仲裁协议的形式和作用有哪些？

二、案例分析

1. 我方售货给加拿大的甲商，甲商又将货物转售给英国的乙商。货抵加拿大后，甲商已发现货物存在重量问题，但仍将原货运往英国，乙商收到货物后，除发现货物重量问题外，还发现有 80 包货物包装破损，货物短少严重，因而向甲商索赔，甲商又向我方提出索赔。问：我方是否应负责赔偿？为什么？

2. 中国某公司与欧洲某进口商签定一份皮具合同，以 CIF 鹿特丹成交，向保险公司投保一切险，用信用证支付。货到鹿特丹后，检验结果表明：全部货物潮湿、发霉、变色，损失价值 10 万美元。据分析，货物损失的主要原因是由于生产厂家在生产的最后一道工序中，未将皮具湿度降到合理程度。

问：（1）进口商对受损货物是否支付价款？（2）进口商应向谁索赔？

3. 某国一公司以 CIF 鹿特丹出口食品 1 000 箱，即期信用证付款，货物装运后，出口商凭已装船清洁提单和已投保一切险及战争险的保险单，向银行收托货款。货到目的港后，经进口商复验发现下列情况：

（1）该批货物共有 10 个批号，抽查 20 箱，发现其中 2 个批号涉及 200 箱内含有沙门氏细菌超过合同标准。

（2）收货人实际收到 998 箱，缺少 2 箱。

（3）有 15 箱货物外表状况良好，但箱内货物共缺少 60 kg。

问：根据上述案情，进口商应分别向谁索赔？

4. 我某出口企业以 CIF 纽约条件与美国某公司订立了 200 套家具的出口合同。合同规定 2001 年 12 月交货。11 月底，我企业出口商品仓库因雷击发生火灾，致使一半以上的出口家具被烧毁。我企业遂以不可抗力为由要求免除交货责任，美方不同意，坚持要求我方按时交货。我方经多方面努力，于 2002 年 1 月初交货，而美方以我方延期交货为由提出索赔。

问：（1）我方可主张何种权利？（2）美方的索赔要求是否合理？为什么？

5. 甲方与乙方签定了出口某货物的合同一份，合同中的仲裁条款规定："凡因执行本合同发生的一切争议，双方同意提交仲裁，仲裁在被诉方国家进行。仲裁裁决是终局的，对双方都有约束力。"合同履行过程中，双方因品质问题发生争议，于是将争议提交甲国仲裁。经仲裁庭调查审理，认为乙方的举证不实，裁决乙方败诉。事后甲方因乙方不执行裁决向本国法院提出申请，要求法院强制执行，乙方不服。问：乙方可否向本国法院提请上诉？为什么？

6. 我方向某国出口一批冷冻食品，到货后买方在合同规定的索赔有效期内向我方提出品质索赔，索赔额达数 10 万人民币。买方附来的证件有：（1）法定商品检验证，注明该商品有变质现象，但未注明货物的详细批号，也未注明变质货物的数量或比例。（2）官方化验机构根据当地某食品零售商店送验食品而做出的变质证明书。我方未经详细研究就函复对方，并未否认品质变质问题，只是含糊其辞地要求对方减少索赔金额，对方不应允，双方函件往来一年没有结果，对方遂派代表来京当面交涉，并称如得不到解决，将提交仲裁。对此索赔案我方应不应受理？试问双方各有什么漏洞？我方应如何本着实事求是精神和公平合理原则来处理此案？

7. 我国某公司与新加坡一家公司以 CIF 新加坡的条件出口一批土产品，订约时，我国公司已知道该批货物要转销美国。该货物到新加坡后，立即转运美国。其后新加坡的买主凭美国商检机构签发的在美国检验的证明书，向我国公司提出索赔。问，我国公司应如何对待美国的检验证书？为什么？

8. W 国公司与 X 国商人签定一份食品出口合同，并按 X 国商人要求将该批食品运至某港通知 Y 国商人。货到目的港后，经 Y 国卫生检疫部门抽样化验发现霉菌含量超过该国标准，决定禁止在 Y 国销售并建议就地销毁。Y 国商人电告 X 国商人并经许可将货物就地销毁。嗣后，Y 国商人凭 Y 国卫生检疫部门出具的证书及有关单据向 X 国商人提出索赔。X 国商人理赔后，又凭 Y 国商人出具的索赔依据向 W 国公司索赔。对此，你认为 W 国公司应如何处理？

9. 我国 A 外贸公司向国外 B 公司进口普通豆饼 20 000 t，8 月份交货。在 4 月份，B 商豆饼收购地发生洪灾，收购计划落空。B 公司致电我 A 公司要求按不可抗力时间处理，免除其交货责任。问：这一要求是否合理？为什么？

第八章　进出口合同的商定

合同商定前要做好充分的准备工作。合同商定一般包括邀请发盘、发盘、还盘和接受四个环节，发盘和接受是必不可少的两个法律环节。本章主要介绍交易前的准备、交易磋商的形式与环节、合同的成立及书面合同的订立等内容。

第一节　交易前的准备

在洽谈交易前，为了正确贯彻外贸政策，完成进出口任务，提高交易的成功率，各外贸公司必须认真做好交易前的各项准备工作。这些工作主要包括：选配经贸洽谈人员，选择适当的目标市场，选择交易对象，建立和发展客户关系，制定进出口商品经营方案，在出口交易前，还应做好新产品的研制和广告宣传等工作。

一、选配经贸洽谈人员

为了保证磋商交易的顺利进行，事先应选配精明能干的洽谈人员，尤其是对某些大宗交易或内容复杂的交易，因事关重大，更应组织一个坚强的谈判班子。在这个谈判班子中，应当包括熟悉商务、技术、法律和财务方面的人员，他们要掌握洽谈技巧，善于应战和应变，并善于谋求一致，因为，有较高素质的洽谈人员，是确保洽谈成功的关键。

二、选择目标市场

在磋商交易之前，必须加强对国外市场的调查研究，诸如通过各种途径广泛了解市场供销状况，价格动态，各国有关进出口的政策、法规、措施和贸易习惯做法，以便从中择优选定适当的目标市场，并合理地确定市场布局。

对国外市场进行调研的主要内容，应包括下列几个方面：

1. 对国外市场进出口商品的调研

在国外同一市场上，销售着各国同类的商品。而这些同类商品中，总有一些国家的商品市场占有率大，有些商品市场占有率小，这与商品的品质、规格、花色品种、包装装潢是否适应市场需要等有着密切关系。我们应摸清这些不同品种对市场的适销情况，特别要研究市场畅销品种的特点，以便主动积极适应市场的需要，扩大我们的出口。同时，还要了解国外产品技术的先进程度、工艺程度和使用效能，以便货比三家，进口我们最需要的、价格最合适的商品。

2．对市场供求关系的调研

国际商品市场的供求关系是经常变化的，影响供求关系变动的因素很多，如生产周期、产品销售周期、消费习惯、消费水平、品质需求等，我们应根据市场供求变动的规律，并结合我国商品供应的可能和进口的实际需要，选择最适当的销售或采购市场。

3．对国际商品市场价格的调研

国际市场价格除围绕着国际价值经常上下波动外，还经常受到诸如经济周期、通货膨胀、垄断与竞争、投机活动、自然灾害、季节变动等社会的、经济的和自然的多种因素的影响。我们必须具体分析这些因素对价格的影响，并根据价格变动趋势，选择在最有利的市场推销商品和采购物资。

三、选择交易对象

在交易之前，对客户的资信情况要进行全面调查，分类排队，遴选出成交可能性最大的合适的客户。对客户的资信调查的主要内容包括：

1．支付能力

主要是了解客户的财力，其中包括注册资本的大小、营业额的大小、潜在资本、资本负债和借贷能力等。

2．客户背景

主要指客户的政治、经济背景及其对我们的态度。凡愿意在平等互利原则的前提下同我们进行友好往来、贸易合作的客户，我们都应积极与他们交往。

3．经营范围

主要指企业经营的品种、经营的性质、经营业务的范围、合作还是独资经营，以及是否同我国做过交易等。

4．经营能力

主要指客户的活动能力、购销渠道、联系网络、贸易关系和经营做法等。

5．经营作风

主要指企业经营的作风和客户的商业信誉、商业道德、服务态度和公共关系水平等。

应当指出的是，在选择客户时，既要注意巩固老客户，也要积极物色新客户，以便在广阔的国际市场上形成一个广泛的有基础和有活力的客户群。

了解客户的途径很多，例如：通过实际业务的接触和交往活动，从中考察客户；通过举办交易会、展览会、技术交流会、学术讨论会主动接触客户和进行了解；通过有关国家的商会、银行、咨询公司和各国民间贸易组织了解客户；从国内外有关专业性报刊和各种行业名录中了解客户和物色潜在客户。通过上述途径对客户有所了解的基础上，便可从中挑选出对我们最适合的成交对象。

四、制定进出口商品经营方案

为了更有效地做好交易前的准备工作，使对外磋商交易有所依据，一般都需事先制定经营方案，保证经营意图的贯彻和实施。

不同的出口商品所制定的经营方案是不同的，经营方案的内容及其繁简也不一致。现将出口商品经营方案和进口商品经营方案分别介绍如下：

1. 出口商品经营方案

出口商品经营方案是对外磋商交易、推销商品和安排出口业务的依据。其主要内容大致包括下列几方面：

（1）货源情况。其中包括国内生产能力、可供出口的数量，以及出口商品的品质、规格和包装等情况。

（2）国外市场情况。主要包括国外市场需求情况和价格变动的趋势。

（3）出口经营情况。其中包括出口成本、创汇率、盈亏率的情况，并提出经营的具体意见和安排。

（4）推销计划和措施。包括分国别和地区，按品种、数量或金额列明推销的计划进度，以及按推销计划采取的措施，如对客户的利用，对贸易方式、收汇方式的运用，对价格佣金和折扣的掌握。

对于大宗商品或重点推销的商品通常是逐个制定出口商品经营方案；对其他一般商品可以按商品大类制定经营方案；对中小商品，则仅制定内容较为简单的价格方案即可。

此外，出口商在出口交易前，还应在国内外进行商标注册，及时做好广告宣传工作。

2. 进口商品经营方案

进口商品经营方案是对外磋商交易、采购商品和安排进口业务的依据。其主要内容大致包括下列几方面：

（1）数量的掌握。根据国内需要的轻重缓急和国外市场的具体情况，适当安排订货数量和进度。在保证满足国内需要的情况下，争取在有利的时机成交，既要防止前松后紧，又要避免过分集中，从而杜绝饥不择食和盲目订购的情况出现。

（2）采购市场的安排。根据国别（地区）政策和国外市场条件，合理安排进口国别（地区），既要选择对我们有利的市场，又不宜过分集中在某一市场，力争使采购市场的布局合理。

（3）交易对象的选择。要选择资信好、经营能力强并对我们友好的客户作为成交对象。为了减少中间环节和节约外汇，一般应向厂家直接采购。在直接采购确有困难的情况下，也可通过中间代理商定购。由于各厂家的产品质和成交条件不尽相同，订购时应反复比较和权衡利弊，从中选择对我们最有利的成交对象。

（4）价格的掌握。根据国际市场的近期价格，并结合采购意图，拟订出价格掌握的幅度，以作为磋商交易的依据。在价格的掌握上，既要防止价格偏高，又要避免价格偏低。因为，出价偏高，会造成经济损失，浪费国家外汇；出价偏低，则又完不成采购任务，找不到合适的卖主。总之，一般中小商品不需要制定经营方案时，往往都制定价格方案，以利对价格的掌握。

（5）贸易方式的运用。通过何种贸易方式进口，应根据采购的数量、品种、贸易习惯做法等酌情掌握。例如，有的可以通过招标方式采购，有的可按补偿贸易或易货方式进口，更多的是采用一般的单边进口方式订购。在经营方案中，对贸易方式的运用问题，一般应提出原则性意见，以利安排进口。

（6）交易条件的掌握。交易条件应根据商品品种、特点、进口地区、成交对象和经营意图，在平等互利的基础上酌情确定和灵活掌握。

第二节 交易磋商的形式、内容及程序

一、交易磋商的形式

交易磋商在形式上可分为口头和书面两种。口头磋商主要是指在谈判桌上面对面的谈判，如参加各种交易会、洽谈会，以及贸易小组出访、邀请客户来华洽谈交易等，另外，还包括双方通过国际长途电话进行的交易磋商。口头磋商方式由于是面对面的直接交流，便于了解对方的诚意和态度，以便针锋相对地采取对策，并可根据进展情况及时调整策略，争取达到预期的目的。这对于谈判内容复杂、涉及问题多的交易尤为适合。书面磋商是指通过信件、电报、电传等通讯方式来洽谈交易。随着现代通讯技术的发展，书面洽淡也越来越简便易行，而且费用与前者相比要低廉一些，是日常业务中的通常做法。通过口头洽淡和书面磋商，双方在交易条件方面达成协议后，即可制作正式书面合同。

二、交易磋商的内容

交易磋商的内容，涉及拟签订的买卖合同的各项条款，其中包括品名、品质、数量、包装、价格、装运、保险、支付以及商检、索赔、仲裁和不可抗力等。从理论上讲只有就以上条款逐一达成一致意见，才能充分体现"契约自由"的原则。然而，在实际业务中，并非每次磋商都需要把这些条款一一列出、逐条商讨。这是因为，在普通的商品交易中，一般都使用固定格式的合同，而上述条款中的商检、索赔、仲裁、不可抗力等通常作为一般交易条件（general terms and conditions）印制在合同中，只要对方没有异议，就不必逐条重新磋商，

这些条件也就成为双方进行交易的基础。在许多老客户之间，事先已就"一般交易条件"达成协议，或者双方在长期的交易过程中已经形成一些习惯做法，或者双方已定有长期的贸易协议，在这种情况下，也不需要在每笔交易中对各项条款一一重新协商。这样可有利于缩短磋商时间和节约费用开支。

三、交易磋商的程序

交易磋商的程序可概括为四个环节：邀请发盘、发盘、还盘和接受。其中，只有发盘和接受是每笔交易必不可少的两个基本环节和法律步骤。

1. 邀请发盘

邀请发盘（Invitation to Offer），也叫询盘，是指交易的一方打算购买或出售某种商品，向对方询问买卖该项商品的有关交易条件，或者就该项交易提出带有保留条件的建议。

邀请发盘在通常的交易中并非必不可少的环节，然而在一些特殊的贸易方式下，如招标投标、拍卖等，情况则有所不同。

邀请发盘可有不同形式，其中最常见的是询盘（Inquiry）。询盘是为了试探对方对交易的诚意和了解其对交易条件的意见。其内容可以涉及价格、规格、品质、数量、包装、交货期以及索取样品、商品目录等，而多数是询问价格，所以，通常将询盘称为询价。询盘可由买方发出，也可由卖方发出，可采用口头方式，亦可采用书面方式。书面方式除包括书信、电报、电传外，还常采用一种询价单（Enquiry Sheet）进行询盘。用书信询盘时，除了说明要询问的内容外，一般还带有礼貌性的客套语言以及对交易内容的宣传，以达到诱使对方发盘的目的。电报、电传发盘由于传递速度快，因此在业务中采用较多。但是，用电报、电传询盘，文字应简洁明了，开门见山。以下为两则电报询盘的实例：

买方询盘：

PIS QUOTE LOWEST PRICE CFR SINGAPORE FOR 500 PCS FLYING PIGEON BRAND BICYCLES MAY SHIPMENT CABLE PROMPTLY（请报500辆飞鸽牌自行车成本加运费至新加坡的最低价，五月装运，尽速电告）

卖方询盘：

CAN SUPPLY ALUMINIUM INGOT 99 PCT JULY SHIPMENT PLS CABLE IF INTERESTED（可供99％铝锭，七月份装运，如有兴趣请电告）

邀请发盘的另一种常见做法是提出内容不肯定或附有保留条件的建议。这种建议对于发盘人没有约束力，它只是起到邀请对方发盘的作用。在业务中往往是卖方货源尚未落实，提出的条件带有不确定性，或者为争取较好的价格，同一批货向两个以上客户邀请递盘，以便择优成交；也有的是买方为了探询市场情况和便于进行比价，同时向多家供货商提出发盘的邀请。

这类邀请发盘从形式上看，有的内容不明确，如在提出价格时使用参考价（Reference Price）或价格倾向（Price Indication）；有的主要交易条件不完备，即使对方表示接受，仍需要商定其他主要交易条件，除非双方事先已有约定或有习惯做法；还有的附有保留条件，如在提出交易条件之后，注明"以我方最后确认为准"（Subject to our final confirmation），或者"有权先售"（Subject to prior sale）等。这样即使提出的交易条件明确、完备，仍不能算是有效的发盘，而属于邀请发盘。

2. 发盘

发盘（Offer）是指交易的一方——发盘人，向另一方——受盘人提出购买或出售某种商品的各项交易条件，并表示愿意按这些条件与对方达成交易、订立合同的行为。

发盘既是商业行为，又是法律行为，在合同法中称之为要约。发盘可以是应对方的邀请发盘做出的答复，也可以是在没有邀请的情况下直接发出。发盘多由卖方发出，这种发盘称为售货发盘（Selling Offer），也可以是由买方发出，称为购货发盘（Buying Offer）或递盘（Bid）。

下面是一个电报发盘的实例：

OFFER 5 000 DOZEN SPORT SHIRTS SAMPLED MARCH 15TH USD 84.50 PER DOZEN CIF NEW YORK EXPORT STANDARD PACKING MAY/JUNE SHIPMENT IR-RIVOCABLE SIGHT L/C SUBJECT REPLY HERE 20TH（兹发盘5000打运动衫规格按3月15日样品每打 CIF 纽约价84.50美元，标准出口包装5至6月装运，以不可撤销信用证支付，限20日复到）

（1）发盘的构成条件。根据《联合国国际货物销售合同公约》（以下简称《公约》）第14条第一款解释：

"向一个或一个以上特定的人提出的订立合同的建议，如果十分确定，并且表明发盘人在得到接受时承受约束的意旨，即构成发盘。一个建议如果写明货物并且明示或默示的规定数量和价格，或者规定如何确定数量和价格，即为十分确定。"

从上述解释来看，构成一项发盘应具备三个条件：

1）发盘要有特定的受盘人。受盘人可以是一个，也可以是一个以上的人，可以是自然人，也可以是法人，但必须特定化，而不能是泛指广大的公众。因此，一方在报刊杂志或电视广播中作商业广告，即使内容明确完整，由于没有特定的受盘人，也不能构成有效的发盘，而只能看作是邀请发盘。

2）发盘的内容须十分确定。对于什么是"十分确定"，《公约》的解释是在发盘中明确货物，规定数量和价格。在规定数量和价格时，可以明示，也可以暗示，还可以只规定确定数量和价格的方法。公约的这一规定是符合有些国家（如美国）有关合同法规定的。按美国有关合同法的规定，对于发盘中没有规定的其他事项，可以在合同成立之后按照公约中关于买卖双方权利义务的有关规定来处理。但是，在我国的外贸业务中，一般都要求在发盘中列明商品名称、品质或规格、数量、包装、价格、交货和支付等主要条件。这样，一旦对方接受，便可据以制作详细的书面合同。这样做既有利于减少事后的争执，也有利于合同的订立和履行。

3）表明发盘人受其约束。这是指发盘人在发盘时向对方表示，在得到有效接受时双方即可按发盘的内容订立合同。

发盘中通常都规定有效期，作为发盘人受约束的期限和受盘人接受的有效时限。但规定有效期并非构成发盘的必要条件，如果发盘中没有明确规定有效期，受盘人应在合理时间内接受，否则无效。何谓"合理时间"，需视交易的具体情况而定，一般按惯例处理。

发盘人在规定有效期时要根据商品的特点和采用的通讯方式来合理确定。对于像谷粮、油脂、棉花、有色金属等初级产品，有效期的规定要短，因为它们的价格受交易所价格的影响，行情变化很快，而且这类商品多属大宗交易，成交金额大，如果有效期过长，一旦行情发生对发盘人不利的变动，他就会蒙受很大损失。双方通讯联系的方式不同，在规定有效期时也应有所考虑。如果是以电报、电传等方式联系，有效期可规定短一些；如果是采用航空信件方式磋商，有效期则应稍长一些，至少应包括邮程的时间。

发盘人在规定有效期时最好明确具体，而如果规定不明确，在执行中则会发生争执，如有一个发盘中这样规定：

This offer is valid for 5 days.（本发盘有效期 5 天）

这五天何时起算就不清楚，因而无法确定它的截止日期。在业务中，规定有效期时多采用明确截止日期的做法，例如：

OFFER SUBJECT REPL. Y HERE MAY 18TH

（发盘限 5 月 18 日复到）

OFFER SUBJECT REPLY REACHING US 18TH

（发盘限 18 日复到我方）

OFFER VALID UNTIL THURSDAY OUR TIME

（发盘有效至星期四我方时间）

（2）发盘的有效期。在通常情况下，发盘都具体规定一个有效期，作为对方表示接受的时间限制，超过发盘规定的时限，发盘人即不受约束，当发盘未具体列明有效期时，受盘人应在合理时间内接受才能有效。何谓"合理时间"，需根据具体情况而定。根据《公约》的规定，采用口头发盘时，除发盘人发盘时另有声明外，受盘人只能当场表示接受，方为有效。

采用函电成交时，发盘人一般都明确规定发盘的有效期，其规定方法有以下几种：

1）规定最迟接受的期限。例如，限 6 月 6 日复，或限 6 月 6 日复到此地。当规定限 6

月 6 日复时，按有些国家的法律解释，受盘人只要在当地时间 6 月 6 日 24 点以前将表示接受的通知投邮或向电报局交发即可。但在国际贸易中，由于交易双方所在地的时间大多存在差异，所以发盘人往往采取以接受通知送达发盘人为准的规定方法。按此规定，受盘人的接受通知不得迟于 6 月 6 日内送达发盘人。

2）规定一段接受的期限。例如，发盘有效期为 6 天，或发盘限 8 天内复。采取此类规定方法，其期限的计算，按《公约》规定，这个期限应从电报交发时刻或信上载明的发信日期起算。如信上未载明发信日期，则从信封所载日期起算。采用电话、电传发盘时，则从发盘送达受盘人时起算。如果由于时限的最后一天在发盘人营业地是正式假日或非营业日，则应顺延至下一个营业日。

（3）发盘生效的时间。发盘生效的时间有两种不同的情况：以口头方式做出的发盘，其法律效力自对方了解发盘内容时生效；以书面形式做出的发盘，关于其生效时间，主要有两种不同的观点与做法，一是发信主义，即认为发盘人将发盘发出的同时，发盘就生效；另一种是受信主义，又称到达主义，即认为发盘必须到达受盘人时才生效。我国执行受信主义做法。

（4）发盘的撤回。发盘发出之后，在其到达受盘人之前，发盘人能否改变主意将其撤回呢？答案是肯定的。按照《公约》第 15 条第 2 款的规定："一项发盘，即使是不可撤销的，也可以撤回，如果撤回的通知在发盘到达受盘人之前或同时到达受盘人。"这一规定是基于发盘到达受盘人之前，对于发盘人没有产生约束力，所以，发盘人可以将其撤回。但是，这有个前提条件，就是发盘人要以更快的通讯方式使撤回的通知赶在发盘到达受盘人之前到达受盘人，或起码与之同时到达。反之，如果发盘人做不到这一点，发盘的通知已先到达受盘人，发盘即已生效，对发盘人产生约束力，这时，发盘人再想改变主意，就不是撤回的问题，而是撤销的问题。

（5）发盘的撤销。发盘的撤销不同于撤回，它是指发盘送达受盘人，即已生效后，发盘人再取消该发盘，解除其效力的行为。

对于发盘生效后能否再撤销的问题，各国合同法的规定有较大分歧。英美等国采用的普通法（Common Law）认为，发盘在原则上对发盘人没有约束力，在接受做出之前，发盘人可以随时撤销发盘或变更其内容，例外的情况是，受盘人给予了"对价"（Consideration），或者发盘人以签字蜡封的特殊形式发盘。但美国在《统一商法典》中对上述原则做了修改，承认在一定的条件下（发盘人是商人，以书面形式发盘，有效期不超过三个月）无对价的发盘亦不得撤销。大陆法（Civil Law）中的德国法认为，发盘原则上对发盘人有约束力，除非他在发盘中已表明不受其约束；法国法虽然允许发盘人在有效期内撤销其发盘，但判例表明，他须承担损害赔偿的责任。

《公约》第 16 条的规定是：（1）在未订立合同之前，发盘可以撤销，如果撤销的通知于受盘人发出接受通知之前送达受盘人。（2）但在下列情况下，发盘不得撤销：（a）发盘中写明了发盘的有效期或以其他方式表明发盘是不可撤销的；（b）受盘人有理由信赖该发盘是不可撤销的，而且受盘人已本着对该发盘的信赖行事。以上规定表明，发盘在一定条件下可以撤销，而在一定条件下又不得撤销。可撤销的条件是在受盘人发出接受通知之前将撤销的通知传达到受盘人。不可撤销的条件有二：一是发盘中明确规定了接受的有效时限，或者虽未规定时限，但在发盘中使用了"不可撤销"的字眼，如用 firm，irrevocable 等，那么在合理时间内也不得撤销；二是受盘人从主观上有理由相信该发盘是不可撤销的，并且在客观上采取了与交易有关的行动，如寻找用户、组织货源等，这时，发盘人也不得撤销，因为这种情况下，发盘人再撤销发盘会造成较严重的后果。

（6）发盘的失效。对于发盘在什么情况下失去效力的问题，《公约》第 17 条规定："一项发盘，即使是不可撤销的，于拒绝通知送达发盘人时终止。"就是说，当受盘人不接受发盘提出的条件，并将拒绝的通知送到发盘人手中时，原发盘就失去效力，发盘人不再受其约束。

除此之外，在以下情况下也可造成发盘的失效：

1）受盘人做出还盘。

2）发盘人依法撤销发盘。

3）发盘中规定的有效期届满。

4）人力不可抗拒的意外事故造成发盘的失效，如政府禁令或限制措施。

5）在发盘被接受前，当事人丧失行为能力或死亡或法人破产等。

四、还盘

还盘（Counter-offer）是指受盘人不同意或不完全同意发盘人在发盘中提出的条件，为了进一步协商，对发盘提出修改意见。还盘可以用口头方式或者书面方式表达出来，一般与发盘采用的方式相符。还盘可以是针对价格，也可以是针对品质、数量、交货时间及地点、支付方式等重要条件提出修改意见。

例如，某商人（前面所举的运动衫发盘的受盘人）根据发盘做出如下签复：

1. YOUR CABLE 10TH COUNTER OFFER USD 70 PER DOZEN CIF NEW YORK（你 10 日电收悉，还盘每打 70 美元 CIF 纽约）

2. YOUR CABLE 10TH MAY SHIPMENT D/P 30 DAYS（你 10 日电收悉，装运期 5 月 D/P 远期 30 天）

上述第二种答复中虽未使用"还盘"字眼，但由于对发盘中规定的装运期和支付方式做出了修改，所以，它与第一种答复一样，构成还盘。

在通常的贸易谈判中，一方在发盘中提出的条件与对方能够接受的条件不完全吻合的情况是经常发生的，特别是在大宗交易中，很少有一方发盘即被对方无条件全部接受的情况。所以，虽然从法律上讲，还盘并非交易磋商的基本环节，就是说，交易的达成可以不经过还盘这一环节，然而，在实际业务中，还盘的情况还是很多的，有时一项交易需经多次还盘，才最后达成协议、订立合同。

需要注意的是，还盘是对发盘的拒绝，还盘一经做出，原发盘即失去效力，发盘人不再受其约束。一项还盘等于是受盘人向原发盘人提出的一项新的发盘。还盘做出后，还盘的一方与原发盘的发盘人在地位上发生了变化，还盘者由原来的受盘人变成新发盘的发盘人，而原发盘的发盘人则变成了新发盘的受盘人。新受盘人有权针对还盘的内容进行考虑，决定接受、拒绝或是再还盘。

五、接受

所谓接受（Acceptance）是指受盘人接到对方的发盘或还盘后，同意对方提出的条件，愿意与对方达成交易，并及时以声明或行为表示出来，这在法律上称为承诺。接受如同发盘一样，既属于商业行为，也属于法律行为。接受产生的重要法律后果是交易达成、合同成立。对有关接受的问题，在《公约》中也做了较为明确的规定。

1. 构成接受的条件

构成一项有效的接受，必须具备以下条件：

（1）接受必须由受盘人做出。这一条件与构成发盘的第一项条件是相呼应的。发盘必须向特定的人发出，即表示发盘人愿意按发盘中提出的条件与对方订立合同，但这并不表示他愿意按这些条件与任何人订立合同。因此，接受只能由受盘人做出，才具有效力，其他人即使了解发盘的内容并表示完全同意，也不能构成有效的接受。当然，这并不是说发盘人不能同原定受盘人之外的第三方进行交易，只是说第三方做出的接受不具有法律效力，它对发盘人没有约束力。如果发盘人愿意按照原定的条件与第三方进行交易，他也必须向对方表示同意才能订立合同，因为受盘人之外的第三方做出的所谓"接受"只是一种"发盘"的性质，并不能表示合同成立。

（2）接受的内容必须与发盘相符。从原则上讲，接受的内容应该与发盘中提出的条件完全一致，才表明交易双方就有关的交易条件达成了一致意见，即所谓"合意"，这样的接受也才能导致合同的成立。而如果受盘人在答复对方的发盘时虽使用了"接受"的字眼，但同时又对发盘的内容做出了某些实质性的更改，这就构成有条件的接受（conditional acceptance），而不是有效的接受，因为有条件的接受属于还盘的性质。《公约》第19条第（1）款中规定："对发盘表示接受但载有增加、限制或其他变更的答复，即为拒绝该项发盘，并构成还盘。"

那么，是不是说受盘人在表示接受时，不能对发盘的内容作丝毫的变更呢？也不是的。

根据《公约》的精神，这里的关键问题是看这种变更是否属于实质性的。什么叫实质性变更呢？"有关货物价格、付款、货物品质和数量、交货地点和时间、一方当事人对另一方当事人赔偿责任范围或解决争端等的添加或不同条件的答复，均视为实质上变更发盘的条件"。实质性变更是对发盘的拒绝，构成还盘。非实质性变更的后果又是什么呢？《公约》指出："对发盘表示接受但载有添加或不同条件的答复，如所载添加或不同条件在实质上并不改变发盘的条件，除非发盘人在不过分迟延的期间内以口头或书面通知反对其差异外，仍构成接受。"这就告诉我们，如果受盘人对发盘内容所作的变更不属于实质性的，能否构成有效的接受，取决于发盘人是否反对。如果发盘人不表示反对，合同的条件就包含了发盘的内容以及接受通知中所做的变更。

在实际业务中，有时还需要判定一项接受是有条件的接受还是在接受的前提下的某种希望和建议。有条件的接受属于还盘，但如果受盘人在表示接受的同时提出某种希望，而这种希望不构成实质性修改发盘条件，应看做是一项有效接受，而不是还盘。

（3）必须在发盘的有效期内接受。发盘中通常都规定有效期。这一期限有双重意义：一方面它约束发盘人，使发盘人承担义务，在有效期内不能任意撤销或修改发盘的内容，过期则不再受其约束；另一方面，发盘人规定有效期，也是约束受盘人只有在有效期内做出接受，才有法律效力。如发盘中未规定有效期则应在合理时间内接受方为有效。

在国际贸易中，由于各种原因，导致受盘人的接受通知有时晚于发盘人规定的有效期送达，这在法律上称为"迟到的接受"。对于这种迟到的接受，发盘人不受其约束，不具有法律效力。但也有例外的情况，《公约》第二十一条规定过期的接受在下列两种情况下仍具有效力：

1）如果发盘人毫不迟延地用口头或书面形式将表示同意的意思通知受盘人。

2）如果载有逾期接受的信件或其他书面文件表明，它在传递正常的情况下是能够及时送达发盘人的，那么这项逾期接受仍具有接受的效力，除非发盘人毫不迟延地用口头或书面方式通知受盘人他认为发盘已经失效。

根据《公约》第二十一条第（1）款规定：在一定条件下，过期的接受仍有效力。这条件是由发盘人确认，并且毫不迟延地通知受盘人。通知的方式可以是口头的，也可以是书面的。而如果发盘人不及时通知，这项接受就失去效力。这一规定的意义在于，它既保证了发盘人的正当权益（即他所承受的约束仍以发盘中所规定的有效期为限，过期不再受约束），同时，又照顾到贸易实务中许多难以预料的情况，为了促成交易，特别做出这项规定。

根据《公约》第二十一条第（2）款规定：如果迟到的接受并非受盘人的过失，而是传递方面造成的失误，就是说，受盘人已按期发出了接受，如果传递正常的话本可以及时送达发盘人的，那么，这种迟到的接受仍具有效力。相反的情况是发盘人及时通知受盘人，他认为发盘已经失效。反过来说，如果发盘人没有及时表态，而受盘人又能证明接受迟到不属于他的责任，那么该接受即有效。

总而言之，在接受迟到的情况下，不管受盘人有无责任，决定该接受是否有效的主动权在发盘人。

2. 接受的方式

《公约》第18条第1款规定："受盘人声明或做出其他行为表示同意一项发盘，即为接受，沉默或不行动本身不等于接受。"根据这项规定，可见接受必须用声明或行为表示出来。声明包括口头和书面两种方式。一般说来，发盘人如果以口头发盘，受盘人即以口头表示接受；发盘人如果以书面形式发盘，受盘人也以书面形式来表示接受。例如，发盘人在电报中提出的交易条件被受盘人接受了，受盘人在电报中可答复如下：

YOURS 15TH ACCEPTED

除了以口头或书面声明的方式接受外，还可以行为表示接受。《公约》第十八条第（3）款对这一问题做了解释："如果根据该项发盘或者依照当事人之间确立的习惯做法或惯例，受盘人要以做出某种行为，例如与发运货物或支付货款有关的行为，来表示同意。"这说明只要发盘中有规定，或者当事人双方之间有习惯做法或惯例，受盘人即可不以声明而以行为来表示接受。比如，买方在发盘中提出交易条件，卖方同意其条件并及时发运货物，或者买方同意卖方在发盘中提出的交易条件并随即支付货款或开出信用证。上述做法主要是为了争速度、抢时间，它改变了国际贸易中传统的先经过磋商达成协议，订立合同，而后再履行合同的做法。这种做法在有些国家是不适用的，主要是有些国家，包括中国在内，在有关的合同法中要求以书面形式订立合同方有效，这就排除了以行为表示接受的做法。

3. 接受的生效和撤回

接受在什么情况下生效是一个很重要的问题，然而对于这一问题的规定，国际上不同的法律体系存在着明显的分歧。英美法系实行的是"投邮生效原则"（又称"投邮主义"或"发送主义"），这是指在采用信件、电报等通讯方式表示接受时，接受的函电一经投邮或发出立即生效，只要发出的时间是在有效期内，即使函电在邮途中延误或遗失，也不影响合同的成立。大陆法中以德国法为代表采用的是"到达生效原则"，即表示接受的函电须在规定时间内送达发盘人，接受方生效，因此函电在邮递途中延误或遗失，合同不能成立。

《公约》采纳的是到达生效的原则，在第18条中明确规定"接受发盘于表示同意的通知送达发盘人时生效"，这是针对以书面形式进行发盘和接受时的规定。如果双方以口头方式进行磋商，接受何时生效呢？《公约》的解释是"对口头发盘必须立即接受，但情况有别者不在此限"，就是说，受盘人如果同意对方的口头发盘，就马上表示同意，接受也随即生效；但如果发盘人有相反的规定，或双方另有约定则不在此限。另外，前面已提到受盘人除以口头或书面声明的方式表示接受外，还可以行为表示接受，那么这种以行为表示的接受何时生效呢？《公约》中也有说明："接受于该项行为做出时生效，但该项行为必须在上一款规定的期限内做出。"

关于接受的撤回问题，由于《公约》采用的是到达生效原则，因而接受发出后在一定条件下是可以撤回的。《公约》第 22 条规定："如果撤回通知，于接受生效之前或同时送达发盘人，原接受得予撤回。"这一规定说明，受盘人发出了接受通知之后，如果反悔，他可以撤回其接受，但条件是，他须保证使撤回的通知赶在接受到达发盘人之前，传达到发盘人，或者二者同时到达。而如果按照英美法的投邮生效原则，接受一经投邮立即生效，合同就此成立，也就不存在接受的撤回问题了。

第三节　合同的成立和书面合同的签订

一、合同有效成立的条件

前一节已经谈到，一方的发盘一经对方有效接受，合同即告成立。但合同是否具有法律效力，还要视其是否具备了一定的条件。不具备法律效力的合同是不受法律保护的。因此，了解和掌握合同有效成立的条件非常重要。

一个合同究竟具备哪些条件才算有效成立，各国的法律规定不尽相同。综合来看，主要要求具备以下几项：

1. 当事人必须在自愿和真实的基础上达成协议

绝大多数国家的法律都做了如上规定。

我国《涉外经济合同法》第 7 条也指出，当事人必须就合同条款达成协议，合同方告成立。这是我国涉外经济合同，包括国际货物买卖合同有效成立的实质条件。如果当事人不能达成协议就不存在合同。而且，协议必须建立在当事人自愿和真实的基础上。《涉外经济合同法》第 10 条明确规定"采取欺诈或者胁迫手段订立的合同无效"。

2. 当事人必须具有订立合同的行为能力

即未成年人、精神病患者等不具有行为能力的人，其所签订的合同无效。

3. 合同必须有对价和合法的约因

对价和约因均属法律用语。

对价（Consideration）是英美法系的一种制度，是指合同当事人之间所提供的相互给付（Counterpart），即双方互为有偿。例如，在买卖合同中，买方支付货款是为了得到卖方提交的货物，而卖方交货是为了取得买方支付的货款，买方支付和卖方交货就是买卖双方的"相互给付"，就是买卖合同的"对价"。

"约因"（Cause）是法国法所强调的，它是指当事人签订合同所追求的直接目的。

买卖合同只有在有"对价"或"约因"的情况下，才是有效的。否则，它得不到法律的保障，是没有强制执行力的。

4. 合同的标的和内容必须合法

几乎所有国家的法律都要求当事人所订立的合同必须合法，并规定，凡是违反法律、违反善良风俗与公共秩序的合同，一律无效。我国《涉外经济合同法》第 4 条规定："订立合同，必须遵守中华人民共和国法律，并不得损害中华人民共和国社会公共利益。"否则，合同无效。

5. 合同的形式必须符合法律规定的要求

《联合国国际货物销售合同公约》对国际货物买卖合同的形式，原则上不加以限制，无论采用书面方式还是口头方式，均不影响合同的效力。该《公约》第 11 条明确规定："买卖合同无需以书面订立或证明，在形式方面不受任何其他条件的限制，买卖合同可以包括人证在内的任何方法证明。"

以上是合同成立的条件。一个合同只有符合了上述条件，才具有法律效力，才能得到法律的承认和受到法律保护。因此，我们在实际业务中，尤其在与外商商定合同时，对此要严格遵守，善加运用。

二、书面合同的签订

买卖双方经过磋商，一方的发盘被另一方有效接受，交易即达成，合同即告成立。但在实际业务当中，按照一般习惯做法，买卖双方达成协议后，通常还要制作书面合同将各自的权利和义务用书面方式加以明确，这就是所谓的签订合同。

1. 书面合同的意义

（1）是合同成立的证据。对以口头协商达成的交易，书面合同的作用和意义尤为明显。依照法律的要求，凡是合同必须提供证据，以证明合同关系的存在。双方当事人一旦发生争议，提交仲裁或诉讼，仲裁员或法官首先要求当事人提供证据，以确认合同关系是否存在。如仅是口头协议，"空口无凭"，不能提供充足证据，则很难得到法律的保护。因此，尽管有些国家的合同法并不否认口头合同的效力，但在国际贸易中，一般多要求签订书面合同，以"立字为据"。

（2）是履行合同的依据。无论是口头还是书面协议，如果没有一份包括各项条款的合同，则会给合同的履行带来诸多不便。因此，在实际业务中，双方一般都要求将各自享受的权利和应当承担的义务用文字规定下来，以作为履行合同的依据。

（3）有时是合同生效的条件。在一般情况下，合同的生效是以接受的生效为条件的，只要接受生效，合同就成立。这是多数国家合同法的规定。

但在特定环境下，签订书面合同却成为合同生效的条件。例如，我国《涉外经济合同法》第 7 条规定："通过信件、电报、电传达成协议，如一方当事人要求签订确认书的，签订确认书时，方为合同成立。"在此种情况下，签订确认书就成为合同生效的条件。

但该法该条同时规定："中华人民共和国法律、行政法规规定应由国家批准的合同，获得批准时，方为合同成立。"此类合同生效时间应为授权机构批准之日，而并非双方当事人在合同上签字的日期。

2．书面合同的形式

在国际上，对书面合同的形式没有具体的限制，买卖双方既可采用正式的合同（Contract）、确认书（Confirmation）、协议（Agreement），也可采用备忘录（Memorandum）等形式。

在我国进出口业务中，书面合同主要采用两种形式：一种是条款较完备、内容较全面的正式合同，如进口合同（Import contract）或购买合同（Purchase contract）以及出口合同（Export contract）或销售合同（Sales contract）；另一种是内容较简单的简式合同，如销售确认书（Sales confirmation）和购买确认书（Purchase confirmation）。

（1）进口或出口合同。其内容比较全面、完整，除商品的名称、规格、包装、单价、装运港和目的港、交货期、付款方式、运输标志、商品检验等条件外，还有异议索赔、仲裁、不可抗力等条件。它的特点在于：内容比较全面，对双方的权利和义务以及发生争议后如何处理，均有全面的规定。由于这种形式的合同有利于明确双方的责任和权利，因此，大宗商品或成交金额较大的交易，多采用此种形式的合同。

（2）销售或购买确认书。属于一种简式合同，它所包括的条款，较销售或购买合同简单。这种格式的合同适用于金额不大、批数较多的小土特产品和轻工产品，或者已订有代理、包销等长期协议的交易。

上述两种形式的合同，虽然在格式、条款项目和内容的繁简上有所不同，但在法律上具有同等效力，对买卖双方均有约束力。

在我国进出口业务中，各进口出口企业都印有固定格式的进出口合同或成交确认书。当面成交的，即由买卖双方共同签署；通过函电往来成交的，由我方签署后，一般将正本一式两份送交国外买方签署退回一份，以备存查，并作为履行合同的依据。

3．书面合同的内容

书面合同的内容一般由下列三部分组成：

（1）约首。是指合同的序言部分，其中包括合同的名称、订约双方当事人的名称和地址（要求写明全称）。除此之外，在合同序言部分常常写明双方订立合同的意愿和执行合同的保证。该序言对双方均具约束力，因此在规定该序言时，应慎加考虑。

（2）本文。这是合同的主体部分，具体列明各项交易的条件或条款，如品名、品质规格、数量、单价、包装、交货时间与地点、运输与保险条件、支付方式以及检验、索赔、不可抗力和仲裁条款等。这些条款体现了双方当事人的权利和义务。

（3）约尾。一般列明合同的份数，使用的文字及其效力，订约的时间和地点及生效的时间。合同的订约地点往往要涉及合同所依据的法律问题，因此要慎重对待。我国的出口合同的订约地点一般都写在我国。有时，有的合同将"订约时间和地点"在约首订明。

4. 销售确认书的格式

销售确认书一般没有固定格式，在此列一常见格式如下：

SALES CONFIRMATION　销售确认书

编号：NO：

日期：DATE：

地点：PLACE：

卖方：　　　　　　买方：

The seller：　　　　The buyer：

Address：　　　　　Address：

确认售予你方下列货物，其条款如下：

We hereby confirm having sold to you the following
goods on terms and conditions as stated below：

(1) 货物名称与规格，包装与唛头 Name of commodity & specification, Packing and shipping marks	(2) 数量 Quantity	(3) 单价 Unit price	(4) 总值 Total amount

(5) 装运：
　　Shipment：

(6) 保险：
　　Insurance：

(7) 付款：
　　Payment
备注：
　　Remarks：

请签退一份以供存档。

Please sign and return one for our file.

（买方 Buyers）　　（卖方 Sellers）

5. 合同格式

常见合同格式如下：

正本

(ORIGINAL)　　　　　　　合同　　　　　　　　　　　　　　　No.

　　　　　　　　　　　CONTRACT　　　　　　　　　　　　　　Date：

卖方

The Sellers. ：

买方　　　　　　　　　　　　　　　　　　　　　　Cable address：

The Buyer：   Telex：

双方同意按下列条款由卖方出售，买方购进下列货物：

The Sellers agree to sell and the Buyers agree to buy the undermentioned goods on the terms and conditions stated below：

(1) 货物名称与规格，包装与唛头 Name of commodity & specification, Packing and shipping marks	(2) 数量 Quantity	(3) 单价 Unit price	(4) 总值 Total amount
唛方有权在 %内多装或少装 Shipment % more or less at sellers, option			

(5) 装运期限：
   Time of Shipment：
(6) 装运口岸：
   Port of Loading：China ports：
(7) 目的口岸：
   Port of Destination：
(8) 保险：由卖方按发票金额110％投保
   Insurance：To be effected by the Sellers for 11096 of invoice value covering：
(9) 付款条件：
   Terms of Payment：

凭保兑的、不可撤销的、可转让的、可分割的即期信用证在中国见单付款。信用证以卖方为受益人，并允许分批装运和转船，该信用证必须在装运月份前若干天开到卖方，并在装船后在上述装港继续有效15天。否则卖方无需通知即可有权取消本销售合同，并向买方索赔因此而发生的一切损失。

By confirmed, irrevocable, transferable and divisible Letter of Credit in favour of the sellers payable at sight against presentation of shipping documents in China, with partial shipments and transhipment allowed. The covering Letter of Credit must reach the sellers days before the contracted month of shipment and remain valid in the above loading port until the 15th day after shipment, failing which the sellers reserve the right to cancel the contract without further notice and to claim against the buyers for any loss resulting therefrom.

(10) 单据：
   Documents

卖方应向议付银行提供已装船清洁提单、发票、中国商品检验局或工厂出具的品质证明、中国商品检验局出具的数/重量鉴定书；如果本合同按CIF条件，应再提供可转让的保险单或保险凭证。

The Sellers shall present to the negotiating bank, Clean On Board Bill of Lading, Invoice, Quality Certificate issued by the China Commodity Inspection Bureau or the Manufacturers, Survey Report on Quantity/Weight issued by the China Commodity Inspection Bureau and Transferable Insurance Policy or Insurance Certificate when this contract is made on CIF basis.

(11) 装运条件：

Terms of Shipment

1）载运船只由卖方安排，允许分批装运并允许转船。

The carrying vessel shall be provided by the Sellers. Partial shipments and transhipment are allowed.

2）卖方于货物装船后，应将合同号码、品名、数量、船名、装船日期以电报通知买方。

After loading is completed, the sellers shall notify the buyers by cable of the contract number, name of commodity, quantity, name of the carrying vessel and date of shipment.

(12) 品质与数量、重量的异议与索赔：

Quality/ Quantity Discrepancy and Claim：

货到目的口岸后，买方如发现货物品质及/或数量/重量与合同规定不符，除属于保险公司及/或船舶公司的责任外，买方可以凭双方同意的检验机构出具的检验证书向卖方提出异议。品质异议须于货到目的口岸之日起 30 天内提出，数量/重量异议须于货到目的口岸之日起 15 天内提出。卖方应于收到异议后 30 天内答复买方。

In case the quality and/or quantity/weight are found by the buyers to be not in conformity with the contract after arrival of the goods at the port of destination. the buyers may lodge claim with the sellers supported by survey report issued by an inspection organization agreed upon by both parties, with the exception, however, of those claims for which the insurance company and/or the shipping company are to be held responsible. Claim for quality discrepancy should be filed by the buyers within 30 days after arrival of the goods at the port of destination. While for quantity/weight discrepancy claim should be filed by the buyers within 15 days after arrival of the goods at the port of destination. The sellers shall, within 30 days after receipt of the notification of the claim, send reply to the buyers.

(13) 人力不可抗拒：

Force Majeure：

由于人力不可抗拒事故，使卖方不能在本合同规定期限内交货或者不能交货，卖方不负责任。但卖方必须立即以电报通知买方。如买方提出要求，卖方应以挂号函向买方提供由中国国际贸易促进委员会或有关机构出具的发生事故的证明文件。

In case of force majeure, the sellers shall not be held responsible for late delivery of non-delivery of the goods but shall notify the buyers by cable. The sellers shall deliver to the Buyers by registered mail, if so requested by the Buyers, a certificate issued by the China Council for the Promotion of International Trade or competent authorities.

(14) 仲裁：

Arbitration：

凡因执行本合同或与本合同有关事项所发生的一切争执，应由双方通过友好方式协商解决。如果不能取得协议时，则在被告国家根据仲裁机构的仲裁程序及规则进行仲裁。仲裁决定是终局的，对双方具有同等的约束力。仲裁费用除非仲裁机构另有决定外，均由败诉一方负担。

All disputes in connection with this contract or the execution thereof shall be settled by negotiation between two parties. If no settlement can be reached, the case in dispute shall then be submitted for arbitration in the country of defendant in accordance with the arbitration regulations of the arbitration organization of the defendant country. The decision made by the arbitration organization shall be taken as final and binding upon both parties. The arbitration expenses shall be borne by the losing party unless otherwise awarded by the arbitration organization.

(15) 备注：

Remarks：

卖方   买方

Sellers：   Buyers：

本章小结

　　磋商和签订出口合同的过程也就是贸易成交前的过程。成交前的过程一般包括下述环节：国际市场调研—选定目标市场—建立客户关系—磋商（询盘、发盘、还盘及接受）—签订合同或确认书。在这一阶段中，各环节的工做出现任何问题都可能造成磋商失败，或给合同的履行带来严重后果，或直接造成经济损失。

　　市场调研是出口交易磋商前必要的准备工作，它为出口商制定营销目标、掌握市场的第一手资料、最后做出决策提供依据。调研内容主要包括出口产品的概况、目标市场的综合情况、客户的资信经营情况、销售渠道及竞争者的生产经营状况等。

　　出口经营方案是在市场调研基础上，综合出口企业内外可控制与不可控制因素，结合市场具体需求所制定的行动方案。出口经营方案是业务员素质的综合体现。

　　交易磋商的形式有口头和书面两种。磋商内容包括商品的品质、数量、包装、价格、运输、保险和支付方面的问题。磋商程序主要有询盘、发盘、还盘及接受等几个环节，其中发盘和接受是不可缺少的两个法律步骤。

　　合同的订立要合法，才能受到法律的保护。合同条款的内容是买卖双方的权利和义务，务必要严肃认真对待，否则，不论哪一方违反合同规定都要负法律责任。

习　　题

一、复习思考题

1. 如何选择交易对象？
2. 如何制定出口商品的经营方案？
3. 交易磋商一般要经过哪些环节？
4. 发盘的构成条件有哪些？
5. 接受的构成条件有哪些？
6. 合同有效成立的条件有哪些？

二、案例分析

1. 我某公司向美商发盘限 6 日复电到有效。美商于 4 日发电表示接受。由于电报局投递延误，该接受电报于 7 日上午送达我公司。此时，我方鉴于市价上升，当即回电拒绝。问：按《联合国国际货物销售合同公约》的规定，合同是否成立？为什么？

2. A 向 B 发送的电文内容是"供应 50 台 24 马力拖拉机，每台 3 500 美元 CIF 伦敦，收到函电后 10 个月装船，不可撤销即期信用证付款，2003 年 8 月 18 日复电有效。"A 公司 8 月 15 日收到 B 公司回电："我公司接受贵公司的发价，请立即装船"。A 公司未作任何答复。根据《公约》规定，合同是否成立？为什么？

第九章　进出口合同的履行

买卖双方经过交易磋商达成协议，或者签订书面买卖合同，这样，双方就各自享有合同所规定的权利和承担约定的义务。在国际贸易中，买卖合同一经依法有效成立，有关当事人则应履行合同规定的义务。

在实际业务中，合同约定的双方权利和义务通常涉及到多方面的问题。由于所买卖货物的品种不同、贸易条件不同、所选用的惯例不同，每份合同所规定的具体责任与义务当然会各不相同。按时、按质、按量履行合同的规定，不仅关系到买卖双方行使各自的权利和履行相应的义务，而且关系到企业、国家的对外信誉。因此，买卖双方必须本着"重合同、守信用"的原则，严格履行合同。

第一节　以信用证支付的 CIF 出口合同的履行

国际货物出口合同的履行是指在国际贸易中，出口商依据所签订的合同，为完成合同规定的义务而采取的行为。出口合同履行的主要程序如图 9.1 所示。

在履行出口合同过程中，工作环节较多，涉及面较广，手续也较繁杂。各进出口企业为圆满履行合同义务，必须十分注意加强同各有关单位的协作和配合，把各项工作做到精确细致，尽量避免工作脱节、延误装运期限以及影响安全、迅速收汇等事故的发生。同时，进出口企业应同各个部门之间相互协作，共同配合，切实加强出口合同的科学管理，以保证出口合同的顺利履行。

在履行出口合同时，卖方必须按照合同规定，交付货物，移交一切与货物有关的单据并转移货物所有权，这是卖方的基本义务。所谓按照合同的规定，是指必须全面地，而不是部分地符合合同的规定。否则，将构成违约，并须承担责任，赔偿买方为此所遭受的损失。

履行出口合同工作涉及的环节多、范围广。以采用 CIF 条件和凭信用证支付方式的交易为例，一般涉及备货、催证、审证、改证、报验、报关、投保、装船和制单结汇等环节的工作。其中，货（备货）、证（催证、审证、改证）、船（租船、订舱）、款（制单结汇）四个基本环节构成出口合同履行的必要程序。它们之间是相互联系和相互依存的。只有环环紧扣，严格按照合同规定，根据法律和惯例的要求，切实做好每一个环节的工作，才能确保货、款对流的顺利进行，使合同得以圆满地履行。另外，上述环节在出口合同履行中具有一定的普遍性和代表性，其他贸易术语或使用其他运输方式的出口合同，其所涉及的环节也同上述环节大体相近或相似。为此，我们就以上述货、证、船、款作为参考顺序，将以信用证支付的 CIF 出口合同的履行所涉及的各项业务环节分述如下：

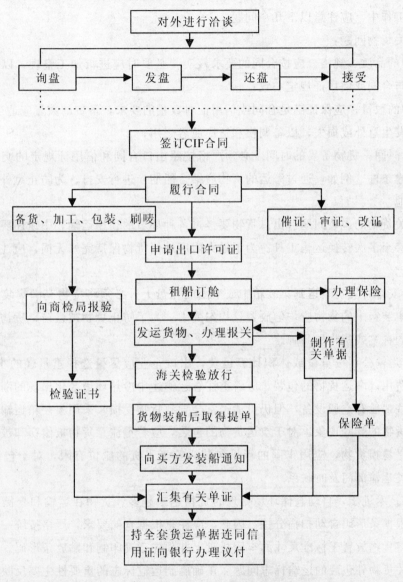

图 9.1　出口合同履行程序图

一、备货、报验

备货和报验是卖方全面履行出口合同的首要工作环节。

1. 备货

备货是指出口方为保证按时、按质、按量地履行出口合同规定的交货义务，按照合同和信用证规定的品质、包装、数量和交货时间，而进行的货物准备工作。

在备货工作中，应注意以下几个问题：

(1) 有关货物问题：

1) 货物的品质、规格。应按合同的要求核实，必要时应进行加工整理，以保证货物的品质、规格与合同或信用证规定一致；

2) 货物的数量。应保证满足合同或信用证对数量的要求，备货的数量应适当留有余地，万一装运时发生意外或损失，以备调换和适应舱容之用；

3) 备货时间。货物备妥的时间，必须严格按照出口合同和信用证规定的交货时间和期限，结合运输条件（例如，通过海运的货物应结合船期）进行安排。为防止意外，一般还应适当留有余地。

(2) 有关货物的包装问题。出口货物要经过各种环节的长途运输，中途还要经过多次搬运和装卸，甚至多次转换运输工具。为了最大限度地使货物保持完好无损，应注意如下出口包装问题：

1) 尽量安排将货物装运到集装箱中或牢固的托盘上；必须将货物充满集装箱并做好铅封工作，且集装箱中的货物应均匀放置且均匀受力。为了防止货物被盗窃，货物的外包装上应注明货物的标签或货物的品牌。

2) 由于运输公司按重量或体积计算运费，出口企业应尽量选择重量轻的小体积包装，以节省运输费用。海运货物的包装，应着重注意运输途中冷热环境变化出现的潮湿和冷凝现象，即使有些船舱有空调设备，但仍可能经常会导致货物受损。采用集装箱运输通常可以避免绝大多数货物的受潮现象。对于空运货物的包装，应着重注意货物被偷窃和被野蛮装卸的情况。特别是易损货物，应用牢固的箱子包装，鉴于飞机的舱位有限，对于包装尺寸的要求，应与有关运输部门及时联系。

3) 随着技术进步，自动仓储环境处理的货物越来越多，货物在运输和仓储过程中，通常由转送带根据条形码自动扫描分拣。因此，应注意根据仓储要求，严格按统一尺寸对货物进行包装或将货物放置于标准尺寸的牢固托盘上并预先正确印制和贴放条形码。

(3) 有关货物外包装的运输标志问题。正确刷制运输标志的重要性主要反映在如下四个方面：一是符合运输和有关国家海关的规定；二是保证货物被适当的处置；三是掩盖包装内货物的性质；四是帮助收货人识别货物。因此，在运输标志的准备上应注意以下内容：

1) 刷制运输标志应符合有关国家进出口的规定。包装上的运输标志应与所有出口单据上对运输标志的描述一致，运输标志应既简洁，又能提供充分的运输信息。所有包装上的运输标志必须用防水墨汁刷写，有些国家海关要求所有的包装箱必须单独注明重量和尺寸，甚至用公制或英语或目的国的语言注明，为此，应注意有关国家的海关规定。在运输包装上的运输标志应大小尺寸适中，使相关人员在一定距离内能够看清楚，根据国外的通行做法，就一般标准箱包装，刷制的运输包装字母的尺寸至少为 4 厘米高，运输标志应该至少在包装箱的四面都刷制，以防货物丢失。

2）除了在外包装上刷制运输标志之外，应尽量在所有的货运单据上标注相同的运输标志。这些单据包括内陆运输提单、海运提单或空运提单、码头收据、装箱单、商业发票、报关单等。

凡合同规定收到买方信用证后若干天内交付货物的，为保证按时履约，防止被动，应督促买方按照合同规定期限开出信用证，我方收到信用证后还必须立即进行审核，认可后及时安排生产或组织货源。

2. 报验

凡属法定检验的商品或合同规定必须经中国进出口商品检验检疫局检验的出口商品，在货物备齐后，应向商品检验局申请检验。只有取得商检局发给的合格的检验证书，海关才准放行。经检验不合格的货物，一律不得出口。

非法定检验、出口合同也未规定由商检机构出证的商品，则应视不同情况，委托商检机构、生产部门或供货部门进行检验，或由外贸企业自行检验，合格后装运出口。

凡属危险货物，其包装容器应由生产该容器的企业向商检机构申请包装容器的性能鉴定。包装容器经商检机构鉴定合格并取得性能鉴定证书，方可用于包装危险货物。生产出口危险货物的企业，必须向商检机构申请危险货物包装容器的使用鉴定。使用未经鉴定合格的包装容器包装的危险货物不准出口。

申请报验的手续是：凡需检验出口的货物，应填制"出口报验申请单"（见单据 9.1），向商检局办理申请报验手续。"出口报验申请单"的内容一般包括品名、规格、数量或重量、包装、产地等项。申请单上如有外文，应注意中外文内容一致。在向商检局提交"申请单"时，还应附上合同、信用证副本及其他要求的相关凭证。申请报验后，如发现"出口报验申请单"内填写有误或内容发生变更后，应提出更改申请，并填写"更改申请单"，说明更改的事项和原因。

货物经检验合格，即由商检局发给检验证书，进出口公司应在检验证书或放行单签发之日起 60 天内报关出运。逾期报关出运，必须向商检局申请展期，并由商检局进行复验，经复验合格货物才能出口。

单据 9.1 出境货物报验单

中华人民共和国出入境检验检疫出境货物报验单

报检单位（加盖公章）：   编号：

报检单位登记号：   联系人：   电话：   报检日期：   年   月   日

发货人	（中文）	
	（外文）	

收货人	（中文）	
	（外文）	

货物名称（中/外文）	H.S. 编码	产地	数/重量	货物总值	包装种类及数量

运输工具名称号码		贸易方式		货物存放地点	
合同号		信用证号		用途	
发货日期		输往国家（地区）		许可证/审批号	
启运地		到达口岸		生产单位注册号	

集装箱规格、数量及号码

合同、信用证订立的检验检疫条款或特殊要求	标记及号码	随附单据（划"√"或补填）	
		□合同	□包装性能结果单
		□信用证	□许可/审批文件
		□发票	□
		□换证凭单	□
		□装箱单	□
		□厂检单	□

需要证单名称（划"√"或补填）		检验检疫费	
□品质证书 正 副	□植物检疫证书 正 副	总金额（人民币元）	
□重量证书 正 副	□熏蒸/消毒证书 正 副		
□数量证书 正 副	□出境货物换证凭证正 副		
□兽医卫生证书 正 副	□	计费人	
□健康证书 正 副	□		
□卫生证书 正 副	□	收费人	
□动物卫生证书 正 副	□		

报检人郑重声明：	领取证单	
本人被授权报检。上列填写内容正确属实，货物无伪造或冒用他人的厂名、标志、认证标志，并承担货物质量责任。 签名：	日期	
	签名	

领取证单日期签名

国家出入境检验检疫局制

二、催证、审证和改证

在凭信用证付款的合同中，对信用证的掌握、管理和使用，直接关系到进出口企业的收汇安全。信用证的掌握、管理和使用，主要包括催证、审证和改证等几项内容，这些都是与履行合同有关的重要工作。

1. 催证

催证是催开信用证的简称，是指在凭信用证支付的出口合同中，通过信件、电报、电传或传真催促国外进口人及时办理开立信用证手续并将信用证送达我方，以便我方及时装运货物出口，履行合同义务。

在出口合同中，买卖双方如约定采用信用证方式付款，买方则应严格按照合同的规定按时开立信用证。如合同中对买方开证时间未作规定，买方应在合理时间内开出，因为买方按时开证是卖方正常履约的前提。但在实际业务中，有时经常遇到国外进口商拖延开证，或者在行市发生变化或资金发生短缺的情况时，故意不开证。对此，我们应催促对方迅速办理开证手续。特别是针对大宗商品交易或应买方要求而特制的商品交易，更应结合备货情况及时进行催证。必要时，也可请驻外机构或有关银行协助代为催证。

催开信用证不是履行每一个出口合同都必须做的工作，通常在下列情况下才有必要进行：

（1）如出口合同规定的装运期限较长（如 6 个月），而买方应在我方装运期前的一定时日（如 30 天）开立信用证，则我方应在通知对方预计装运日期的同时，催请对方开证；

（2）如买方在出口合同规定的期限内未开立信用证，我方可根据合同规定向对方要求损害赔偿或同时宣告合同无效。但如不需要立即采取这一行动时，仍可催促对方开证；

（3）如果我方根据备货和承运船舶的情况，可以提前装运时，则可商请对方提前开证；

（4）开证限期未到，如发现客户资信不好，或者市场情况有变，也可催促对方开证。

2. 审证

信用证是依据买卖合同开立的，信用证的内容应该与买卖合同条款保持一致。但在实践中，由于种种原因，如工作的疏忽、电文传递的错误、贸易习惯的不同、市场行情的变化或进口商有意利用开证的主动权加列对其有利的条款，往往会出现开立的信用证条款与合同规定不符；或者在信用证中加列一些对出口商来说看似无所谓，但实际上是无法满足的信用证付款条件（在业务中也被称为"软条款"）等，使得出口商根本就无法按该信用证收取货款。为确保收汇安全和合同顺利执行，防止给我方造成不应有的损失，我们应该在国家对外政策的指导下对不同国家、不同地区以及不同银行的来证，依据合同进行认真的核对与审查。

在实际业务中，银行和进出口公司应共同承担审证任务。其中，银行着重审核该信用证的真实性、开证行的政治背景、资信能力、付款责任和索汇路线等方面的内容。银行对于审核后已确定其真实的信用证，应打上类似"印鉴相符"的字样。出口公司收到银行转来的信用证后，则着重审核信用证内容与买卖合同是否一致。但为了安全起见，出口商也应尽量根据自身能力对信用证的内容进行全面审核或复核性审查。

对信用证内容的审核，一般应包括以下几个方面：

（1）从政策上审核。来证各项内容必须符合我国有关方面的方针政策。

（2）对开证银行资信情况的审核。凡是政策规定不能与之往来的银行开来的信用证，均应拒绝接受，并请客户另行委托我方允许往来的其他银行开证。对于资信较差的开证行，可采取适当措施（例如，要求银行加保兑；加列电报索偿条款；分批出运，分批收汇等），以保证我方收汇安全。

（3）对信用证不可撤销性的审核。我方能够接受的国外来证必须是不可撤销的，来证中不得标明"可撤销"字样，同时在证内应载有开证行保证付款的字句。有的来证，虽然注明为"不可撤销"的，但是开证银行对其应负责任方面却附加了一些与"不可撤销"相矛盾的条款。例如，"开证行须在货物到达时没有接到海关禁止进口的通知才承兑汇票"，"在货物到达时没有接到配额已满的通知才付款"，等等。这些条款背离了信用证凭单付款的原则，尽管受益人完全做到了单证一致，但还是得不到收款的保障，使"不可撤销"名不副实。对此，均需要求对方按一般做法改正。

（4）对有无保留或限制性条款的审核。在信用证中规定有保留或限制性条款的情况，在实际业务中比较常见。受益人对此应当特别注意，提高警惕，认真对待如来证注明"承运船只由买方指定，船名后告"、"货物样品寄开证申请人认可，认可电传作为单据之一"等限制性条款；或来报注明"另函详"等类似文句，应在接到上述通知书或信用证详细条款后方履行交货义务，以免事后造成损失。

上述四点，也是银行审证的要点，进出口公司只做复核性审查。

（5）对支付货币及信用证金额的审查。信用证规定的支付货币应该与合同规定相同，如不一致，应按我国银行颁布的"人民币市场汇价表"折算成合同货币，在不低于或相当于原合同货币总金额时才能接受。否则，原则上应要求开证人改证。

信用证金额一般应与合同金额相符，如合同订有溢短装条款，信用证金额亦应包括溢短装部分的金额。信用证金额中单价与总值要填写正确，大、小写并用。信用证未按此规定开列的，装货时不能使用溢短装权利。

（6）对有效期、交单期和最迟装运日期。未规定有效期的信用证是无效信用证，不能使用；凡晚于有效期提交的单据，银行有权拒收的审查；信用证的有效期还涉及信用证的到期地点。在我国的出口业务中，原则上应争取在我国口岸、城市或在我国到期，以便我方在交付货物后能及时办理议付、要求付款或承兑。如信用证将到期地点规定在国外，一般不宜轻易接受。

信用证还应规定一个运输单据，在出单日期后必须向信用证指定的银行提交单据要求付款、承兑或议付的特定期限，即"交单期"。如信用证未规定交单期，按惯例，银行有权拒受迟于运输单据日期21天后提交的单据，但无论如何，单据也不得迟于信用证到期日提交。如信用证规定的交单期距装运期过近，例如，运输单据出单日期后2～3天，则应提前交运货物，或要求开证人修改信用证推迟交单期限，以保证能在装运货物后如期向银行交单。

最迟装运日期是指卖方将货物装上运输工具或交付给承运人接管的最迟日期。如国外来证晚，无法按期装运，应及时电请国外买方延展装运期限。信用证的到期日同最迟装运期应有一定的间隔，以便装运货物后能有足够的时间办理制单、交单议付等工作。

（7）开证申请人和受益人审查。开证申请人大都是买卖合同的对方当事人（买方），但也可能是对方的客户（实际买主或第二买主），因此，对其名称和地址均应仔细核对，防止张冠李戴，错发错运。受益人通常是我方出口企业，是买卖合同的卖方，但我方企业有时需要更名，地址也可能改变，所以也必须正确无误。如信用证使用旧名称、旧地址，也需要对方改正，或做适当处理，以免影响收汇。在实际业务中，由于同一个客户与我国几个外贸企业同时往来的情况很多，特别是当由我方某个企业对外磋商订立合同，而由其他企业或其分支机构交货时，就会发生信用证受益人与发货人名称不一致的问题。对此，如果信用证规定可转让，就可以通过转让解决，如未规定可以转让时，则应要求加列。否则，只能按信用证受益人的名义发货、制单，向银行交单议付。

（8）对付款期限及转运和分批装运的审查。信用证的付款期限及转运和分批装运条款必须与买卖合同规定相一致。

（9）在信用证中一般不应指明承运货物的货运代理人，以便出口商本着节约的原则，自由选择货运代理人；在信用证中一般也不应指明运输航线，以便出口商和货运代理人本着节约费用的原则灵活选择运输线路。

（10）在非海运的情况下，如航空运输，为了保证出口商安全收回货款，航空运单的收货人一般应写明是开证银行。

（11）对于来证中要求提供的单据种类和份数及填制方法等，要进行仔细审核。如发现有不正常规定，例如要求商业发票或产地证明须由国外第三者签证以及提单上的目的港后面加上指定码头等字样，都应慎重对待。

（12）在审证时，除对上述内容进行仔细审核外，有时信用证内加列许多特殊条款（Special Condition），如指定船公司、船籍、船龄、船级等条款，或不准在某个港口转船等，一般不应轻易接受，但若对我方无关紧要，而且也可办到，则可酌情灵活掌握。

3. 改证

对信用证进行了全面细致的审核以后，如果发现问题，应区别问题的性质，分别同银行、运输、保险、商检等有关部门研究，做出恰当妥善处理。凡是属于不符合我国对外贸易方针政策，影响合同执行和安全收汇的情况，我们必须要求国外客户通过开证行进行修改，并坚持在收到银行修改信用证通知书后才能对外发货，以免发生货物装出后而修改通知书未到的情况，造成我方工作上的被动和经济上的损失。

在办理改证工作中，凡需要修改的各项内容，应做到一次向国外客户提出，尽量避免由于我方考虑不周而多次提出修改要求。否则，不仅会增加双方的手续和费用，而且对外造成不良影响。

关于修改信用证的修改规则，国际商会《跟单信用证统一惯例》（UCP500）第9条作了详细和具体的规定：

（1）不可撤销信用证未经开证行、保兑行（若已保兑）和受益人同意，既不能修改，也不能取消。

（2）自发出修改之时起，开征行即受该修改内容的约束，而且对已发出的修改不得撤销。如信用证经另一银行保兑，保兑行可对修改内容扩展其保兑；如保兑行对修改内容不同意保兑，可仅将修改通知受益人而不加保兑，但必须毫不迟延地告知开证行和受益人。

（3）直至受益人将接受修改的意见通知该修改的银行为止，原信用证的条款（包括先前已被接受的修改）对受益人依然有效。受益人应对该修改做出接受或拒绝的通知。如未做此通知，则当受益人向指定银行或开证行提交符合信用证和尚未被接受的修改的单据时，即视为受益人接受了该修改的通知，并自此时起信用证已被修改。

（4）对同一修改通知的部分接受是不允许的，因此是无效的。对于需经修改方能使用的信用证，原则上应在收到修改通知书并经审核认可后方可发运货物，除非确有把握，绝不可仅凭国外客户"已经照改"的通知就装运货物，防止对方言行不一而造成被动损失。对于可接受或已表示接受的信用证修改书，应将其与原证附在一起，并注明修改次数（如修改在一次以上），这样可防止使用时与原证脱节，造成信用证条款不全，影响及时和安全收汇。

此外，对来证不符合同规定的各种情况，还需要做出具体分析，不一定坚持要求对方办理改证手续。只要来证内容不违反政策原则并能保证我方安全迅速收汇，我们也可灵活掌握。

总之，对国外来证的审核和修改，是保证顺利履行合同和安全迅速收汇的重要前提，我们必须给予足够的重视，认真做好审证工作。

三、组织装运、报关和投保

出口企业在备货的同时，还应该按买卖合同和信用证规定，安排租船订舱工作，办理报关和投保等手续。

1. 租船订舱

现代信息技术正在迅速改变国际货物运输的运作方式。电子商务特别是EDI电子数据交换技术用电子方式的信息传输正在代替纸单据的传递。在国外，运输公司甚至已经利用卫星地面定位技术来自动跟踪货物的运输情况，并通过国际互联网络向客户提供货物的运输信息。

新的信息通信技术的运用正在改变全球运输行业的做法，特别是运输服务出现更加细致的专业化分工。目前，现代企业运作方式更强调减少库存，为全球客户提供及时到位的运输。及时到位的运输要求更快和更准确的操作。为了达到快速和准确的目的，就要求有专业化较强的货运服务机构，以及全球货物运输监控体系。

随着技术的进步，更具有实际意义的是，货主越来越少地与运输工具承运人，如船舶公司直接打交道，而是由专业化较强的货运服务机构从中提供中介服务。就货运服务的公司而言，货运代理公司、储运公司、报关经纪行、卡车运输公司和其他运输与物流管理公司都在试图调整自己的运输服务功能。这些具有不同行业特点的公司所提供的服务的界限也在逐渐模糊，这就为出口商办理货运提供了多种选择。

在货、证备齐以后，出口企业办理租船订舱手续。如果出口货物数量较大需要整船载运，则需要办理租船手续；若出口数量不大，不需要整船装运的，则安排洽订班轮或租订部分舱位运输。

在履行 CIF 出口合同时，出口企业办理租船、订舱的工作步骤大致如下：

（1）填写出口货物托运单。外贸企业在备妥货物，收到国外开来的信用证经审核（或经修改）无误后，就应根据买卖合同和信用证条款的规定填制海运出口托运单。所谓海运出口托运单（见单据 9.2），又称订舱委托书（Shipping Note），是外贸企业向外运机构所提供的出运货物的必要文件，亦是外运机构向船舶公司订舱配载的依据。待海运出口托运单妥善填制完成后，应在规定日期送交外运机构，委托订舱。若采用海运集装箱班轮运输，其订舱手续与一般杂货班轮运输类似。外贸企业或外运机构应缮制集装箱货物托运单，其内容、份数与通常的海运出口托运单略有不同。

单据9.2　海运出口货物订舱委托书

年　月　日

预配船名：_____　　　　　　　　　　委托编号：_____

合同号：_____　　　　　　　　　　　　船　名：_____

信用证号：_____　　　　　　　　　　　提单号：_____

标记及号码	件数	货物及规格	重量	体积（英制）及规格
			全重货物	

发货单位名称：	装船日期：　月　日
提单抬头：To Order	结汇日期：　月　日
启运港：　目的港：　转运港：	可否转船
被通知人（正本）	可否分批
详细地址（副本）	提单份数　正　副
特殊条款：	运费支付
其他事项：	货证情况
外运记载事项：	核心提委

委托单位　　　　　　复核　　　　　　制单

（2）船舶公司或其代理人签发装货单（Shipping Order）。装货单，俗称下货纸，是船舶公司或其代理人签发给货物托运人的一种通知船方装货的凭证（见单据 9.3）。其作用有三：①意味着运输合同已经订立，船舶公司已接受这批货物的承运。装货单一经签发，承运、托运双方均受其约束。如货物因船方责任装不上船而退关造成损失，船舶公司即要承担赔偿责任。②海关凭此查验出口货物，如准予出口，即在装货单上加盖海关放行章。③通知船方装货，该单是船舶公司或其代理人发给船方的装货通知和指令。

外贸企业或外运机构根据有关方面的要求，将出口清关的货物存放于指定仓库。待轮船抵港装船完毕，即由船长或船上大副根据装货实际情况，签发大副收据，又称收货单，表明货物已装妥（见单据 9.4）。外贸企业或外运机构可凭此单据向船舶公司或其代理换取海运提单。如装船货物外表不良或包装有缺陷，船长或大副就会在大副收据上加以批注，即所谓"不良批注"，以分清船货双方的责任。如这时外贸企业或外运机构向船舶公司或其代理换取提单，就只能凭此单据换取不清洁提单，从而在结汇时出现麻烦。因而，外贸公司或外运机构通常的做法是：重新使货物表面清洁，以获取清洁提单。

单据 9.3 装货单

中国外轮代理公司
CHINA OCEAN SHIPPING AGENCY
装 货 单   S/O NO.
SHIPPING ORDER

船名   目的港
Vessel name _____   For _____

托运人   航次
Shipper _____   Voy. _____

受货人   通知
Consignee _____   Notify _____

兹将下列完好状况之货物装船后希签署收货单

Receive on board the undermentioned goods apparent in good order and condition and sign the accompanying receipt for the same.

标记及号码 Marks & Nos.	件数 Quantity	货名 Description of Goods	毛重量（公斤） Gross Weight in Kilos
共计件数 （大写）Total Number of Packages in Writing			

日期　　　　　　　　　　　时间
Date _____　　Time _____

装入何仓
Stowed _____

实收
Received _____

理货员签名　　　　　　　　经办员
Tallied By _____　Approved by

单据 9.4　收货单

中国外轮代理公司
CHINA OCEAN SHIPPING AGENCY
收 货 单
MATE' S RECEIPT　　　　　　　　　　　　S/O NO.

船名　　　　　　　　　　　目的港
Vessel name _____　For _____

托运人　　　　　　　　　　航次
Shipper _____　　Voy. _____

受货人　　　　　　　　　　通知
Consignee _____　　Notify _____

下列完好状况之货物已收妥无损
Receive on board the following goods apparent in good order and condition：

标记及号码 Marks & Nos.	件数 Quantity	货名 Description of Goods	毛重量公斤 Gross Weight in Kilos
共计件数（大写）Total Number of Packages in Writing			

日期　　　　　　　　　　　时间
Date _____　Time _____

装入何仓
Stowed _____

实收
Received _____

理货员签名　　　　　　　　大　副
Tallied By _____　Chief officer _____

2. 出口报关

（1）报关须知。出口报关是指出口货物的发货人或其代理人向海关申报交验有关单据、证件，申请验关并办理货物通关出境的手续。按照我国《海关法》规定：凡是进出国境的货物，必须经由设有海关的港口、车站、国际航空站进出，并由货物的所有人向海关申报，经过海关查验放行后，货物方可提取或装运出口。

目前，我国的出口企业在办理报关时，可以自行办理报关手续，也可以通过专业的报关经纪行或国际货运代理公司来办理。

（2）报关单证。出口报关时，发货人或其代理人必须妥善填写出口货物报关单（见单据9.5），必要时还应提供出口合同副本、发票、装箱单（见单据9.6）或重量单（单据9.7）、商品检验证书、出口许可证（见单据9.8）以及其他所需有关证件，向货物出境地的海关办理报关手续。

单据9.5 中华人民共和国海关出口货物报关单

预录入编号：　　　　　　　　　　　　海关编号：

出口口岸		备案号		出口日期		申报日期	
经营单位		运输方式		运输工具名称		提运单号	
发货单位		贸易方式		征免性质		结汇方式	
许可证号		运抵国		指运港		境内货源地	
批准文号		成交方式		运费	保费		杂费	
合同协议号		件数	包装种类	毛重（公斤）		净重（公斤）	

集装箱号随附单据用途标记唛码及备注

项号	商品编号	商品名称	商品名称、规格型号	数量及单位	最终目的国（地区）	单价	总价	币制	征免

税费征收情况

录入员　录入单位	兹声明以上申报无错并承担法律责任	海关审单批注及旅行日期（签章）审单审价
报关员 　单位地址	申报单位（盖章）	征税　　　　　　统计
邮编　　电话　　制单日期		查验　　　放行

单据 9.6   装箱单（PACKING LIST）

1) SELLER	3) INVOICE NO.	4) INVOICE DATE
	5) FROM	6) TO
	7) TOTAL PACAGES BUYER	
2) BUYER	8) MARKS & NOS.	
9) C/NOS. 10) NOS. & KINDS OF PKGS 11) ITER 12) QTY.		
13) G. W 14) N. W. 15) MEAS（m³）		
		16) ISSUED BY
		17) SIGNATURE

单据 9.7   重量单

Case No	Size	G. W.（kg）	N. W.（kg）	Tare（kg）
1/50	57	60/3000	50/2500	10/500
51/80	58	63/1890	52/1560	11/330
81/100	55	588/1160	48/960	10/200
总计 1/100		6050	5020	1030

单据 9.8   中华人民共和国出口许可证

1. 出口商： Exporter	3. 出口许可证号： Export licence No.
2. 发货人： Consignor	4. 出口许可证有效期截止日期： Export licence expiry date
5. 贸易方式： Terms of trade	6. 付款方式： Payment
7. 报关口岸： Place of clearance	8. 运输方式： Mode of transport
9. 商品名称： Description of goods	商品编号： Code of goods

10. 规格、等级 Specification	11. 单位 Unit	12. 数量 Quantity	13. 单价 Unit price	14. 总值 Amount	15. 总值折美元 Amount in USD

续 表

16. 总计 Total				

17. 备注 Supplementary details	18. 发证机关签章 Issuing authority's stamp & signature
	19. 发证日期 Licence date

TZ QL No. 241-118

（3）出口收汇核销单。从1991年1月1日起，我国实施出口收汇核销制度，即对出口货物实行"跟踪结汇"。出口收汇核销单是"跟踪结汇"的管理手段。进出口企业在货物出口前应事先向当地外汇管理部门申请领取出口售汇核销单（见单据9.9）。出口企业应如实填写有关货物的出口情况，货物报关验放后，海关在核销单上盖章，并与报关单上盖有"放行"图章的一联一起退出口单位，由出口单位附发票等文件送当地外汇管理部门备案。待收汇后，在结汇税单或首长通知单上填写核销单号，向外汇管理部门销案。现行具体做法在本节后面介绍。

单据 9.9 出口收汇核销单

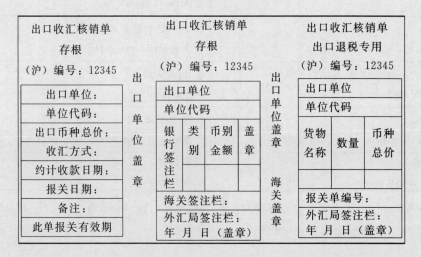

（4）出口货物退税单。即出口货物报关单中的退税专用联，格式与出口货物报关单完全相同，但纸张为黄色，通关时由海关盖章表示货物以出口，出口单位可凭此联作为证明，按规定时期向主管退税的税务机关申请退还本批出口货物所征纳过的产品税或增值税。具体做法本节后面阐述。

3. 投保

对于 CIF 出口合同，卖方在装船前，应该按合同规定及时向保险公司办理投保手续，填制投保单。出口商品的投保手续，一般都是逐笔办理的。投保人投保时，应将投保人名称、货物名称、投保金额、运输路线、运输工具、开航日期、投保险别、赔款地点等一一列明。保险公司接受投保后，即签发保险单据。

从以上出口合同履行的环节上可以看出，在出口合同履行过程中，货、证、船的衔接是一项极其细致而又复杂的工作，任何一个环节出了问题，都将带来难以预测的后果。因此，进出口企业为做好出口合同的履行工作，必须加强对出口合同的科学管理，建立起能反映出口合同执行情况的进程管理制度，做好"四排队"、"三平衡"工作。尽力避免交货期不准、拖延交货期或不交货等现象的发生。

所谓"四排队"是指以买卖合同为对象，根据合同要求的货物是否备妥、信用证是否落实等，按四种情况——"有证有货"、"有证无货"、"无证有货"、"无证无货"进行分析排队。通过排队，摸清货、证的实际情况，及时发现问题，采取措施，解决问题。"三平衡"是指以信用证为依据，根据信用证规定的装运期和到期日的远近，结合货源和运输能力的具体情况，分清轻重缓急，力求做到"货、证、船"三方面的有效衔接，保证按时交付和装运货物，从而保证出口合同得以顺利履行。

四、制单结汇

出口货物装运之后，出口企业即应按照信用证的规定，正确缮制各种单据。在信用证规定的交单有效期内，递交银行办理议付结汇手续。

1. 制单结汇办法

在信用证付款条件下，我国目前出口商在银行可以办理出口结汇的做法主要有三种：收妥结汇、押汇和定期结汇。不同的银行，其具体的结汇做法不一样。即使是同一个银行，针对不同的客户信誉度，以及不同的交易金额等情况，所采用的结汇方式也有所不同。现将我国常见的三种结汇方式简单介绍如下：

（1）收妥结汇：收妥结汇又称收妥付款，是指信用证议付行收到出口企业的出口单据后，经审查无误，将单据寄交国外付款行索取货款的结汇做法。这种方式下，议付行都是待收到付款行的货款后，即从国外付款行收到该行账户的贷记通知书（Credit Note）时，按照出口企业的指示，将货款拨入出口企业的账户。

（2）押汇：押汇又称买单结汇，是指议付行在审单无误情况下，按信用证条款贴现受益人（出口公司）的汇票或者以一定的折扣买入信用证项下的货运单据，从票面金额中扣除从议付日到估计收到票款之日的利息，将余款拨给出口企业。议付行向受益人垫付资金、买入跟单汇票后，即成为汇票持有人，可凭票向付款行索取票款。银行之所以做出口押汇，是为了给出口企业提供资金融通的便利，这有利于加速出口企业的资金周转。

（3）定期结汇：定期结汇是指议付行根据向国外付款行索偿所需时间，预先确定一个固定的结汇期限，并与出口企业约定该期限到期后，无论是否已经收到国外付款行的货款，都主动将票款金额拨交出口企业。

2. 制作并审核结汇单据的基本原则

开证行只有在审核单据与信用证表面完全相符后，才承担付款的责任，开证行如发现出口商所提交的单据与信用证有任何不符，均有可能出现拒付货款的情况，因此，结汇单据的缮制是否正确完备与安全迅速收汇有着十分重要的关系。对于结汇单据，一般都要本着"正确、完整、及时、简明、整洁"的原则来制作和审核。

（1）正确：制作的单据只有正确，才能够保证及时收汇。单据应做到两个一致，即单据与信用证保持一致、所提交的单据与单据之间也要保持严格一致。此外，单据与货物也应一致。

（2）完整：必须按照信用证的规定提供各项单据，不能短少或缺项。单据的份数和单据本身的项目，如产地证明书上的原产国别、签章；其他单据上的货物名称、数量；海运提单和汇票的背书签字或人名章、公司章等内容和形式，也必须完整无缺。

（3）及时：应在信用证的有效期内，及时将单据送交议付银行，以便银行早日寄出单据，按时收汇。此外，在货物出运之前，应尽可能将有关结汇单据送交银行预先审核，使银行有较充裕的时间来检查单证、单单之间有无差错或问题。如发现一般差错，可以提前改正，如有重大问题，也可及早由进出口企业与国外买方联系修改信用证，避免在货物出运后不能收汇。

（4）简明：单据的内容，应按信用证要求和国际惯例填写，力求简明，切勿加列不必要的内容，以免弄巧成拙。

（5）整洁：单据的布局要美观、大方，缮写或打印的字迹要清楚。单据表面要清洁，对更改地方要加盖校对图章。有些单据，如提单、汇票以及其他一些单据的主要项目，如金额、件数、重量等，一般不宜更改。

3. 单证不符点的处理

在信用证项下的制单结汇中，议付银行要求"单、证表面严格相符"。但是，在实际业务中，由于种种原因，单、证不符情况时常发生。如果信用证的交单期允许，应及时修改单据，使之与信用证的规定一致。如果不能及时改证，进出口企业应视具体情况，选择如下处理方法：

（1）表提：表提又称为"表盖提出"，即信用证受益人在提交单据时，如存在单、证不符，向议付行主动书面提出单、证不符点。通常，议付行要求受益人出具担保书，担保如日后遭到开证行拒付，由受益人承担一切后果。在这种情况下，议付行为受益人议付货款。因此，这种做法也被称为"凭保议付"。表提的情况一般是单、证不符情况并不严重，或虽然是实质性不符，但事先已经开证人（进口商）确认可以接受。

（2）电提：电提又称为"电报提出"，即在单、证不符的情况下，议付行先向国外开证行拍发电报或电传，列明单、证不符点，待开证行复电同意再将单据寄出。电提的情况一般是单、证不符属实质性问题，金额较大。用电提可以在较短时间内由开证行征求开证申请人的意见。如获同意，则可以立即寄单收汇；如果不获同意，受益人可以及时采取必要措施对运输中的货物进行处理。

（3）跟单托收：如出现单、证不符，议付行不愿意用表提或电提方式征询开证行的意见。在此情况下，信用证就会彻底失效。出口企业只能采用托收方式，委托银行寄单代收贷款。

这里要指出的是无论是采用"表提"、"电提"，还是"跟单托收"方式，信用证受益人都失去了信用证中所作的付款保证，从而使出口收汇从银行信用变成了商业信用。

4. 结汇单据

出口企业在货物装运后，应按照信用证的规定，正确缮制各种单据和必要的凭证，在信用证规定的交单有效期内，送交指定的银行办理结汇手续。在信用证业务中，开证银行只凭信用证和单据，不管合同与货物，对单据的要求十分严格，只有在单据与信用证完全相符后才承担付款责任。因此，对各种结汇单据的缮制是否正确完备，与迅速安全地收款有着十分重要的关系。

对于出口单据，必须符合"单单一致、单证一致"和"正确、完整、及时、简明、整洁"的要求。

在以信用证方式结算货款的交易中，提交的出口单据必须与信用证条款的规定严格相符。出口单据的种类很多，下面将常用的出口单据及其制作加以扼要的说明：

（1）汇票（Bill of Exchange, Draft）：

1）出票条款。出票条款，又称出票根据，在信用证业务中，一般包含三个内容：开证行名称、信用证号码和开证日期。如属于信用证方式付款的凭证之一，应该按照来证的规定文句填写。如信用证内没有规定具体文句，可在汇票上注明开证行名称、地点、信用证号码及开证日期。如属于托收方式下付款的凭证之一，则应在汇票上注明有关合同号码等。

2）汇票金额和币别。在填制汇票金额和币别时，应注意：第一，除非信用证另有规定，应与发票所列的金额和币别一致。第二，如信用证规定汇票金额为发票金额的百分之几，例如 98％，那么发票金额应为 100％，汇票余额为 98％，其差额 2％ 一般为应付的佣金。这种做法通常使用于中间商代开信用证的场合。第三，如信用证规定，部分信用证付款，部分托收，则应分成两套汇票：信用证下支款的汇票按信用证允许的金额填制，其余部分为托收项下汇票的金额，两者之和等于发票金额。第四，汇票上的金额大、小写必须一致，汇票金额不得涂改。

3）付款人。采用信用证支付方式时，应按照信用证的规定，以开证行或其指定的付款行为付款人；倘若信用证中未指定付款人，应填写开证行。如果是采取托收方式，一般汇票的付款人是进口商。

4）受款人。汇票的受款人通常是指示性抬头。汇票一般开具一式两份，两份具有同等效力，其中一份付讫，另一份自动失效。

（2）发票（Invoice）：发票有商业发票（Commercial Invoice）、海关发票（Customs Invoice）、领事发票（Consular Invoice）和厂商发票（Manufacturer's Invoice）等。

商业发票（见单据 9.10）是出口方开立的载有货物名称、数量、价格等内容的清单，是买卖双方交接货物、结算货款的主要单证；也是进口方记账、报关、纳税必不可少的单据之一；是出口人必须提供的各种单据的中心单据。

发票并无统一格式，但其内容大致相同。主要包括签发人名称、发票字样、抬头人名称、发票号码、合同号码、信用证号码、开票日期、装运地点、目的港（地）、唛头、货物的名称、规格、数量、包装方法、单价、总值等内容。

发票内容必须符合买卖合同与信用证的规定，不能有丝毫差异。在缮制发票时，一般应注意如下问题：

1）签发人名称。出口人的名称及详细地址通常印在发票的顶端。在信用证方式下，出口人的名称及地址必须与信用证所规定的受益人的名称与地址一致。

2）发票抬头人名称。在信用证方式下，除非信用证另有约定，商业发票的抬头必须是开证申请人（可转让信用证除外）。在托收方式下，商业发票的抬头一般为国外进口商。

3）发票号码、合同号码、信用证号码及开票日期。发票号码由出口商统一编制，一般采用顺序号，以便查对；合同号码应如实填写；信用证号码依照信用证中列明的填制；发票的开立日期不要与运输单据的日期相距过远，且必须在信用证的交单有效期内。

单据 9.10 广东省纺织品进出口（集团）花纱布公司

GUANGDONG TEXTILES IMPORT & EXPORT
(GROUP) COTTON, YARN & PIECE-GOODS COMPANY

To：M/S　　　　　商业发票　　　　　号码

COMMERCIAL INVOICE

No. _____

日期_____

Date _____

信用证号

L/C NO _____

装船口岸　　　　　　　　　　目的地

From　　　　　　　　　　　　To

唛号 Marks & Nos	货名数量 Quantities and Descriptions	总值 Amount

广东省纺织品进出口（集团）花纱布公司

GUANGDONG TEXTILES IMPORT & EXPORT

(GROUP) COTTON, YARN & PIECE-GOODS COMPANY

4）货物的名称、规格、数量、单价、包装等。对货物的名称、规格、数量、单价、包装等项内容的填制，凡属信用证方式，必须与来证所列各项要求完全相符，不能有任何遗漏或改动。如来证内没有规定详细品质或规格，必要时可按合同加注一些说明，但不能与来证的内容有抵触，以防国外银行挑剔而遭到拖延或拒付货款。单价和总值是发票的重要项目，必须准确计算，正确填写，要特别注意单价、数量、总值三者之间不能相互矛盾。如属信用证方式付款，发票的总值不得超过信用证规定的最高金额。按照银行惯例的解释，开证银行可以拒绝接受超过信用证所许可金额的商业发票。

5）佣金和折扣。来证和合同规定的单价含有"佣金"（Commission）的情况，在发票处理上应照样填写，不能以"折扣"字样代替。如来证和合同规定有"现金折扣"（Cash Discount）的字样，在发票上也应全名照列，不能只写"折扣"，或"贸易折扣"（Trade Discount）等字样。

6）如信用证内规定"选港费"（Optional Charges）、"港口拥挤费"（Port Congestion Charges）或"超额保费"（Additional Premium）等费用由买方负担，并允许凭本信用证支取的条款，在发票上将各项有关费用加在总值内，一并向开证行收款。但是如信用证内未作上述注明，即使合同中有此约定，也不能凭信用证支取。除非国外客户同意并经银行通知在信用证内加列上述条款，否则，上述增加的费用，应另制单据通过银行托收解决。

7）各种说明。如客户要求或信用证规定在发票内加列船名、原产地、生产企业的名称、进口许可证号码等，均可一一照办。有的来证要求在发票上加注"证明所列内容真实无误"（或称"证实发票"Certified Invoice）、"货款已经收讫"（或称"收妥发票"Receipt Invoice），或加注有关出口企业国籍、原产地等证明文句，在不违背我国方针、政策和法令的情况下，可酌情办理。出具"证实发票"时，应将发票的下端通常印有的"有错当查"（E. & O. E.）删去。

海关发票（Customs Invoice）。有些国家的海关制定的一种固定的发票形式，要求国外出口商填写，其名称有海关发票、估价和原产地联合证明书（C. C. V. O. 即 Combined Certificate of Value and Origin）、根据××国海关法令的证实发票（Certified Invoice in Accordance with××Customs Regulations）。对上述三种叫法的发票，在习惯上我们统称为海关发票。进口国要求提供这种发票，主要是作为估价完税或征收差别待遇关税或征收反倾销税的依据。此外，还供编制统计资料之用。

在填写海关发票时，一般应注意以下问题：

1）各个国家（地区）使用的海关发票，都有其固定格式，不得混用。

2）凡是商业发票和海关发票上共有项目的内容，必须与商业发票保持一致，不得相互矛盾。

3）在"出口国国内市场价格"一栏，其价格的高低是进口国海关作为是否征收反倾销税的重要依据。在填制这项内容时，应根据有关规定慎重处理。

4）如成交价格为CIF条件，应分别列明FOB价、运费、保险费，这三者的总和，应与CIF货值相等。

5）签字人和证明人均须以个人身份出面，而且这两者不能为同一个人。个人签字均须以手签生效。

领事发票（Consular Invoice）。有些国家，例如一些拉丁美洲国家、菲律宾等国家规定，凡输往该国的货物，国外出口商必须向该国海关提供经该国领事签证的发票。有些国家制定了固定格式的领事发票；也有一些国家则规定可在出口商的商业发票上由该国领事签证（Consular Visa）。领事发票的作用与海关发票基本相似。各国领事签发领事发票时需收取一定的领事签证费。如国外来证载有需由我方提供领事发票的条款，一般不宜接受，或者由银行注明当地无对方机构，争取取消。特殊情况应按我国主管部门的有关规定办理。

厂商发票（Manufacturer's Invoice）。厂商发票是由出口货物的制造厂商所出具的以本国货币价单位、用来证明出口国国内市场出厂价格的发票。其目的也是供进口国海关估价、核税以及征收反倾销税之用。如果国外来证要求，应参照海关发票有关国内价格的填制办法处理。

（3）提单：提单的相关内容我们在第三章已介绍了。

（4）保险单据（Insurance Policy）：保险单据（见单据9.11）是保险公司与投保人

单据 9.11　保险单

中国人民保险公司

THE PEOPLE'S INSURANCE COMPANY OF CHINA

总公司设于北京	一九四九年创立
Head office：BEIJING	Established in 1949

保险单　　　　　　　　　　　保险单号次

INSURANCE POLICY　　　　　　POLICY NO.

中国人民保险公司（以下简称本公司）

THIS POLICY OF INSURANCE WITNESSES THAT THE PEOPLE'S INSURANCE COMPANY OF CHINA（HEREINAFTER CALLED "COMPANY"）

　　依据（以下简称被保险人）的要求，由被保险人向本公司缴付约定的保险，按照本保险单承保险别和背面所载条款承保下列货物

AT THE REQUEST OF _____

（HEREINAFTER CALLED "THE INSURED"）AND IN CONSIDERATION OF THE AGREED PREMIUM PAID TO THE COMPANY BY THEINSURED UNDERTAKES TO INSURE THE UNDERMENTIONED GOODS IN TRANSPORTATION SUBJECT TO THE CONDITION OF THIS POLICY

标记 Marks & Bos.	包装及数量 Quantity	保险货物项目 Description of Goods	保险金额 Amount Insured

总保险金额：

Total Amount Insured _____

保费	费率	装载运输工具
Premium as arranged	Rate as arranged	Per conveyance S. S.
开航日期	自	至
Slg. on or abt	From	To

承保险别

Conditions

中国人民保险公司

THE PEOPLE'S INSURANCE COMPANY OF CHINA

赔款偿付地点 _____

Claim payable at _____

日期

DATE _____

　　　　　　　　　　　　　　　　　　General Manager

（被保险人）之间订立的保险合同，当承保货物发生损失时，它是保险受益人索赔和保险公司理赔的重要依据。保险单的被保险人可以通过空白背书，办理保单转让。保险单是 CIF 条件下必须提交的结汇单据。

缮制保险单，应注意下列事项：

1）在 CIF 或 CIP 合同中，保险单的被保险人通常是信用证的受益人，并加空白背书，便于办理保险单转让。

2）保险单出单日期，不得迟于提单上注明的日期。

3）承保险别和保险金额应按照投保单填制，并与信用证规定相一致。如信用证未作规定，保险金额不应低于货物的 CIF 或 CIP 价值的 110％，如"不能确定"CIF 或 CIP 货值的，则不能低于银行付款、承兑或议付金额的 110％，或发票金额的 110％，以两者中金额较大者为保险金额。金额大、小写应一致。

4）保险货物名称，须与提单等单据相一致，并不得与信用证中货物的描述相抵触。包装、数量、唛头、开航日期、船名、运输起讫地点等内容，应和提单内容相一致。

（5）产地证明书：（Certificate of Origin）。产地证明书是一种证明货物原产地或制造地的重要文件，也是进口国海关执行差别关税和限制、控制或禁止某些国家（地区）进口货物的主要依据。

产地证一般分为普通产地证和普惠制产地证以及政府间协议规定的特殊原产地证等。它们虽然都用于证明货物的产地，但使用范围和格式不同，下面着重介绍两种：

（i）普通产地证明书，又称原产地证。签发产地证明书的机构很多：出口商、生产厂商、进出口商品检验局或中国国际贸易促进委员会等，要根据买卖合同或信用证的规定而定。但在一般情况下，以使用商检局或贸促会签发的产地证居多。在缮制原产地证书时，应按《中华人民共和国原产地规则》及其他有关规定办理。其填法如下：

出口商：受益人（包括详细的名称、地址）。

收货人：开证申请人（包括详细的名称、地址）。

运输方式和路线：注明装货港、到货港及运输方式（如有转运，也要注明）。

目的港：注明货物的最终目的港。

签证机关专用栏：一般此栏空白，由签证当局视情况填写相应的内容。

唛头和包装号码：填写包装上的运输标志。

货物描述及包装件数和包装种类：填写商品的名称及外包装的数量及种类。注意在货物描述结束时应有终止符"＊＊＊＊＊＊＊"。

HS 编码：按照商品在《商品名称和编码协调制度》（Harmonized Commodity Description Coding System）中的编码填写。

数量或重量：按照提单或其他运输单据中的数量填写，重量应填毛重。

发票号码和日期：填入本次交易的发票号码和发票日期。

出口商申明：由出口商手签、加盖公章并加注签署地点、日期。该日期一般与发票日期相同，不能晚于装船日期和签证机关的日期。

签证机关栏：本栏供签证机关证明用。由签证机关手签、加盖公章并加注签署地点、日期。

单据 9.12 普惠制产地证（格式 A）

<table>
<tr><td colspan="6" align="center">ORIGINAL</td></tr>
<tr>
<td colspan="3">1）Goods consigned from（Exporter's business name, address, country)</td>
<td colspan="3">Reference No.
GENERALIZED SYSTEM OF PREF-ERENCE CERTIFICATE OF ORIGIN（Combined declaration and certificate）FORM A Issued in THE PEOPLE'S REPUBLIC OF CHINA

        （country）
        see notes overleaf</td>
</tr>
<tr>
<td colspan="3">2）Goods consigned to（Consignee's name, address, country)</td>
</tr>
<tr>
<td colspan="3">3）Means of transport and route (as far as known)</td>
<td colspan="3">4）For official use</td>
</tr>
<tr>
<td>5）Item number</td>
<td>6）Marks and number of packages</td>
<td>7）Number and kind of packages; description of goods</td>
<td>8）Origin criterion（see notes overleaf)</td>
<td>9）Gross weight or other quantity</td>
<td>10）Number and date of invoices</td>
</tr>
<tr>
<td colspan="3">11）Certification
    It is hereby certified, on the basis of control carried out, that the declaration by the exporter is correct.</td>
<td colspan="3">12）Declaration by the exporter
    The undersigned hereby declares that the above details and statements are correct; that all the goods were produced in country and that they comply with the origin requirements specified for those goods in the Generalized System of Preferences for goods exported to (importing country)</td>
</tr>
<tr>
<td colspan="3"></td>
<td colspan="3">Place and date, signature and stamp of certifying authority</td>
</tr>
</table>

(ii) 普惠制产地证（Generalized System of Preference Certificate of Origin），简称 G. S. P. 见单据 9.12，是普惠制的主要单据，是发达国家给予发展中国家（其出口的制成品和半成品）关税优惠待遇的凭证，出口商必须提供这种产地证，作为进口国海关减免关税的依据。其书面格式名称为"格式 A"（Form A）。在我国，普惠制产地证书由出口人填制后连同普惠制产地证申请书和商业发票一起，送交中国进出口商品检验局签发。

普惠制原产地证（格式 A）填制方法：

1)，2) 分别填写出口商和进口商的详细名址。

3) 运输方式和路线：注明装货港、到货港及运输方式（如有转运，也要注明）。

4) 签证机关专用栏：一般此栏空白，由签证当局视情况填写相应的内容。

5) 项目号，商品的顺序号，按不同品名填写 1，2，3……

6) 唛头和包装号码：填写运输标志。

7) 货物描述及包装件数和包装种类：填写商品的名称以及商品外包装的数量及种类。描述时应用终止符"＊＊＊＊＊＊"加以隔挡。

8) 原产地标准：按照原产地证背面条款填写"P"，"W"，"F"等字母。

9) 数量或重量：填毛重。

10) 发票号码和日期：填人本次交易的发票号码和发票日期，不得留空。

11) 签证机关栏：由签证机关证明，用手签、加盖公章并注明签署地。

12) 出口商申明：填写产品原产国或进口国并且必须由出口商手签，加盖公章并签署地点、日期。该日期不得迟于发票日期。同时不迟于装运日期和签证机关日期。

(6) 检验证书：检验证书（见单据 9.13）是用来证明出口商品的品质、数量、重量、卫生等条件的证书。检验证书一般由国家指定的检验机构如中国进出口商品检验局出具，如合同或信用证未作特别规定，也可由外贸企业或生产企业出具，证件的名称视检验的内容而定，但应注意证件名称及所列项目和检验结果应与出口合同和信用证规定相符。此外，还须注意检验证书是否在规定的有效期内，如果超过规定期限，应当重新报验。

(7) 其他单证：以上是常见的几种单据，此外，根据信用证规定，有时还需要提供其他单证，如装船电报副本、寄单证明等。这些单证，有的是出口商自己制作的，有的是其他单位应出口商要求而出具的，但无论何种单证，其内容及签发的人均应符合信用证的有关规定。

单据 9.13　检验证书

中华人民共和国进出口商品检验局

IMPORT & EXPORT COMMODITY INSPECTION BUREAU OF

THE PEOPLE'S REPUBLIC OF CHINA

检验证书

地址：　　　　　　　　　　　　　INSPECTION CERTIFICATE

Address：　　　　　　　　　　　　No：

电报：　　　　　　　　　　　　　日期：

Cable：　　　　　　　　　　　　　Date：

电话：

Tel：

发货人：

Consignor：

受货人：

Consignee：

品名：　　　　　　　　　　　　　标记及号码：

Commodity：　　　　　　　　　　Mark & No.

报验数量/重量：

Quantity/Weight：

Declared：

检验结果：

RESULTS OF INSPECTION：

　　　　　　　　　　　　　　　　　　　　　主任检验员：

　　　　　　　　　　　　　　　　　　　　　Chief Inspector：

五、出口收汇核销和出口退税

1. 出口收汇核销

出口收汇核销是指对每笔出口收汇进行跟踪，直到收回外汇为止。我国从 1995 年 7 月开始采取事后监督与事前监督并举的方式，将外汇管理局、银行、税务、海关及出口企业有机地结合起来，以防止出口单位高报出口价格骗税的行为。

根据国务院建设"中国电子口岸"的文件精神，由海关总署、原外经贸部、国家税务总局、国家工商行政管理总局、国家外汇管理局、国家出入境检验检疫局及信息产业部等部门联合开发建设的"电子口岸"部分联网应用项目已于 2001 年 6 月 1 日在全国推广。"电子口岸"通过联网的方式，为外管局、海关、税务等有关部门和进出口企业提供口岸业务综合服务。通过"电子口岸"的"出口收汇系统"和"企业管理系统"，企业可以在网上向有关管理部门进行申领核销单、办理核销单交单以及挂失等一系列操作。

"中国电子口岸"管理系统的出口收汇流程及相关业务如下:

(1) 上网领单:用企业操作员卡在网上申领核销单,领单数量依据外管局原核销系统记录的可发单数量,发给企业核销单,即企业领单数不能超过原系统记录的可发单数,由企业核销员到外管局领取新版核销单。

(2) 口岸备案:由企业操作员在网上输入口岸代码,进行企业备案。

(3) 出口交单:在办理核销之前,操作员在网上进行交单。

(4) 收汇核销:在网上交单后,到外管局办理书面核销。核销所需单据有出口收汇核销单、报关单、收汇水单及出口发票。

即期业务在 90 天内办理核销;远期业务必须提交出口合同,在外管局办理远期收汇备案。丢失空白核销单需在网上及外管局同时挂失,破损的核销单必须到外管局注销。

若逾期未收汇,出口单位应及时向外汇管理局以书面形式申报逾期未收汇的原因,由外汇管理局视情况处理。

2. 出口退税

出口退税是指一个国家为了扶持和鼓励本国商品出口,将所征税款退还给出口商的一种制度。出口退税是提高货物的国际竞争力,符合税收立法及避免国际双重征税的有力措施。我国实行了出口货物税率为零的优惠政策。对出口的已纳税产品,在报关离境后,将其在生产环节的消费税、增值税退还给出口企业,使企业及时收回投入经营的流动资金,加速资金周转,降低出口成本,提高企业经济效益。

(1) 退税的基本条件。必须是报关离境的出口货物;必须是财务上作出口销售处理的货物;必须是属于增值税、消费税范围的货物。

(2) 出口商品的退税率。目前我国现行出口货物增值税退税率共有 17%,15%,13%,6%,5% 五档。一般来说,加工度越高的商品,退税税率越高。国务院几次调整退税率,1999 年以后离境的各种出口货物退税率为:

1) 机械设备、电器及电子产品、运输工具、仪器仪表等四大类机电产品(1999 年 1 月 1 日后报关离境)及服装(1999 年 7 月 1 日后报关离境)的出口退税率为 17%。

2) 服装以外的纺织原料及制品、四大类机电产品以外的其他机电产品,及法定征税率为 17% 且 1999 年 7 月 1 日前退税率为 13% 或 11% 的货物出口退税率提高到 15%。

3) 法定征税率为 17% 且 1999 年 7 月 1 日前退税率为 9% 的其他货物,以及农产品以外的法定征税率为 13% 且 1999 年 7 月 1 日前退税率未达到 13% 的货物出口退税率提高到 13%。

4) 农产品的出口退税率为 5%。

5) 从小规模纳税人购进的准予退税的货物,除农产品执行 5% 的退税率外,其他产品均按 6% 的退税率办理退税。

3. 退税凭证

(1) 增值税专用发票（税额抵扣联）或普通发票。

(2) 税收（出口货物专用）缴款书或"出口货物完税分割单"。

(3) 出口销售发票和销售明细账。

(4) 出口货物报关单（出口退税联）。

(5) 出口收汇核销单（出口退税专用）。

4. 退税程序

出口企业设专职或兼职办理出口退税的人员，按月填报出口货物退（免）税申请书，并提供有关凭证，先报外经贸主管部门稽查签章后，再报国税局进出口税收管理分局办理退税。目前，出口报关单、出口收汇核销单、出口税收缴款书已经全国联网，缺少其中任何一个信息，都不能退税。

第二节　以信用证支付的 FOB
进口合同的履行

进口合同签订以后，交易双方都要坚持"重合同、守信用"的原则，及时履行合同规定的义务。即买方应及时开证，卖方应按合同规定履行交货义务。

在我国的进口业务中，一般按 FOB 价格条件成交的情况较多，如果是采用即期信用证支付方式成交，履行这类进口合同的一般程序是开立信用证、租船订舱、装运、办理保险、审单付款、接货报关、检验、拨交、索赔。这些环节的工作，是由进出口公司、运输部门、商检部门、银行、保险公司以及用货部门等各有关方面分工负责、紧密配合而共同完成的。

现将履行进口合同的主要环节分别介绍和说明如下：

一、开证和改证

进口合同签订后，按照合同规定填写开立信用证申请书（Application for Letter of Credit），向银行办理开证手续。该开证申请书是开证银行开立信用证的依据。进口商申请开立信用证，应向开证银行交付一定比率的押金（Margin）或抵押品，开证人还应按规定向开证银行支付开证手续费。

信用证的内容，应与合同条款一致，例如品质、规格、数量、价格、交货期、装货期、装运条件及装运单据等，应以合同为依据，并在信用证中一一做出规定。

信用证的开证时间，应按合同规定办理，如合同规定在卖方确定交货期后开证，买方应在接到卖方上述通知后开证；如合同规定在卖方领到出口许可证或支付履约保证金后开证，则买方应在收到卖方已领到许可证的通知，或银行收到保证金后开证。

卖方收到信用证后，如提出修改信用证的请求，经买方同意后，即可向银行办理改证手续。最常见的修改内容有展延装运期和信用证有效期以及变更装运港口等。

二、租船订舱与投保

履行 FOB 交货条件下的进口合同，应由买方负责派船到对方口岸接运货物。卖方在交货前一定时间内，应将预计装运日期通知买方。买方接到上述通知后，应及时向货运代理公司办理租船订舱手续。在办妥租船订舱手续后，应按规定的期限将船名及船期及时通知对方，以便对方备货装船。同时，为了防止船货脱节和出现船等货物的情况，应注意催促卖方按时装运。对数量大或重要物资的进口，如有必要，买方亦可请我驻外机构就地督促外商履约，或派人员前往出口地点检验监督。

国外装船后，卖方应及时向买方发出装船通知，以便买方及时办理保险和做好接货等项工作。

FOB 交货条件下的进口合同，保险由买方办理。进口商（或收货人）向保险公司办理进口运输货物保险时，有两种做法：一种是逐笔投保方式，另一种是预约保险方式。

逐笔投保方式是收货人在接到国外出口商发来的装船通知后，直接向保险公司填写投保单，办理投保手续，保险公司出具保险单，投保人缴付保险费后，保险单随即生效。

预约保险方式是进口商或收货人同保险公司签订预约保险合同，其中对各种货物应投保的险别作了具体规定，故投保手续比较简单。按照预约保险合同的规定，所有预约保险合同项下的按 FOB 及 CFR 条件进口货物保险，都由该保险公司承保。因此，每批进口货物，在收到国外装船通知后，即直接将装船通知寄到保险公司或填制国际运输预约保险启运通知书，将船名、提单号、开船日期、商品名称、数量、装运港、目的港等项内容通知保险公司，即作为已办妥保险手续，保险公司则对该批货物负自动承保责任，一旦发生承保范围内的损失，由保险公司负责赔偿。

三、审单和付汇

银行收到国外寄来的汇票及单据后，对照信用证的规定，核对单据的份数和内容。如内容无误，即由银行对国外付款。同时进出口公司用人民币按照国家规定的有关外汇牌价向银行买汇赎单。进出口公司凭银行出具的"付款通知书"向用货部门进行结算。如审核国外单据发现单、证不符时，应做出适当处理。处理办法很多，例如：停止对外付款；相符部分付款，不符部分拒付；货到检验合格后再付款；凭卖方或议付行出具担保付款；要求国外改正单据；在付款的同时，提出保留索赔权等。

四、报关与检验

1. 报关与纳税

（1）报关。进口货物运到后，由进出口公司或委托货运代理公司或报关行根据进口单据

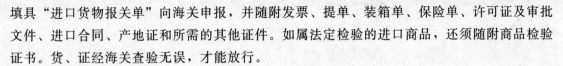

填具"进口货物报关单"向海关申报，并随附发票、提单、装箱单、保险单、许可证及审批文件、进口合同、产地证和所需的其他证件。如属法定检验的进口商品，还须随附商品检验证书。货、证经海关查验无误，才能放行。

（2）纳税。

2. 验收和拨交货物

（1）验收货物。进口货物运达港口卸货时，港务局要进行卸货核对。如发现短缺，应及时填制"短缺报告"交由船方签认，并根据短缺情况向船方提出保留索赔权的书面声明。卸货时如发现残损，货物应存放于海关指定仓库，待保险公司会同商检机构检验后作出处理。对于法定检验的进口货物，必须向卸货地或到达地的商检机构报验，未经检验的货物不准投产、销售和使用。如进口货物经商检机构检验，发现有残损短缺，应凭商检机构出具的证书对外索赔。对于合同规定的卸货港检验的货物，或已发现残损短缺有异状的货物，或合同规定的索赔期即将届满的货物等，都需要在港口进行检验。

一旦发生索赔，有关的单证，如国外发票、装箱单、重量明细单、品质证明书、使用说明书、产品图纸等技术资料、理货残损单、溢短单、商务记录等都可以作为重要的参考依据。

（2）办理拨交货物手续。在办完上述手续后，如订货或用货单位在卸货港所在地，则就近转交货物；如订货或用货单位不在卸货地区，则委托货运代理将货物转运内地并转交给订货或用货单位。关于进口关税和运往内地的费用，由货运代理向进出口公司结算后，由进出口公司再向订货部门结算。

本章小结

以 CIF 为价格条件，L/C 为支付方式的贸易合同，在贸易实务中较为常见。出口方在履行此类合同中，主要是抓住货、证、运、款四大环节。在备货工作中，要注意合同对货物的有关规定和默示条件；为了确保安全收汇，催证要及时，审证要仔细，必要时还要做好改证工作；货证齐全后，及时、正确办理出口托运、报关、保险手续，货物装船后，出口方要认真制备信用证要求的各类单据，凭以办理议付结汇。当然，若是 FOB、CFR 价格，托收方式收款，出口方的履约程序要简单许多。

进口方的履约以 FOB 价格与 L/C 支付方式的合同较为典型。进口方首先应按合同规定申请开证，并负责订立运输合同和办理保险。收到出口方交来的单据，要认真审核，确定无误后，付清货款，然后办理进口报关、接货，并对收到货物进行检验，如有缺损，还要索赔。如果不是 FOB 价格，或者不以 L/C 为支付方式，进口方履约程序则要简单些。

习　题

一、复习思考题

1. 解释下列名词：议付、押汇、电提和报关。

2. 在履行出口合同时，以信用证付款的 CIF 合同要经过哪些主要环节？其主要内容是什么？

3. 简述出口方对国外来证审核的主要内容。

4. 我国出口业务中主要结汇单据有哪几种？缮制时各应注意哪些问题？

5. 凭信用证向银行办理出口货款结算时，银行的结汇办法有哪几种？

6. 进口人在开立信用证和修改信用证时各应注意哪些问题？

7. 进口商品发现货损货差时应如何进行索赔？

二、案例分析

1. 我国某公司与一外商成交出口货物一批，规定 9 月份装运。客户按期开来信用证，但计价货币与合同规定不符，加上我方货未备妥，直到 11 月对方来电催装时，才向对方提出按合同货币改证并要求延展装运期。次日，外商复电："证已改妥"。我方据此发运货物，但修改后的信用证始终未到。单据到开证行时，被以"证已过期"为由拒付。我方为收回货款，避免在目的港的仓储费用支出，接受了进口人提出的按 D/P·T/R 提货的要求。终因进口人未能如约付款而使我方遭受重大损失。试分析我方有哪些失误。

2. 太原甲公司委托青岛乙公司进口机器一台，合同规定索赔期限在货到目的港 30 天内。当货到青岛卸船后，乙公司即将货转运至太原交甲公司。由于甲公司厂房尚未建好，机器无法安装，待半年后厂房完工，机器安装好进行试车，发现机器不能正常运转，经商检机构检验证明机器是旧货，于是请乙公司对外提出索赔，但外商置之不理。请问，我方对此应吸取什么教训？

3. 某省公司通过香港中间商与美国纽约某公司凭品牌名称成交出口一批商品，合同由纽约公司负责人签字。后来，香港中间商要求我方分寄两份样品给中间商及纽约各一份。纽约公司接到样品后开来信用证，并在证中注明如下条款："买方纽约公司认可样品的电报作为议付单据之一。"我方经办人未提出异议，但货物装运出口后，仅凭香港中间商样品认可电报抄送银行议付，遭到开证行的拒付。对此我们应当记取哪些教训？

4. 我国某公司与国外成交女士衬衣一批，客户开来信用证规定数量为 9 000 件，金额、数量均无"大约"，而该证又不准许分批装运。公司在发货时发现实际库存数量只有 8 995 件，原因是已取样五件寄外商，又因为装运期已近，信用证也来不及修改了。在这种情况之下，是否只能向银行担保结汇？

5. 某公司与香港商人签订了一份食品出口合同，并按香港商人要求将该批食品直运美国某港和通知美国某公司收货。对香港开来的信用证制单时，在发票上对食品的描述与信用证条款一致，但是否达到美国标准，由于没有检验手段，所以无法确定。货到美国后，经美国官方检查，抽样化验发现农药含量超标，被就地销毁。该美国公司凭官方文件向香港商人索赔，香港商人理赔后，要求银行向我方追索已付的信用证货款。我方应如何处理？

6. 某纺织厂收到国外进口商开来的信用证购买棉布，其金额为 5 万美元（±5％），数量为 100 000 m（15％），同时规定允许分批装运。因此，该厂第一批出口数量为 98 000 m，汇票金额为49 000美元；随即又打算再装运 7 000 m，价值 3 500 美元，请问第二批的出口是否违反了信用证的原意？实际上该批货后来被拒收，为什么？

7. 某公司收到国外银行开来的一张信用证，上附特殊条件："你的所有费用由受益人负担。"议付后，银行方面声称信用证的修改费用和电报费用均要由受益人负担。该公司在议付中被扣了几百美元。请问该公司是否应负担修改费及电报费？

8. 某外贸公司以 FOB 中国口岸价与香港某公司成交钢材一批，港商即转手以 CFR 釜山价卖给韩国商人。港商开来信用证是 FOB 上海，现要求直运釜山并在提单上表明"Freight Prepaid"（运费预付），试分析港商为什么这样做？我们应如何处理？

第十章 国际贸易方式

国际贸易方式是国际间商品流通的做法和形式。除了常见的逐笔售定的单边进出口方式外，还有诸如经销、代理、招标投标、拍卖、寄售、对销贸易、加工贸易和期货交易等形式。本章主要讲述各种贸易方式的概念、特点，以某种贸易方式成交而订立的协议的主要内容及使用各种贸易方式应注意的问题。

第一节 经销与代理

一、经销

1. 经销的概念

经销（Distribution）是指出口商（即供货商 Supplier）与进口商（即经销商 Distributor）达成协议，由进口商在规定期限和地域承担指定产品的销售义务。经销是国际贸易常见的出口推销方式。出口商通过订立经销协议与国外客户建立长期稳定的购销关系。利用经销手段，出口商可以利用外国经销商的销售网络来推销自己的产品，巩固扩大市场份额，促进其商品出口。

2. 经销的性质

供货人和经销人之间是买卖关系。只是这种买卖关系长期且固定。从法律上看，供货商与经销商之间是本人对本人（Principal to Principal）的关系，经销人以自己的名义购入商品，并在指定销售区域以自己的名义销售商品。

3. 经销的种类

按经销商权限的差异，经销可分为三种：

（1）一般经销，也称为定销：是指供货商有权在同一时期、同一地域内委托一家以上的经销商销售同类产品，这种销售关系与一般进口商和出口商的关系没有本质的区别，只是购销关系在一定时期内比较稳定而已。

（2）独家经销（Sole Distribution）也称包销（Exclusive Sales）：是指经销商在一定时间、一定区域内享受供应商指定商品的独家经销权。

与一般经销相比，经销商比较愿意获得独家经销权以减少销售竞争，对于供应商而言，采用独家经销方式具有一定的优势，也存在一定的局限性，其优点包括：①供应商通过专营权的给予，有利于调动包销商经营的积极性，利用包销商的销售渠道，巩固和扩大市场；②可减少多头经营产生的自相竞争的弊端；③有利于有计划地组织生产和供货。

对于供应商而言，经销的缺点主要是：①包销商可能利用其垄断地位操纵价格和控制市场；②包销商可能还经营其他出口企业的商品，使其不能专心经营约定的商品；③若包销商经营能力差，会出现"包而不销"的情况，出口商又不能向其他商人销售，从而蒙受损失。

4. 经销协议的基本内容

经销协议的主要内容包括经销商品范围、经销地区约定、一定时期的经销数量和金额、作价方法、经销商其他义务以及经销期限，此外还应规定不可抗力及仲裁条款等一般贸易条件。

二、代理

1. 代理的性质与特点

在国际贸易中，代理（Agent）是指代理人按照委托人（出口商）的授权，代表委托人与第三人订立合同或作其他法律行为，而委托人直接享有由此产生的权利并承担相应的义务。

在国际贸易中，代理与经销有相似之处，但是从当事人之间的关系看，二者有本质区别：

（1）经销关系中，当事人双方是买卖关系；而代理销售中，代理人与委托人之间是委托代理关系。

（2）在贸易时，经销商以自己的名义购进商品，并以自己的名义销售商品；代理人只是作为委托人的代表，与客户签订销售合同，代理人在贸易合同中不是作为独立的当事人出现的。

（3）在订立销售合同时，经销商是以自己的名义销售商品的，并承担履行合同的责任与义务；而代理人不能以自己的名义与他人订立合同，合同履行义务属于委托人与当地客户。

（4）经销商主要通过商品差价获得利润，而代理人通过居中介绍获得佣金。

2. 代理的种类

根据委托人授权的不同，代理可分为：

（1）总代理（General Agent）。总代理是委托人在规定地区内的全权代表，在指定区域内处理委托人的一般商务及非商务活动。

（2）独家代理（Sole Agent or Exclusive Agent）。独家代理是在指定区域内单独代表委托人，按事先约定处理委托人有关业务的代理人，在该区域，委托人不能就同一业务委托他人代理。独家代理在一定时间、一定区域内形成对委托人所指定商品的独家专营权。

例如，上海 A 公司与日本 B 公司签订一份独家代理协议，指定由 A 公司为 B 公司某产品 C 的中国大陆地区独家代理。订立协议时，日本 B 公司正试验改进现有产品 C。不久，日本 B 公司试验成功，并把这项改进后的同类产品，指定香港另一家公司 D 作为中国大陆地区独家代理。本案中，B公司的C产品虽然经过了改进，但产品类型商标等基本要件并没有改变，因此，上海A公司与香港D公司实际上先后获得了同种产品在同一区域（中国）的独家代理权，而独家代理具有排他性，所以在A取得独家代理权的时限内，B公司不应指定D公司享有该产品在中国大陆地区的独家代理权。

（3）一般代理（Agent）。一般代理，也称佣金代理（Commission Agent），是指在指定区域内，委托人指定若干代理人代表委托人的行为，一般代理不享受独家经营权。

在实践中，包销与独家代理方式有一定的相似之处，二者之间的相同点是：都具有垄断性质，包销商或独家代理商都有在指定地区和期限内对某种商品专营的权利；通过这种方式能更好地调动包销商和独家代理商经营商品的积极性。二者之间的差别主要是：当事人之间的关系不同，包销商与出口商之间是买卖关系，而代理人与委托人之间是委托代理关系；承担风险不同，包销商承担经营风险，代理商不承担经营风险；取得的报酬不同，包销商赚取利润，独家代理商赚取的是佣金。

3. 销售代理协议的基本内容

销售代理协议是明确委托人和代理人之间权利和义务的法律文件。协议内容由双方当事人按照契约自由的原则，根据双方的合意加以规定。销售代理协议主要包括以下内容：

（1）代理商品的名称、规格等内容以及代理区域划分。

（2）代理人的权利义务。这是代理协议的核心部分，一般包括的内容有：

1）代理人权利范围，比如订立合同的权利、代理其他事务的权利、专营权约定等。

2）规定代理人在一定时期内应推销商品的最低销售额，明确FOB价或CIF价。

3）注明非竞争条款，即代理人在协议有效期内无权代理与委托人商品相竞争的商品，用以约束代理人。

4）代理人应承担市场调研和广告宣传的义务。

（3）委托人的权利义务。委托人权利主要体现在对客户的订单有权接受，也有权拒绝。

（4）佣金支付。独家代理下，为维护出口企业的利益，一般规定最低代销额条款。若代理人未能达到或超过最低代销额，委托人对代理人的报酬可做相应的调整。

独家代理下，一般规定若委托人直接与代理区域内的客户签订买卖合同，代理人仍可获得佣金。

第二节　寄售与展卖

一、寄售

1. 寄售的概念与性质

寄售（Consignment）是指卖方自行把货物运到国外，委托国外客户在当地市场代为销售该货物的一种交易方式。其做法是寄售人把货物交给事先约定的代销人保管，由代销人按照寄售协议规定的条件代寄售人在当地市场出售货物，所得货款由代销人扣除佣金和其他费用后，通过银行汇交给寄售人。

寄售业务中，寄售人和代销人是委托代销关系。货物在销售出去之前，寄售人拥有货物的所有权。代销人对于货物售出之前的一切风险和费用不承担责任。寄售对出口商的风险很大，出口商除了承担货物从国内启运到代销人售出之前的一切风险之外，还承担着代销人能不能将货款汇交给出口人的风险。因此，选择好代销人是关键。

寄售一般用于开辟新市场和处理积压产品。

2. 寄售的特点

1）寄售人与代销人是委托代理关系。

2）寄售人须先将货物运抵寄售地，是现货贸易。

3）寄售中代理人不承担风险和费用，寄售人风险大。

3. 寄售协议的主要内容

1）寄售商品作价。寄售作价方法主要有规定最低限价、随行就市、售前征求寄售人意见、规定结算价格等方式。

2）佣金约定。佣金结算的基础一般是发票净价，即用毛售价减去有关费用。

3）货款收付。货款由代销人汇交给寄售人，或由寄售人用托收方式向代销人收款。为保证汇款及结算安全，一般应有"保证收取货款条款"或协议，由代销人提供担保。

二、展卖

1. 展卖的含义与做法

展卖（Fairs and Sales）是把出口商品的展览与推销有机结合起来，边展边销，以销为主，对商品实行展销结合的一种贸易方式。

展卖的做法主要有两种：一是将货物通过签约方式卖断给国外客户，双方是一种买卖关系，由客户在国外举办或参加展览会。货价有所优惠，货款可在展览会后结算或定期结算。另一种方式是由双方合作，展卖时货物所有权不变，展品出售的价格由货主决定。国外客户承担运输、保险、劳务及其他费用，货物出售后收取一定手续费作为补偿。展卖结束后，未售出的货物可以折价卖给合作的客户，或运往其他地方进行另一次展卖。

除此之外，还可以将寄售和展卖方式结合起来进行。即在寄售协议中规定，代销人将寄售的商品在当地展卖。至于展卖的有关事项，可在该协议中同时规定，也可另签协议做出规定。

展卖这种方式的优点主要表现在以下几方面：

（1）有利于宣传出口商品，扩大影响，招揽潜在买主，促进交易。

（2）有利于建立和发展客户关系，扩大销售地区和范围。

（3）有利于开展市场调研，听到消费者的意见，改进产品品质，增强出口竞争力。

2. 我国开展的展卖方式

我国从 20 世纪 50 年代就开始举办广州中国出口商品交易会，以后又陆续开展了各种类型的交易会、展览会、小交会，并多次参加国外举办的博览会。随着改革开放的深入进行，展卖业务在我国也得到更为广泛的开展，极大地促进了我国对外经济贸易的发展。

（1）国际博览会（International Fair）。国际博览会是指在一定地点定期举办的，由一国或多国联合组办，邀请各国商人参加交易的贸易形式。通过国际博览会，交易双方可在世界范围内建立更广泛的商业关系。

国际博览会可分为综合性和专业性两种类型。凡各种商品均可参加展出和交易的博览会属于综合性的，又称"水平型博览会"，比较著名的有智利的圣地亚哥和叙利亚的大马士革的国际博览会，其展出期限长，规模大，而且对普通公众开放；专业型博览会只限某类专业性商品参加展览和交易，又称"垂直型博览会"，如比较著名的纽伦堡玩具展览会、慕尼黑的体育用品展览会及法兰克福的消费品展览会等，它们都是专业性很强的国际博览会。

中国曾多次参加各国举办的国际博览会，并于 1985 年 11 月第一次作为东道主举办了亚洲及太平洋地区第四届国际贸易博览会，从此揭开了在我国举办大型国际性博览会和展览会的序幕。近年来，频繁开展的在华和出国展览，为加强中国与世界各国的贸易联系与经济交往发挥了重要作用。

（2）中国出口商品交易会。中国出口商品交易会又称广州交易会（Guangzhou Trade Fair），是中国各进出口公司联合举办的、邀请国外客户参加的一种展览与交易相结合的商品展销会。我国于 1957 年春举办了首届广交会，以后每年春、秋两季各举办一次。40 多年来，中国利用广交会定期邀请国外客户来华集中谈判成交，根据"平等互利、互通有无"的对外贸易原则，以出口为主，进出口结合，有买有卖，形式多样，有效地促进了中国的对外贸易发展，加强了中国同世界各国的经济联系。

3. 展卖的优势

以展卖的形式开展国际贸易有以下优势：

（1）参加展会的各国客商众多，为集中成交创造了有利条件。

（2）加强了各国商户之间的广泛联系，便于了解国际市场动态，开展行情调研，熟悉客户的资信和作用。

（3）有利于生产，并且其他有关部门可直接听取客户对产品的要求和反映。

（4）由于交易会采取当面磋商、看样成交的方式，从而有利于发现问题，及时解决。

4. 开展展卖业务应注意的问题

经验证明，一次成功的展卖会后，由于建立了广泛的客户联系，往往会给参展者带来数量可观的订单。为充分发挥展卖的优势，取得展卖的成功，还应注意下列问题：

（1）选择适当的展卖商品。展卖这种交易方式并不是对所有商品都普遍适用的，它主要适合于一些品种规格复杂，用户对造型设计要求严格，而且性能发展变化较快的商品，如机械、电子、轻工、化工、工艺、玩具、纺织产品等。选择参展商品时，要注意先进性、新颖性和多样性，要能反映现代科技水平，代表时代潮流。

（2）选择好合作的客户。到国外参加展卖会之前，应选择合适的客户作为合作伙伴。选择的客户必须具有一定的经营能力，对当地市场十分熟悉，并有较为广泛的业务联系或销售系统。通过客户开展宣传组织工作，扩大影响，联系各界人士，这对展卖的成功具有重要作用。

（3）选择合适的展出地点。一般来说，应考虑选择一些交易比较集中、市场潜力较大、有发展前途的集散地进行展卖。同时还应考虑当地的各项设施，如展出场地、旅馆、通讯、交通等基本设施所能提供的方便条件和这些服务的收费水平。

（4）选择适当的展卖时机。这对于一些销售季节性强的商品尤为重要。一般来说，应选择该商品的销售旺季进行展卖，每次展出的时间不宜过长，以免耗费过大，影响经济效益。

第三节　招标与投标

一、招标、投标的含义及特点

1. 招标与投标的含义

招标与投标是一种贸易方式的两个方面。

招标（Invitation to Tender）是指招标人（买方）发出招标通知，说明拟采购的商品名称、规格、数量及其他条件，邀请投标人（卖方）在规定的时间、地点按照一定的程序进行投标的行为。

投标（Submission of Tender）是指投标人（卖方）应招标人的邀请，按照招标的要求和条件，在规定的时间内向招标人递价，争取中标的行为。

招标投标方式与逐笔售定的方式相比，有很大区别。招标投标方式中，投标人是按照招标人规定的时间、地点和交易条件进行竞卖，双方没有反复磋商的过程，投标人发出的投标书是一次性报盘。鉴于招标投标是一种竞卖方式，卖方之间的竞争使买方在价格及其他条件上有较多的比较和选择，因此，在大宗物资的采购中，这一方式被广泛运用。

2. 招标与投标的特点

（1）在规定的固定时间和地点，由众多投标人进行竞争

（2）交易达成不经过磋商

（3）投标人只能作一次性投标，没有讨价还价的余地。

二、招标方式的种类

国际招标主要有公开招标和选择性招标两种。

1. 公开招标

公开招标（Open Bidding）或国际竞争性招标（International Competitive Bidding）是

指招标人在国内外公共宣传媒介上发布招标公告，将招标的意图公布于众，邀请有关企业和组织参加投标。世界银行贷款下的采购，大都采用公开招标方式。

2. 选择性招标

选择性招标（Selected Bidding）或称邀请招标。招标人不公开发布招标通告，是根据以往的业务关系和情报资料，向少数客户发出招标通知。邀请招标多用于购买技术要求高的专业性设备或成套设备，应邀参加投标的企业通常是经验丰富、技术装备优良、在该行业中享有一定声誉的企业。

此外还有其他招标方式还包括谈判招标和两段招标。谈判招标（Negotiated Bidding）也称议标；两段招标（Two-stage Bidding）是公开招标与选择性招标相结合的方式。

三、招标、投标业务的基本程序

招标与投标的基本程序包括招标、投标、开标、评标、决标及中标后签约等环节。

1. 招标

招标包括三项基本工作：编制招标文件、发布招标公告、投标资格预审。

招标文件又称标书，也就是招标的贸易条件和技术条件。物资与设备采购的标书，主要应列明商品名称、各种交易条件和投标人须知，如投标人资格、投标日期、投标保证金和投标单寄送方法等；工程项目的标书还应包括项目规范、工程量表、合同条件及图表等。

发布招标公告要根据招标的种类，选择公开发布还是在一定范围内发布的形式。

资格预审主要是审核投标人的能力和资信情况，一般包括投标人概况、经验与信誉、财务能力、人员能力和施工设备等，预审合格，方可参加投标。

2. 投标

参加投标时必须做好以下工作：

（1）投标前的准备工作：主要是认真研究招标文件，衡量自身的能力，提出相应的指标和措施。

（2）确定适当的价格：价格一旦报出，便不能随意撤销或撤回。

（3）提供投标保证金：保证金可以是现金，也可以是银行出具的保证书或备用信用证，保证金一般为总价的 3％～10％，未中标的可以在评标后退回。

（4）认真制作投标文件。

（5）正确及时递送投标文件。

3. 开标与评标

开标有公开开标与秘密开标两种方式。公开开标是按照招标人规定的时间、地点，在投标人或其代理出席的情况下，当众拆开密封的投标文件，宣读文件内容。秘密开标是没有投标人参加，由招标人自行开标，并选定中标人。

评标是指招标人在开标后，对各个投标书中的条件进行评审、比较、选择最佳投标人为中标人的过程。

如果招标人认为所有投标均不理想，可以宣布招标失败，并拒绝全部投标。

4. 签订协议

招标人选定中标人之后，要向其发出中标通知书，中标人就必须依约与招标人签订协议。

第四节　拍卖

一、拍卖的概念及特点

拍卖（Auction）是一种古老的交易方式，有文字记载的拍卖最早出现在古巴比伦。拍卖在 17 世纪的英国有了长足发展，1744 年成立的索斯比（Sotheby）拍卖行和 1766 年成立的克利斯（Christie）拍卖行至今享有盛名，以拍卖方式成交的商品主要是品质难以标准化、价格标准不确定或难以久存的商品，在国际贸易中，拍卖仍被广泛采用。

1. 拍卖的概念

在国际贸易中，商品所有者委托拍卖行，在规定时间和场所，按照一定的规则，以公开叫价的方法，把商品卖给出价最高的买主。

2. 拍卖的特点

（1）拍卖是在一定的机构内有组织地进行的。

（2）拍卖具有自己独特的法律和规章。

（3）拍卖是一种公开竞买的现货交易。

二、拍卖的出价方法

1. 英式拍卖

也称增价拍卖，是最常见的拍卖方法。英式拍卖一般会有起拍价或称保留价格，就是拍卖的低价，如果无人出价高于起拍价，该商品就退出拍卖不在出售，称为流拍。

当拍卖商品数量较多时，允许出价人指定购买量的拍卖就是美式拍卖，如果拍卖品卖给出价最高者后还有剩余，则把剩下拍卖品分给出价次高的出价人，直到所有拍卖品售完为止。在通常情况下，所有成功获得商品的出价人并不是按他们各自出价购买到拍卖品，而是按他们中间的最高出价成交。

在英式拍卖中，出价人希望低于其预估价购买，往往不愿马上按其预估价出价，有时令人兴奋的竞价过程，也可能使出价高于预估价。

2. 荷兰式拍卖

荷兰式拍卖也是公开拍卖方式，也称减价拍卖，在竞价中，拍卖人由最高价开始叫价，一直降到有人接受这个价格为止。

荷兰式拍卖对卖家更有利，因为所有最高预估价的出价人由于担心拍卖品在较低价位时被其他人买走，所以常常会在价格降至其接受价位后就入场购买。荷兰式拍卖适合迅速卖掉大量商品。

3. 密封递价拍卖

也称招标式拍卖，和招标类似，在密封递价拍卖中，出价人采用背靠背的形式，将出价密封递交给拍卖人，由拍卖人比较价格后做出选择。

密封递价拍卖分为密封递价最高价拍卖和密封递价次高价拍卖，前者以出价最高者获得拍卖品，并按其出价购买，而后者也是按出价最高者获得拍卖品，但其只需按出价第二高的出价（即次高出价）来购买拍卖品。密封递价次高价拍卖是维克瑞（Vickrey）的研究成果，他指出在这种拍卖方式中，卖家能获得更高的回报，并防止出价人串通价格，因为所有出价人被鼓励按其预估的最高价出价，以获得购买权，而其购买价格并非自己出的高价。维克瑞对于拍卖问题的研究使其获得了 1996 年的诺贝尔经济学奖，所以密封递价次高价拍卖也称为维氏拍卖。

4. 双重拍卖

在双重拍卖中，买家和卖家向拍卖人同时递交价格和数量，拍卖人把卖家的要约从低价开始逐步递升，把买家的要约从高价开始逐步递减。在递增和递减的过程中，将买方与卖方进行匹配，直到要约提出的所有出售数量全部找到买家。双重拍卖分为开放出价双重拍卖和密封递价双重拍卖。双重拍卖在证券交易和定级农产品交易中很常见。

三、拍卖的一般程序

1. 准备阶段

参加拍卖的货主先要把货物运到拍卖地点，委托拍卖行进行挑选、分类、分级，并与拍卖行订立委托拍卖合同，合同中一般要规定以下内容：

（1）双方当事人的名称、地点；

（2）拍卖的货物名称、规格、数量、品质；

（3）拍卖的时间、地点；

（4）拍卖品的交付时间、方式；

（5）佣金及其支付的方式、期限；

（6）价款的支付方式、期限；

（7）违约责任；

（8）其他事项。

拍卖行负责编印拍卖目录。在拍卖目录中，一般要列明商品的种类、每批货的号码、等级、规格、数量、产地、拍卖的次序及拍卖条件。拍卖目录需提供给参加拍卖会的买主作为指南。

拍卖行在拍卖前一段时间要发布拍卖公告，公告的主要内容包括：

（1）拍卖的时间、地点；

（2）拍卖的标的；

（3）拍卖标的展示的时间、地点；

（4）参与竞买须办理的手续；

（5）其他事项。

准备拍卖的商品都存放在专门的仓库，在规定的时间内，允许参加拍卖的买主到仓库查看货物，有些还可抽取样品。查看货物的目的，是为了使买方进一步了解货物的品质状况，以便按质论价。

2. 正式拍卖

拍卖会在规定的时间和地点开始，并按照拍卖目录规定的先后顺序进行。

拍卖主持人又称拍卖师，作为货主的受托人安排拍卖业务的进行。拍卖一般多采用由低到高的增价拍卖方式。增价拍卖可以由竞买人喊价，也可以由拍卖人喊价竞买人举牌应价。货主对于要拍卖的货物可以提出保留价（with a reserve），也可以无保留价（without reserve）。对于无保留价的，拍卖主持人在拍卖开始前要予以说明；对于有保留价的，竞买人的最高价未达到保留价时，主持人要停止拍卖。

有的国家拍卖法规定，在拍卖主持人落锤之前，竞买人可以撤回其出价。我国的拍卖法则规定："竞买人一经应价不得撤回。当其他竞买人有更高应价时，其应价即丧失约束力。"

3. 成交与交货

拍卖以其特有的方式成交后，拍卖行的工作人员即交给买方一份成交确认书，由买方填写并签字，表明交易正式达成。

拍卖商品的货款，通常都以现汇支付，在成交时，买方即须支付货款金额的一定百分比，其余的也须尽快支付。货款付清后，货物的所有权随之转移，买方凭拍卖行开出的栈单（Warrant）或提货单（Delivery Order）到指定的仓库提货。提货也必须在规定的期限内进行。在仓库交货前，拍卖人控制着货物，他有义务妥善保管货物。作为卖方的代理人，他享有要求货款的留置权，即在买方付清货款之前，他有权拒绝交货，除非拍卖条件中允许买方在提货后的一定期限内付清货款。

拍卖行为交易的达成提供的服务所收取的报酬，通常称作佣金（Commission）或经纪费（Brokerage）。佣金的多少没有统一的规定，可以由买卖双方与拍卖行加以约定。收取佣金的比例一般按照与成交价成反比的原则确定。拍卖未成交的，拍卖行可以向委托人收取约定的费用。

拍卖会结束后，由拍卖行公布拍卖单，其内容主要包括售出商品的简要说明、成交价、拍卖前公布的基价与成交价的比较等。这些材料反映了拍卖商品的市场情况及国际市场价格，也是两次拍卖会的间隔期内商人进行交易、掌握价格的重要参考资料。

第五节　对销贸易

一、对销贸易的概念、特征及主要形式

1. 对销贸易的概念

对销贸易（Counter Trade）是指在互惠的前提下，由两个或两个以上的贸易方达成协议，规定一方的进口产品可以部分或者全部以相对的出口产品来支付。

2. 对销贸易的特征

对销贸易不同于单边进出口，实质上是进口和出口相结合的方式，一方商品或劳务的出口必须以进口为条件，体现了互惠的特点，即相互提供出口机会。另外，在对销贸易方式下，一方从国外进口货物，不是用现汇支付，而是用相对的出口产品来支付。这样做有利于保持国际收支的平衡，对外汇储备较紧张的国家具有重要意义。

3. 对销贸易的主要形式

对销贸易有多种形式，如易货贸易（Barter Trade）、补偿贸易（Compensation Trade）、反购或互购（Counter Purchase）和转手贸易（Switch Trade）等。但在我国对外经贸活动中采用较多的是易货贸易和补偿贸易。对销贸易源自易货，它包含的各种交易形式都具有易货的基本特征，但又不是易货的简单再现，而是具有时代的烙印和新的经济内涵。

二、易货贸易

1. 易货贸易的形式

易货贸易（Barter Trade）在国际贸易实践中主要表现为下列两种形式，即狭义的易货和广义的易货。狭义的易货是纯粹的以货换货方式，不用货币支付。其特征是交换商品的价值相等或相近，没有第三者参加，并且是一次性交易，履约期较短。这种传统的直接易货贸易是一种古老的贸易方式，可以追溯到很久以前，在作为一般等价物的货币出现之前，人们就是用这种方式交换各自的劳动产品。但这种易货方式具有很大的局限性，在现代国际贸易中很少采用。

现代的易货贸易都是采用比较灵活的方式，即所谓广义的易货。这种易货方式主要有以下两种不同的做法。

（1）记账易货贸易：一方用一种出口货物交换对方出口的另一种货物，双方都将货值记账，互相抵冲，货款逐笔平衡，无需使用现汇支付，或者在一定时期内平衡（如有逆差，再以现汇或商品支付）。

（2）对开信用证方式：这是指进口和出口同时成交，金额大致相等，双方都采用信用证方式支付货款，也就是双方都开立以对方为受益人的信用证，并在信用证中规定一方开出的

信用证，要在收到对方开出的信用证时才生效。也可以采用保留押金方式，具体做法是先开出的信用证先生效，但是结汇后，银行把款扣下，留做该受益人开回头证时的押金。在这种做法下，虽然通过对开信用证并且有货币计价，但双方进行的仍然是以货换货的交易，而非现汇交易。

2. 易货贸易的优缺点

（1）易货贸易的优点：易货的突出优点在于它能促成外汇支付能力匮乏的国家和企业间进行贸易，调剂余缺，从而有利于国际贸易的发展；此外，易货还有利于以进带出或以出带进。由于易货是进出口相结合的一种贸易方式，交易双方都以对方承诺购买自己的商品作为购买对方商品的条件，于是，当对方推销商品时，可以把对方同时购买自己的商品作为购买的交换条件，即以进口带动本国商品的出口；当对方急需我方商品时，可以要求对方也提供我方所需商品作为交换条件，即以出口带动进口。

（2）易货贸易的缺点：以直接易货为本质内容的易货贸易，有其局限性：首先，易货贸易中进行交换的商品，无论在数量、品质、规格等方面都必须是对方所需要的和可以接受的。在实际业务中，尤其是在当前的国际贸易中，商品种类繁多，规格复杂，从事国际贸易的商人专业化程度较高，要找到这种合适的交易伙伴有时是相当困难的，这就给这种贸易方式在国际贸易中的应用带来了一定难度。其次，易货的开展还要受到双方国家经济互补性的制约。一般而言，两国的经济发展水平、产业结构差异越大，其互补性也越强，产品交换的选择余地越大；反之，要交换彼此产品的难度则越大。各国的贸易实践已充分证实了这一点。由于上述种种局限性，故这种单纯的物物交换方式在对销贸易中所占比例不大。

三、补偿贸易

1. 补偿贸易的概念及特征

补偿贸易（Compensation Trade）是指在信贷基础上进行的、进口与出口相结合的贸易方式，即进口设备，然后以回销产品和劳务所得价款，分期偿还进口设备的价款及利息。与上述的产品回购相比，我国的补偿贸易内涵更广，做法更灵活一些。

补偿贸易又称作产品回购，这种做法多出现于设备的交易。构成补偿贸易的必备条件：信贷和承诺回购产品。它是指按照回购协议，先进口国以赊购方式或利用信贷购进技术或设备，同时由先出口国向先进口国承诺购买一定数量或金额的、由该技术或设备直接制造或派生出来的产品，即通常所说的直接产品或有关产品，先进口方用出售这些产品所得货款分期偿还进口设备的价款和利息，或偿还贷款和利息。这种做法是回购贸易最常见、最基本的做法。

2. 补偿贸易的种类

（1）直接产品补偿或产品回购（Product Buyback）。双方在协议中约定，由设备供应方向设备进口方承诺购买一定数量或金额的由该设备直接生产出来的产品。这是补偿贸易最基本的做法。但是这种做法有一定的局限性，它要求生产出来的直接产品及其品质必须是对方所需要的，或者在国际市场上有销路，否则不易为对方所接受。

（2）间接产品补偿或产品互购（Counter Purchase）。当所交易的设备本身不生产物质产品，或设备所生产的直接产品非对方所需或在国际市场上不好销时，可由双方根据需要和可能进行协商，用回购其他产品来代替。

（3）劳务补偿。这种做法常见于同来料加工和来件装配相结合的中小型补偿贸易中。按照这种做法，双方根据协议，往往由对方代我方购进所需的技术、设备，货款由对方垫付。我方按对方要求加工生产后，从应收的工缴费中分期扣还所欠款项。

在实践中，上述三种做法还可结合使用，即进行综合补偿。有时，根据实际情况的需要，还可以部分用直接产品或其他产品或劳务补偿，部分由现汇支付等。

3. 补偿贸易的作用

（1）对设备进口方的作用。补偿贸易是一种较好的利用外资的形式。我国目前之所以要开展补偿贸易，其目的之一也就是想通过这种方式来利用国外资金，以弥补我国建设资金的不足。

通过补偿贸易，可以引进先进的技术和设备，发展和提高本国的生产能力，加快企业的技术改造，使产品不断更新及多样化，增强出口产品的竞争力。

通过回购，还可在扩大出口的同时，得到一个较稳定的销售市场和销售渠道。

（2）对设备供应方的作用。对销贸易源自易货，它包含的各种交易形式都具有易货的基本特征，但又不是易货的简单再现，而是具有时代的烙印和新的经济内涵。

4. 补偿贸易的局限性

（1）设备供应并不普遍接受用返销产品进行偿付。

（2）不易引进较先进的技术设备，且价格偏高。

（3）若补偿产品出口量大，可能会与本国同类产品的出口发生竞争。

（4）补偿贸易较复杂、费时。

第六节　加工贸易

一、来料加工

1. 来料加工业务的性质

来料加工（Processing with Supplied Materials）业务与一般进出口贸易不同。一般进出口贸易属于货物买卖；来料加工业务虽有原材料、零部件的进口和成品的出口，但却不属于货物买卖。因为原料和成品的所有权始终属于委托方，并未发生转移，我方只提供劳务并收取约定的工缴费。因此，可以说来料加工这种委托加工的方式属于劳务贸易的范畴，是以商品为载体的劳务出口。

2. 来料加工业务的作用

来料加工业务对我方有积极的作用：

（1）可以发挥本国的生产潜力，补充国内原材料的不足，为国家增加外汇收入。

（2）引进国外的先进技术和管理经验，有利于提高生产、技术和管理水平。

（3）有利于发挥我国劳动力众多的优势，增加就业机会，繁荣地方经济。

对委托方来讲，来料加工业务也可降低其产品成本，增强竞争力，并有利于委托方所在国的产业结构调整。

3. 来料加工合同的主要内容

来料加工合同包括三个部分：约首部分、本文部分和约尾部分。约首和约尾主要说明订约人的名称、订约宗旨、订约时间、合同的效力、有效期限、终止及变更办法等问题。本文部分是合同的核心部分，具体规定双方的权利义务。在商谈合同的主要条款时，应注意下列问题：

（1）对来料来件的规定。在合同中要明确规定来料来件的重量要求、具体数量和到货时间。为了明确责任，一般同时规定验收办法和委托方未能按规定提供料、件的处理办法以及未按时间到达造成承接方停工、生产中断的补救方法。

（2）对成品品质的规定。外商为了保证成品在国际市场上的销路，对成品的重量要求比较严格，因此我方在签订合同时必须从自身的技术水平和生产能力出发，妥善规定，以免交付成品时发生困难。品质标准一经确定，承接方就要按时按质按量交付成品，委托方则根据合同规定的标准验收。

（3）关于耗料率和残次品率的规定。耗料率又称原材料消耗定额，是指每单位成品消耗原材料的数额。残次品率是指不合格产品在全部成品中的比率。这两个指标如定得过高，则委托方必然要增加成本，减少成品的收入；如定得过低，则承接方难以完成。因此，这一问题的规定直接关系到双方的利害关系和能否顺利执行合同。一般委托方要求耗料不得超过一定的定额，否则由我方负担；残次品不能超过一定比例，否则委托方有权拒收。

（4）关于工缴费标准的规定。工缴费是直接涉及到合同双方利害关系的核心问题。由于加工装配业务本质上是一种劳务出口，所以工缴费的核定应以国际劳务价格为依据，要具有一定竞争性，并考虑我国当前劳动生产率及其与国外的差距。

（5）对工缴费结算方式的规定。来料加工业务中关于工缴费的结算方法有两种：一是来料、来件和成品均不作价，单收加工费，由对方在我方交付成品后通过汇付、托收或信用证方式向我方支付。二是对来料、来件和成品分别作价，两者之间的差额即为工缴费。采用这种方式，我方应坚持先收后付的原则，我方开立远期信用证或以远期托收的方式对来料、来件付款；对方以即期信用证或即期托收方式支付成品价款。远期付款的期限要与加工周期和成品收款所需时间相衔接并适当留有余地，以免垫付外汇。

（6）对运输和保险的规定。来料加工业务涉及两段运输：原料运进和成品运出，须在合同中明确规定由谁承担有关的运输责任和费用。由于原料和成品的所有权均属于外商，所以运输的责任和费用也应由外商承担。但在具体业务中可灵活掌握，我方也可代办某些运输事项。

此外，来料加工合同还应订立工业产权的保证、不可抗力和仲裁等预防性条款。

二、进料加工

1. 进料加工的含义

进料加工一般是指从国外购进原料，加工生产出成品再销往国外。由于进口原料的目的是为了扶植出口，所以，进料加工又可称为"以进养出"。我国开展的以进养出业务，除了包括进口轻工、纺织、机械、电子行业的原材料、零部件、原器件，加工、制造或装配出成品再出口外，还包括从国外引进农、牧、渔业的优良品种，经过种植或繁育出成品再出口。

进料加工与前面所讲到的来料加工有相似之处，即都是"两头在外"的加工贸易方式，但两者又有明显的不同：第一，来料加工在加工过程中均未发生所有权的转移，原料运进和成品运出属于同一笔交易，原料供应者即是成品接受者；而在进料加工中，原料进口和成品出口是两笔不同的交易，均发生了所有权的转移，原料供应者和成品购买者之间也没有必然的联系。第二，在来料加工中，我方不用考虑原料的来源和成品销路，不承担风险，收取工缴费；而在进料加工中，我方是赚取从原料到成品的附加价值，要自筹资金、自寻销路、自担风险、自负盈亏。

2. 开展进料加工的意义

进料加工在我国并非一种新的贸易方式，但在改革开放的过程中，在中央政策的鼓励下有了较为迅速的发展，特别是东部沿海地区开展十分普遍。我国开展进料加工的意义，主要表现在以下几个方面：

（1）有利于解决国内原材料紧缺的困难，利用国外提供的资源，发展出口商品生产，为国家创造外汇收入。有些不能出口的产品，还可以满足国内市场的需要。

（2）开展进料加工可以更好地根据国际市场的需要和客户的要求，组织原料进口和加工生产，特别是来样进料加工方式，有助于做到产销对路，避免盲目生产，减少库存积压。

（3）进料加工是将国外的资源和市场与国内生产能力相结合的国际大循环方式，也是国际分工的一种形式。通过开展进料加工，可以充分发挥我国劳动力价格相对低廉的优势，并有效利用相对过剩的加工能力，扬长避短，促进我国外向型经济的发展。

三、境外加工贸易

1. 境外加工贸易的含义

境外加工贸易是指我国企业在国外进行直接投资的同时，利用当地的劳动力开展加工装配业务，以带动和扩大国内设备、技术、原材料、零配件出口的一种国际经济合作方式。

可见，境外加工贸易是在海外进行投资办厂的基础上，结合开展来料加工或进料加工或就地取材的一种新做法。

2. 开展境外加工贸易的必要性和可行性

我国企业开展境外加工贸易时间很短，可以说是刚刚起步，还缺乏经验，但应该看到它是当前国民经济结构调整和培育新的出口增长点的一项重要战略措施。我国政府决定开展这项业务是经过深思熟虑的。我们开展境外加工贸易具有它的必要性和可行性。

（1）开展境外加工贸易的必要性：

1）我国与许多国家存在着双边贸易不平衡问题，影响贸易关系的发展，开展此项业务，有助于绕过贸易壁垒，保持和拓展东道国市场或发展向第三国出口，从而缓解双边贸易不平衡的矛盾。

2）我国某些行业的生产技术已经成熟，要想在劳工成本不断上升的压力下维持产品的国际竞争能力，必须将长线产品转移到相对落后的国家和地区，来支持本国产业结构的调整。

3）为适应经济全球化的大趋势，我国企业需要走出国门，开展跨国经营，利用当地较低的生产和运输成本以及现有的市场销售渠道及其在区域经济一体化中的影响，获得较高的经济效益。

（2）开展境外加工贸易的可行性：

1）改革开放以来我们在开展加工贸易方面取得了丰富的经验，也培养了一大批管理人才，为我们走出国门打下了坚实的基础。

2）在劳动力密集、技术层次较低、产品标准化的行业中开展加工装配业务，我国有着较强的竞争优势。在一些科技含量较高的行业，经过近年来的不断努力，我们也具备了参与国际竞争的实力。

3）我国资源丰富，某些原材料（如棉花、棉布等）在国内有库存积压，通过带料加工，既有助于国产料件的出口，也解决了东道国资源不足的问题。

为了促进这项业务的开展，国家制定了一系列的鼓励措施，这主要包括资金支持、外汇管理、出口退税、金融服务和政策性保险等鼓励政策。

3. 我国企业开展境外加工贸易的申报程序

按照我国现行的政策规定，打算开展境外加工贸易的企业应向有关主管部门办理申报，申报程序如下：

（1）中央企业，直接向商务部、国家经贸委申报。申报材料一式两份，同时报送商务部、国家经贸委。

（2）其他企业向企业注册地的省级外经贸主管部门（外经贸委、厅或局）、经贸主管部门（经贸委、经委或计经委）同时申报。

省级外经贸主管部门会同经贸主管部门对项目进行审理，并形成一式两份的正式申报文件，联合上报商务部、国家经贸委。

（3）国家经贸委对项目的立项和可行性研究报告进行审查，并将符合条件的项目送商务部核准。

（4）商务部根据国家经贸委的初审意见，向我驻外使馆经商机构征询意见，并参考其回复意见，对项目进行最终审核，向通过审核的项目颁发批准证书。

各级经贸主管部门侧重对项目投资主体的生产经营、发展潜力和境外项目的投资规模、自有资金来源、产品结构等国内问题进行审核；各级外经贸主管部门侧重对项目的投资国别地区的政局状况、国别政策、当地及周边市场、投资环境、主办单位进出口情况等涉外问题进行审核。

第七节　商品期货交易

现代期货交易起源于19世纪后期的美国，目前已在世界范围内得到普遍发展。改革开放以来，我国期货市场也由初创阶段逐步向行为规范、有序运作的方向稳步发展。

一、期货交易的含义及特点

期货交易（Futures Trading），又称期货合同交易，是一种在特定类型的固定市场，即期货市场（Futures Market）或称商品交易所（Commodity Exchange），按照严格的程序和规则，通过公开喊价的方式，买进或卖出某种商品期货合同的交易。期货交易的基本特征如下：

1. 以标准期货合同作为交易标的

期货交易与现货交易有明显区别：现货交易双方必须交付实际货物，转移货物所有权；而期货交易买卖的是标准期货合同，必须在商品交易所内进行，不涉及货物的实际交割，只需在期货合同到期前平仓。平仓，也称对冲，是指在期货合同到期前，交易者做一笔方向相反、交割月份和数量相同的期货交易，从而解除其实物交割的义务。

标准合同是由各商品交易所制定的。商品的品质、规格、数量以及其他交易条件都统一拟定，买卖双方只需商定价格、交货期和合同数目。

2. 特殊的清算制度

商品交易所内买卖的期货合同由清算所进行统一交割、对冲和结算。清算所既是所有期货合同的买方，也是所有期货合同的卖方。交易双方分别与清算所建立法律关系。

3. 严格的保证金制度

清算所要求每个会员必须开立一个保证金账户，在开始建立期货交易时，按交易金额的一定百分比交纳初始保证金。以后每天交易结束后，清算所都按当日结算价格核算盈亏，如果亏损超过规定的百分比，清算所即要求追加保证金。该会员须在次日交易开盘前交纳追加保证金，否则清算所有权停止该会员的交易。

二、套期保值

期货交易的做法有多种，最常见的是套期保值和投机交易。

套期保值（Hedging）又称对冲交易。它的基本做法是在买进（或卖出）实货的同时或前后，在期货交易所卖出（或买进）相等数量的合同作为保值。由于期货市场和实货市场的价格趋势一般来说是一致的，涨时同涨，跌时俱跌，所以实货市场的亏（盈），可从期货市场的盈（亏）得到弥补或抵消。套期保值分为卖期保值（Selling Hedging）和买期保值（Buying Hedging）两种。

1. 卖期保值

卖期保值是指一些手头持有实货的个人或企业或丰收在望的农场主和拥有大量库存的经销商，担心新货登场但价格可能下跌而蒙受损失，便可在期货市场卖出期货合同以达到保值的目的。由于从事保值者处于卖方地位，所以称为"卖期保值"。

例如，某商家 6 月 1 日储有 10 000 蒲式耳 2 号软红冬小麦，当时离新麦收割仅 4～6 星期，而且作物生长良好，麦价可能下跌，当时小麦现货价为每蒲式耳 3.50 美元，7 月期货价为 3.60 美元。为了保值，他便在期货市场抛出 7 月小麦期货合同 2 份（每份 5 000 蒲式耳），这样便可把价格风险转嫁给别人，但以实货价与期货价同步移动为条件。7 月新麦登场，该商终于找到买主以每蒲式耳 3.30 美元成交，即下跌 0.20 美元。如期货亦同样下跌 0.20 美元，即跌至每蒲式耳 3.40 美元，该商便在交易所补回两份小麦期货合同以抵消先前抛出的两份期货合同。这样，该商可以期货市场赚得盈利每蒲式耳 0.20 美元，抵消其在现货市场亏蚀的 0.20 美元。但是如果收割前天气突然变坏，小麦现货陡升每蒲式耳 0.20 美元，他便可以每蒲式耳 3.70 美元出售存货。

只是期货价亦上升，在该商补回 2 份期货合同时，每蒲式耳须付 3.80 美元，而每蒲式耳亏蚀 0.20 美元，所以，该商所得仍为每蒲式耳 3.50 美元。

2. 买期保值

买期保值是指一些将来持有某种实货商品的个人或企业，在他们出售将来交付的实际货物时，担心日后价格上涨而受到损失，因而在期货市场上买进期货合同以达到保值的目的。由于从事保值者处于买方地位，所以称为"买期保值"。

例如，某大豆加工商按目前价格水平与某食品生产商达成协议，在 6 个月后加工商出售豆油给食品生产商。由于他手头尚无加工豆油的原料，因而担心如果豆价上涨，其豆油销售利润将会减少。为了回避价格可能上涨的风险，大豆加工商在期货市场买进 6 个月后交货的大豆期货合同。5 个半月后，当大豆加工商在实货市场购买大豆时，价格已上涨，然而由于他已在期货市场进行了买期保值，此时期货市场的大豆价格也相应上涨，他就可用在期货市场出卖对冲先前买进的期货合同所获的盈利补偿实货市场中的亏蚀，从而保证原定的豆油销售利润。

三、投机交易

投机交易（Speculation）与套期保值转移价格风险的目的不同，它是要承担风险，追求利润。其基本原则是低价购进，高价抛出，以获取两次交易的差价。期货市场上主要的投机活动是买空和卖空。

1. 买空

买空（Bull，Long）又称多头，指投机商在预计价格将上涨时先买进期货合同，使自己处于多头部位（Long Position），等到价格上涨后再卖出对冲，从中获利。

2. 卖空

卖空（Bear，Short）又称空头，指投机商估计行市看跌，所以先抛出期货合约，使自己处于空头部位（Short Position），等价格下跌到一定程度再补进对冲，同样赚取差价。

例如，5月10日，芝加哥谷物交易所的小麦7月份期货为每蒲式耳3.75美元。由于当时气候反常，生产前景暗淡，市价看好，于是商人A就通过经纪人在期货市场按上述价格买进两个合同的小麦，共10 000蒲式耳。至6月份，小麦价格上涨至每蒲式耳3.97美元，该商人遂卖出前购进的10 000蒲式耳小麦，则每蒲式耳获利0.22美元。

投机商是根据他们各自对期货市场价格走向进行预测的基础上来决定是买空或卖空的，能否获利主要取决于他们对行情预测的准确程度。

本章小结

国际贸易方式是国际间商品流通的做法或形式。除了常见的逐笔售定的单边进出口方式外，还有诸如经销、代理、招标投标、拍卖、寄售、对销贸易、加工贸易和期货交易等形式。

经销业务中的经销商和供货商是买卖关系。经销人以自己的名义买进供货商按协议供应的商品，自行销售，自负盈亏。经销有独家经销和一般经销两种方式。

代理业务中的代理人和委托人之间不是买卖关系，而是委托代理关系。代理人是中介人，代表委托人与第三人订立合同，由委托人直接负责由此产生的权利和义务。代理的种类很多，可从不同角度划分，常见的是按委托授权大小分为总代理、独家代理和一般代理。

招标与投标不是两种贸易方式，而是一种贸易方式的两个方面。国际上采用的招标方式可分为公开招标、选择性招标和两段招标。招标与投标的基本程序包括招标、投标、开标、评标和中标签约等环节。

拍卖是一种古老的具有悠久历史的贸易方式。它是由专营拍卖业务的拍卖行，按照一定的章程和规则组织进行，是一种现货交易方式。拍卖的形式有增价拍卖、减价拍卖和密封递价拍卖三种。

寄售是一种委托代售的贸易方式，寄售协议既非经销业务的买卖合同关系，亦非代理业务中的委托代理关系，而是属于委托与受托的关系。寄售方式对于寄售人、代销人和买方都有有利方面，尤其是代销人不承担任何风险和费用，只收取佣金。

对销贸易是一种既买又卖、买卖互为条件的贸易方式。对销贸易有多种形式，最基本的是易货贸易、互购贸易和补偿贸易。对销贸易具备进出口结合和以进口抵补出口的基本特征。

　　加工贸易是一种简单的国际间的劳务合作方式，主要有对外加工装配和进料加工两种。对外加工装配是来料加工和来件装配的统称，系由外商提供原材料等，利用国内设备和劳动力加工，承接方向外商收取工缴费的贸易方式。而进料加工则是指从国外购进原料，在国内加工成成品，再将成品销往国外的贸易方式。

　　期货交易明显区别于现货交易，它不进行实物交割，而是买卖期货合同；它有着固定的市场和严格的程序与规则。从交易者买卖期货合同的目的看，期货交易可分为套期保值和投机交易两种。在套期保值中又包括买期保值和卖期保值两种。投机交易的做法是买空和卖空。

<h1 style="text-align:center">习　　题</h1>

1. 经销与代理的区别是什么？
2. 国际招标的方式有哪些？
3. 拍卖的形式有哪些？
4. 什么是补偿贸易？有哪几种类型？
5. 什么是易货贸易？有哪些形式？
6. 招标的程序是什么？
7. 套期保值的做法是什么？

附　　录

附录 Ⅰ　　《托收统一规则》（URC522）

第一条　《托收统一规则》（URC522）的应用

a. 托收统一规则 1995 年修订本，国际商会第 522 号出版物，适用于第四条所述"托收指示书"原文中表明按本规则行事的所有在第二条中为其定义的托收业务。除非另有约定或与一国、一州或地方所不得违反的法律和/或法规有抵触，统一规则对一切有关当事人均具约束力。

b. 银行没有处理托收或执行托收指示或其后相关指示的义务。

c. 如银行由于任何原因，决定不受理所收到的托收或相关的指示，必须无延误地以电讯通知发出托收或托收指示书的一方。如无此可能，则用其他快捷的方式通知。

第二条　托收的定义

就本规则之条文而言：

a. "托收"意指银行根据所收到的指示，处理第二条 b 分条所定义的单据，其目的：

1. 取得付款和/或承兑，或

2. 凭付款和/或承兑交单，或

3. 按其他条款及条件交单。

b. "单据"意指金融单据和/或商业单据。

1. "金融单据"意指汇票、本票、支票或其他用于取得付款或款项的类似凭证。

2. "商业单据"意指发票、运输单据、物权单据或其他类似单据，或除金融单据以外的任何其他单据。

c. "光票托收"意指金融单据不附有商业单据的托收。

d. "跟单托收"意指下列单据的托收：

1. 金融单据附有商业单据的托收；

2. 商业单据不附有金融单据的托收。

第三条　托收的各关系方

a. 就本规则之条文而言，"相关各方当事人"是：

1. "委托人"：委托银行办理托收的一方。

2. "委托行"：委托人委托其办理托收的银行。

3. "代收行"：除委托行以外参与办理托收业务的任何银行。

4. "提示行"：向付款人提示单据的代收行。

b. "付款人"：是根据托收指示书向其提示单据的人。

第四条　托收指示书

a. 1. 一切寄出的托收单据均须附有托收指示书，注明该托收按照 URC522 办理，并给予完全而准确的指示。银行仅被允许根据托收指示书所给予的指示及本规则办理。

2. 银行将不从审核单据中获取指示。

3. 除非托收指示书中另有授权，银行对来自委托一方/银行以外任何一方/银行的任何指示不予理会。

b. 托收指示书应适当地载有下列各项内容：

1. 发出托收单据之银行的详情，包括全称、邮政及 SWIFT 地址、电传、电话、传真号码及参考号。

2. 委托人的详情，包括全称、邮政地址、电传、电话及传真号码。

3. 付款人详情，包括全称、邮政地址或提示所在电传、电话及传真号码。

4. 提示行（若有的话）详情，包括全称、邮政地址、电传、电话及传真号码。

5. 托收金额及货币。

6. 寄送单据清单及每一单据的份数。

7.（1）据以取得付款和/或承兑的条款及条件。

（2）据以交单的条件：

1）付款和/或承兑。

2）其他条件。

做出托收指示书的一方有责任确保交单条件表述清楚，意义明确，否则银行对其产生的后果不负责任。

8. 应收取的费用，同时注明是否可以放弃。

9. 如有应收利息，则应包括利率、付息期、所适用的计息基础（例如一年 360 天还是 365 天）。也须注明是否可以放弃。

10. 付款方法及通知付款的方式。

11. 发生不付款、不承兑和/或与其他指示不符合时的指示。

c. 1. 托收指示书应载明付款人或提示所在地的完整地址，如该地址不完整或不准确，代收行可尽力查明其确切地址，但不承担任何责任。

2. 代收行对因所提供地址不完整/不准确造成的延误不承担责任。

第五条　提示

a. 就本规则诸条文而言，提示是提示行根据委托指示使付款人得到单据的手续。

b. 托收指示书应注明付款人必须采取行动的确切时限。

诸如"首先"、"迅速"、"立即"及类似词语，在与提示相关或涉及付款人必须接受单据或必须采取任何其他行动的时限时不应使用，如果使用了这类词语，银行将不予理会。

c. 单据须按收到时的原样向付款人提示，但除另有其他指示外，银行被允许加贴必要的印花税票，此项费用由发出该托收的一方负担，银行并允许做任何必要的背书或加盖橡皮印章或做托收业务惯用的或要求的识别标记。

d. 为行使委托人的指示，委托行将使用委托人指定的银行作为代收行。若无此指定，委托行将使用它自己选择的或别的银行选择的，在付款或承兑国家内，或在必须履行其他条件的国家内的任何一家银行。

e. 委托行可将单据及托收指示书直接或通过另一中间银行寄给代收行。

f. 若委托行不指定具体提示行，代收行可使用自己选择的提示行。

第六条　即期/承兑

如果是即期付款的单据，提示行必须无延误地提示以取得付款。如果是即期付款以外的远期付款单据，当要求取得承兑时，提示行必须无延误地提示以取得承兑；当要求取得付款时，必须不迟于规定的到期日提示以取得付款。

第七条　商业单据的交付

凭承兑交单（D/A）与付款交单（D/P）

a. 托收不应含有远期汇票而又同时规定商业单据要在付款时才交付。

b. 如果拒收含有远期付款的汇票，托收指示书应注明商业单据是凭承兑（D/A）交付款人还是凭付款（D/P）交付款人。

如果无此项注明，商业单据仅能凭付款交付，代收行对因迟交单据产生的任何后果不负责任。

c. 如果托收含有远期付款汇票，且托收指示书注明凭付款交付商业单据，则单据只能凭付款交付，代收行对于因任何迟交单据引起的后果不负任何责任。

第八条　缮制单据

当委托行指示由代收行或付款人缮制代收中未包括的单据（汇票、本票、信托收据、承诺函或其他单据）时，委托须提供此类单据的式样及词语，否则代收行对于代收行或付款人提供的任何此类单据的式样及词语不负责任。

第九条　诚信及合理谨慎

银行办理业务应遵守信用，谨慎从事。

第十条　单据与货物/服务/行为

a. 未经银行事先同意，货物不应直接发至银行，也不应以银行或其指定人为收货人。

倘若货物直接发至银行，或以银行或银行的指定人为收货人，然后由银行凭付款、承兑或其他条件将货物交给付款人而没有事先征得该银行的同意，则银行没有提货的义务，货物的风险及责任由发货人承担。

b. 对于跟单托收项下的货物，包括货物的存储及保险，即便做了具体委托，银行也没有义务采取行动。只有在银行同意，且在其同意的限度以内，银行才采取这样的行动。尽管有第一条 C 分条之规定，即便代收行对此未做具体通知，本条仍适用。

c. 然而，倘若银行为了保护货物，不论是否得到指示就采取了行动，银行对于货物的处境和/或状况和/或受托保管和/或保护货物的任何第三者的任何行动和/或疏漏不负责任。但代收行必须将所采取的任何这种行动立即通知发出托收指示书的银行。

d. 银行对货物采取保护行为所发生的手续费和/或费用由发出托收的一方负担。

e.1. 虽然有第十条 a 分条之规定，当货物做成以代收行或代收行的指定人为收货人，且付款人已用付款、承兑或其他条件接受了该项托收，则代收行安排货物的交付，即被认为是委托行授权代收行如此做的。

2. 代收行根据委托行指示或按照第十条 e 条第 1 分条安排货物的交付，委托行须赔偿该代收行的所有损失及开支。

第十一条　受托方行为的免责

a. 银行为了执行委托人的指示而使用另一银行或其他银行的服务时，其费用与风险由该委托人负担。

b. 银行对于他们所转递的指示未被执行不承担义务和责任，即便被委托的其他银行是由他们主动选择的也是如此。

c. 一方委托另一方提供服务时，应受外国法律和惯例规定的义务和责任所约束，并对受托方承担该项义务和责任负赔偿之责。

第十二条　对所收单据的免责

a. 银行必须确定所收到的单据与托收指示书所列一致，对于任何单据缺少或发现与托收指示书中所列的单据不一致，必须用电讯或不可能时，用其他快捷的方法通知发出托收指示书的一方。

银行在这方面没有其他义务。

b. 如果发现未列之单据，委托行无权对代收行所收单据的种类及份数进行争辩。

c. 根据第 5 条 c 分条及上述第 12 条 a 分条及第 12 条 b 分条，银行将单据按收到时的情况提示，不再进一步审核。

第十三条　对单据有效性的免责

银行对于任何单据的形式、完整性、准确性、真实性、法律效力，或对于单据上规定的或附加的一般和/或特殊条件，概不负责；银行对于任何单据代表之货物的描述、数量、重量、品质、状况、包装、交货、价值或存在，或对于货物的发货人、承运人、运输行、收货人或货物保险人或其他任何人的诚信、行为和/疏忽、偿付能力、执行能力或信誉也概不负责。

第十四条　对寄送途中的延误、丢失、及时翻译的免责

a. 银行对由于任何发电、信件或单据在寄送途中的延误和/或丢失所引起的后果，或由于任何电信工具在传递中的延误、残缺或其他错误，或由于专门术语在翻译或解释上的错误，不承担义务或责任。

b. 银行对需要澄清收到的指示所引起的延误不负责任。

第十五条　不可抗力

银行对由于天灾、暴动、内乱、叛乱、战争、罢工或停工，他们所不能控制的任何其他原因，致使营业中断所造成的后果，不承担义务或责任。

第十六条　无延误地付款

a. 收妥的金额（如有手续费、开支或费用，则在扣除后）必须按照托收指示书中的条件无延误地立即拨交发出托收指示书的一方。

b. 尽管有第一条 c 分条之规定，除非另行协商同意，代收行只能将收到的金额付给委托行。

第十七条　以当地货币付款

如果单据是以付款国家货币（当地货币）付款，除托收指示书中另有指示外，提示行只有在该当地货币能够立即按照托收指示书的方式处理时，方可在用当地货币付款后，向付款人放单。

第十八条　以外国货币付款

如果单据是以付款国以外的货币（外国货币）付款，除托收指示书中另有指示外，提示

行只有在指定的外国货币能够按照托收指示书的规定立即汇出时，方可用该指定的货币付款，向付款人放单。

第十九条　部分付款

a. 关于光票托收，仅在付款地现行法律准许部分付款的限度内和条件下，方可接受部分付款。金融单据仅在全部款项业已收妥时方可交与付款人。

b. 关于跟单托收，仅在托收指示书有特别授权的情况下方可接受部分付款。除另有指示外，提示行仅在全部款项业已收妥时，方可将单据交与付款人，提示行对于因任何延迟交单产生的后果不负责任。

c. 无论如何，只有视情况符合第十七条或第十八条规定时，方可接受部分付款。

如接受部分付款，应按第十六条的规定办理。

第二十条　利息

a. 如果托收指示书明示应收取利息但付款人拒付这样的利息时，除非适用第二十条 c 分条外，提示行可视情况凭付款和承兑或按其他条件交单，不收取该项利息。

b. 当应收取这样的利息时，托收指示书须注明利率、利息期及计算基础。

c. 当托收指示书特别注明不得放弃利息，但付款人拒付此项利息时，提示行将不交单，且对任何交单迟误引起的任何后果不负责任。一旦拒付利息，提示行须以电讯，或若不可能时，无延误地以其他快捷的方法通知发出托收提示书的银行。

第二十一条　手续费及费用

a. 如果托收指示书规定托收手续费和/或费用应由付款人负担而付款人拒付时，除非适用第二十条 b 分条，提示任何可视情况凭付款或承兑或按其他条件交单，不收代收手续费和/或费用。当以此种方式放弃托收手续费和/或费用时，所放弃的费用将由发出托收的一方负担，并可从货款中扣除。

b. 当托收指示书特别注明手续费和/或费用不得放弃但付款人对此拒付时，提示行将不交单，且对因任何延迟交单造成的任何后果不负责任。当代收手续费和/或费用被拒付时，提示行须以电讯，或若不可能时，无延误地以其他快捷的方法通知发出托收指示书的银行。

c. 凡属按托收指示书明确规定的条件，或根据本规则，开支和/或费用和/或托收手续费应由委托人负担时，代收行有权向发出托收批示书的银行立即收回为其支付的开支、费用和手续费，而委托行不论该项托收结果如何，有权立即向委托人收回其为此支付的任何金额及其本身的开支、费用及手续费。

d. 银行保留向发出托收指示书的一方要求预付手续费及其他费用的权利，以支付试图执行托收指示所需的费用，在收到该项费用以前，保留不执行该指示书的权利。

第二十二条　承兑

提示行应负责查看汇票的承兑形式在表面上是否完整和正确，但对任何签字的真实性和签字人是否有权签署承兑不负责任。

第二十三条　本票及其他凭证

提示行对于任何签字的真实性或本票、收据或其他凭证上的签字人是否有权签署不负责任。

第二十四条　拒绝证书

托收指示书应对遭到拒绝付款或拒绝承兑时的有关拒绝证书事宜（或代之以其他法律程序）给予明确指示。如无此项明确指示，则与托收有关的银行，对拒绝付款或拒绝承兑的单据，没有义务做成拒绝证书（或代之以其他法律程序）。

银行由于办理拒绝证书或其他法律程序所付出的手续费和/或费用，应由发出托收指示书的一方负担。

第二十五条　需要时的代理

如委托人指定一名代表，在遭到拒绝付款和/或拒绝承兑时作为需要时的代理，应在托收指示书中明确而充分地注明此项代理的权限。如无此注明，银行将不接受此需要时的代理的任何指示。

第二十六条　通知

代收行应按下列规则通知代收情况：

a. 通知方式：代收行向发出托收指示书的银行送交的所有通知或信息必须载明必要的详细内容。在任何情况下，均须包括委托行在托收指示书中注明的业务编号。

b. 通知方法：委托行有责任向代收行指明关于发出 c 分条中所列各项通知的做法，若无此指示，代收行将按自己选择的方法送交相关通知，费用由发出托收指示书的银行负担。

c.1. 付款通知：代收行必须无延误地将付款通知送交发出托收指示书的银行，详列收妥的金额，扣减的手续费和/或开支和/或费用以及款项的处理方法。

2. 承兑通知：代收行必须无延误地将承兑通知送交发出托收指示书的银行。

3. 拒绝付款或拒绝承兑通知：提示行应尽力确定拒绝付款和/或拒绝承兑的原因并无延误地相应通知给发出托收指示书的银行。

提示行必须无延误地向发出托收指示书的银行送交拒绝付款通知和/或拒绝承兑通知。委托行收到此项通知时，必须对单据如何处理给予相应的指示。提示行如在发出拒绝付款和/或拒绝承兑通知后 60 天以内仍未收到此项指示时，可将单据退回发出托收指示书的银行，不再负任何责任。

附录Ⅱ 《跟单信用证统一惯例》(UCP500)

第一条 统一惯例的适用范围

《跟单信用证统一惯例》1993 年修订本,国际商会第 500 号出版物,适用于所有在信用证正文中标明按本惯例办理的跟单信用证(包括本惯例适用范围内的备用信用证)。除非信用证中另有明文规定,本惯例对一切有关当事人均具有约束力。

第二条 信用证的含义

就本惯例而言,"跟单信用证"(以下统称"信用证")意指一项约定,不论其如何命名或描述,即由一家银行("开证行")应客户("申请人")的要求和指示或以其自身的名义,在符合信用证条款的条件下,凭规定的单据:

Ⅰ 向第三者("受益人")或其指定人付款,或承兑并支付受益人出具的汇票;或

Ⅱ 授权另一家银行付款,或承兑并支付该汇票;或

Ⅲ 授权另一家银行议付。

就本惯例而言,一家银行在不同国家设立的分支机构均视为另一家银行。

第三条 信用证与合同

a. 就性质而言,信用证与可能作为其依据的销售合同或其他合同,是相互独立的交易。即使信用证中有对该合同的任何援引,银行也与该合同完全无关,且不受其约束。因此,一家银行做出付款、承兑并支付汇票或议付及/或履行信用证项下其他义务的承诺,不受制于申请人与开证行或与受益人之间在已有关系下产生的索偿或抗辩。

b. 受益人在任何情况下,不得利用银行之间或申请人与开证行之间的契约关系。

第四条 单据与货物/服务/行为

在信用证业务中,各有关当事人所处理的只是单据,而不是单据所涉及的货物、服务及/或其他行为。

第五条 开立或修改信用证的指示

a. 信用证的开证指示、信用证本身、对信用证的修改指示及修改本身必须完整和明确。为防止混淆和误解,银行应劝阻下列意图:

Ⅰ 在信用证或其任何修改中,加注过多细节;

Ⅱ 在指示开立、通知或保兑一个信用证时，引用先前开立的信用证（参照前证），而该前证要受到已被接受及/或未被接受的修改的约束。

b. 有关开立信用证的一切指示和信用证本身，如有修改时，有关修改的一切指示和修改本身都必须明确规定据以付款、承兑或议付的单据。

第六条　可撤销信用证与不可撤销信用证

a. 信用证可以是：

Ⅰ 可撤销的，或

Ⅱ 不可撤销的。

b. 因此，信用证应明确注明是可撤销的或是不可撤销的。

e. 如无此项注明，应视为不可撤销的信用证。

第七条　通知行的责任

a. 信用证可经另一家银行（"通知行"）通知受益人，而通知行无需承担责任。如通知行决定不通知信用证，它必须不延误地告知开证行。

b. 如通知行不能确定信用证的表面真实性，它必须不延误地告知从其收到该指示的银行，说明它不能确定该信用证的真实性。如通知行仍决定通知该信用证，则必须告知受益人它不能核对信用证的真实性。

第八条　信用证的撤销

a. 可撤销的信用证可以由开证行随时修改或撤销，不必事先通知受益人。

b. 然而，开证行必须：

Ⅰ 对办理可撤销信用证项下即期付款、承兑或议付的另一家银行，在其收到修改或撤销通知之前已凭表面与信用证条款相符的单据做出的任何付款、承兑或议付，予以偿付。

Ⅱ 对办理可撤销信用证项下延期付款的另一家银行，在其收到修改或撤销通知之前已接受表面与信用证条款相符的单据，予以偿付。

第九条　开证行与保兑行的责任

a. 不可撤销的信用证，在其规定的单据全部提交指定银行或开证行，并符合信用证条款的条件下，便构成开证行的确定承诺：

Ⅰ 对即期付款的信用证——履行即期付款。

Ⅱ 对延期付款的信用证——于信用证条款中所确定的到期日付款。

Ⅲ 对承兑信用证：

（a）凡由开证行承兑者——承兑受益人出具的以开证行为付款人的汇票，并于到期日支付票款，或

（b）凡由另一受票银行承兑者——如信用证内规定的受票银行对于以其为付款人的汇票不予承兑，应由开证行承兑并在到期日支付受益人出具的以开证行为付款人的汇票；或者，如受票银行对汇票已承兑，但到期不付，则开证行应予支付；

Ⅳ 对议付信用证——根据受益人依照信用证出具的汇票及/或提交的单据，向出票人及/或善意持票人履行付款，不得追索。开立信用证时不应以申请人作为汇票付款人。如信用证仍规定汇票付款人为申请人，银行将视此汇票为附加的单据。

b. 根据开证行的授权或要求，另一家银行（"保兑行"）对不可撤销信用证加具保兑，当信用证规定的单据提交到保兑行或任何另一家指定银行时，在完全符合信用证规定的条件下则构成保兑行在开证行之外的确定承诺：

Ⅰ 对即期付款的信用证——履行即期付款；

Ⅱ 对延期付款的信用证——于信用证条款所确定的到期日付款；

Ⅲ 对承兑信用证：

（a）凡由保兑行承兑者—承兑受益人出具的以保兑行为付款人的汇票，并于到期日支付票款，或

（b）凡由另一受票银行承兑者——如信用证规定的受票银行对于以其为付款人的汇票不予承兑，应由保兑行承兑并在到期日支付受益人出具的以保兑行为付款人的汇票，或者，如受票银行对汇票已承兑，但到期不付，则保兑行应予支付。

Ⅳ 对议付信用证——根据受益人依照信用证出具的汇票及/或提交的单据，向出票人及/或善意持票人予以议付，不得追索。开立信用证时不应以申请人作为汇票付款人。如信用证仍规定汇票付款人为申请人，银行将视此汇票为附加的单据。

Ⅴ 如开证行授权或要求另一家银行对信用证加具保兑，而该银行不准备照办时，它必须不延误地告知开证行。

Ⅵ 除非开证行在其授权或要求加具保兑的指示中另有规定，通知行可以不加保兑并将未经保兑的信用证通知受益人。

c. Ⅰ 除第四十八条另有规定外，未经开证行、保兑行（如有）以及受益人同意，不可撤销信用证既不能修改也不能撤销。

Ⅱ 自发出信用证修改之时起，开证行就不可撤销地受其所发出修改的约束。保兑行可将其保兑扩展至修改，且自其通知该修改之时起，即不可撤销地受修改的约束。然而，保兑行可选择仅将修改内容通知受益人而不对其加具保兑，但必须不延误地将此通知开证行和受益人。

Ⅲ 在受益人向通知修改的银行表示接受该修改之前，原信用证（或先前已接受修改的信用证）的条款对受益人仍然有效。受益人应发出接受或拒绝接受修改的通知。如受益人未发出上述通知，当它提交给指定银行或开证行的单据与信用证以及尚未表示接受的修改的内容一致时，则该事实即视为受益人已做出接受修改的通知，并从此时起，该信用证已做修改。

Ⅳ 对同一修改通知中的修改内容不允许部分接受，因而，对修改内容的部分接受当属无效。

第十条　信用证的种类

a. 一切信用证均须明确表示它适用于即期付款、延期付款、承兑抑或议付。

b. Ⅰ 除非信用证规定只能由开证行办理，一切信用证均须指定某家银行（"指定银行"）并授权其付款、承担延期付款责任、承兑汇票或议付。对自由议付的信用证，任何银行均为指定银行。单据必须提交给开证行或保兑行（如有）或其他任何指定银行。

Ⅱ 议付意指被授权议付的银行对汇票及/或单据付出价金。仅审核单据而未付出价金并不构成议付。

c. 除非指定银行是保兑行，开证行的指定并不构成指定银行对付款、延期付款、承兑汇票或议付承担责任。除非指定银行已明确同意并告知受益人，否则，该行收受及/或审核及/或转交单据的行为，并不意味着它对付款、延期付款、承兑汇票或议付负有责任。

d. 如开证行指定另一家银行、或允许任何银行议付、或授权或要求另一家银行加具保兑，那么开证行即分别授权上述银行根据具体情况，凭表面与信用证条款相符的单据办理付款、承兑汇票或者议付，并保证依照本惯例对上述银行予以偿付。

第十一条　电信传递与预先通知的信用证

a. Ⅰ 当开证行使用经证实的电信方式指示通知行通知信用证或信用证修改时，该电信即视为有效的信用证文件或有效的修改，不应寄送证实书。如仍寄送证实书，则该证实书无效，且通知行没有义务将证实书与所收到的以电信方式传递的有效信用证文件或有效的修改进行核对。

Ⅱ 如该电信声明："详情后告"（或类似词语）或声明邮寄证实书将是有效的信用证文件或有效的修改，则该电信将视为无效的信用证文件或修改。开证行必须不延误地向通知行寄送有效的信用证文件或有效的修改。

b. 如一家银行利用一家通知行的服务将信用证通知给受益人，它也必须利用同一家银行的服务通知修改。

c. 惟有准备开立有效信用证或修改的开证行，才可以对不可撤销信用证或修改发出预先通知书。除非开证行在其预先通知书中另有规定，发出预先通知的开证行必须不可撤销地承担不延误地开出或修改信用证的责任，且条款不能与预先通知书相矛盾。

第十二条　不完全或不清楚的指示

如所收到有关通知、保兑或修改信用证的指示不完整或不清楚，被要求执行该指示的银行可以给受益人一份仅供参考、且不负任何责任的初步通知。该预先通知书应清楚地声明本通知书仅供参考，且通知行不承担责任。但通知行必须将所采取的行动告知开证行，并要求开证行提供必要的内容。

开证行必须不延误地提供必要的内容。惟有通知行收到完整明确的指示，并准备执行时，信用证方得通知、保兑或修改。

第十三条　审核单据的标准

a. 银行必须合理小心地审核信用证规定的一切单据，以确定是否表面与信用证条款相符合。本惯例所体现的国际标准银行实务是确定信用证所规定的单据表面与信用证条款相符的依据。单据之间表面互不一致，即视为表面与信用证条款不符。

银行将不审核信用证中没有规定的单据。如果银行收到此类单据，应退还交单人或将其照转，并对此不承担责任。

b. 开证行、保兑行（如有）或代其行事的指定银行，应有各自的合理时间——不得超过从其收到单据的翌日起算七个银行工作日——来审核单据，以决定接受或拒绝接受单据，并相应地通知寄送单据的一方。

c. 如信用证含有某些条件而未列明需提交与之相符的单据，银行将此条件视同未列明，且对此不予理会。

第十四条　不符点单据与通知

a. 当开证行授权另一家银行依据表面符合信用证条款的单据付款、承担延期付款责任、承兑汇票或议付时，开证行、保兑行（如有），承担下列责任：

Ⅰ对已付款、已承担延期付款责任、已承兑汇票或已议付的指定银行予以偿付。

Ⅱ接受单据。

b. 当开证行及/或保兑行（如有），或代其行事的指定银行，收到单据时，必须仅以单据为依据，确定单据是否表面与信用证条款相符。如单据表面与信用证条款不符，上述银行可以拒绝接受。

c. 如开证行确定单据表面与信用证条款不符，它可以自行确定联系申请人对不符点予以接受，但是，不能借此延长第十三条 b 款规定的期限。

d. Ⅰ如开证行及/或保兑行（如有），或代其行事的指定银行，决定拒绝接受单据，它必须不得延误地以电信方式，如不可能，则以其他快捷方式通知此事，但不得迟于收到单据的翌日起算第七个银行工作日。该通知应发给寄送单据的银行，或者，如直接从受益人处收到单据，则通知受益人。

Ⅱ该通知必须说明银行凭以拒绝接受单据的全部不符点，并说明单据已代为保管、听候处理，或已退交单人。

Ⅲ然后，开证行及/或保兑行（如有），便有权向寄单银行索回已经给予该银行的任何偿付款项及利息。

e. 如开证行及/或保兑行（如有），未能按照本条文的规定办理及/或未能代为保管单据听候处理，或经退交单人，开证行及/或保兑行（如有），将无权宣称单据与信用证条款不符。

f. 如寄单银行向开证行及/或保兑行（如有）指出单据中的不符点，或通知上述银行为此已经提出保留或凭赔偿担保付款、承担延期付款责任、承兑汇票或议付，开证行及/或保兑行（如有），并不因此而解除其在本条文项下的任何义务。此项保留或赔偿担保仅涉及寄单银行与被保留一方，或者提供或代为提供赔偿担保一方之间的关系。

第十五条　对单据有效性的免责

银行对于任何单据的形式、完整性、准确性、真伪性或法律效力，或对于单据上规定的附加的一般性及/或特殊性条件，概不负责；银行对于任何单据中有关的货物描述、数量、重量、品质、状况、包装、交货、价值或存在，对于货物的发货人、承运人、运输行、收货人或保险人或其他任何的诚信行为及/或疏忽、清偿能力、履约能力或资信也概不负责。

第十六条　对文电传递的免责

银行对由于任何文电、信函或单据传递中发生延误及/或遗失所造成的后果，或对于任何电信传递过程中发生延误、残缺或其他差错概不负责。银行对专门性术语的翻译及/或解释上的差错，也不负责，并保留将信用证条款原样照转而不翻译的权利。

第十七条　不可抗力

银行对于天灾、暴动、骚乱、叛乱、战争或银行本身无法控制的任何其他原因，或对于任何罢工或封锁而中断营业所引起的一切后果，概不负责。除非经特别授权，银行在恢复营业后，对于在营业中断期间已逾期的信用证将不再据以进行付款、承担延期付款责任、承兑汇票或议付。

第十八条　对被指示方行为的免责

a. 为执行申请人的指示，银行利用另一家银行或其他银行的服务，是代申请人办理的，其一切风险由申请人承担。

b. 即使银行主动选择其他银行办理业务，如发出的指示未被执行，银行对此亦不负责。

c. Ⅰ 一方指示另一方提供服务时，被指示一方因执行指示而产生的一切费用由指示方承担，包括手续费、费用、成本费或其他开支。

Ⅱ 当信用证规定上述费用由指示方以外的一方负担，而费用未能收回时，指示方亦不能免除最终支付此类费用的责任。

d. 申请人应受外国法律和惯例加诸银行的一切义务和责任的约束，并承担赔偿之责。

第十九条　银行间的偿付约定

a. 开证行如欲通知另一方（"偿付行"）对付款行、承兑行或议付行（均称"索偿行"）履行偿付时，开证行应及时给偿付行对此类索偿予以偿付的适当指示或授权。

b. 开证行不应要求索偿行向偿付行提供与信用证条款相符的证明。

c. 如索偿行未能从偿付行得到偿付，开证行不能解除自身的偿付责任。

d. 如偿付行未能在首次索偿时即行偿付，或未能按信用证另行约定的方式，或双方同意的方式进行偿付，开证行应对索偿行的利息损失负责。

e. 偿付行的费用应由开证行承担。然而，如费用系由其他方承担，开证行有责任在原信用证中和偿付授权书中予以注明。如偿付行的费用系由其他方承担，该费用应在支付信用证项下款项时向索偿行收取。如信用证项下款项未被支取，开证行仍有义务承担偿付行的费用。

第二十条　对出单人而言的模糊用语

a. 不应使用诸如"第一流"、"著名"、"合格"、"独立"、"正式"、"有资格"、"当地"及类似意义的词语来描述信用证项下应提交任何单据的出单人。如信用证中含有此类词语，只要所提交的单据表面与信用证其他条款相符，且并非由受益人出具，银行将照予接受。

b. 除非信用证另有规定，只要单据注明为正本，如必要时，已加签字，银行也将接受下列方法制作或表面上看起来是按该方法制作的单据作为正本单据。

Ⅰ 影印、自动或电脑处理；

Ⅱ 复写；

c. 单据签字可以手签，也可用签样印刷、穿孔签字、盖章、符号表示或其他任何机械或电子证实的方法处理。

Ⅰ 除非信用证另有规定，银行将接受标明副本字样或没有标明正本字样的单据作为副本单据，副本单据无需签字。

Ⅱ 如信用证要求多份单据，诸如"一式两份"、"两份"等，可以提交一份正本，其余份数以副本来满足，但单据本身另有显示者除外。

d. 除非信用证另有规定，当信用证条款含有要求提交证实的单据、生效的单据、合法的单据、签证单据、证明单据或对单据有类似要求的条件时，该条件可由在单据上签字、标注、盖章或标签来满足，只要单据表面已满足上述条件即可。

第二十一条　对出单人或单据内容未作规定

当要求提供运输单据、保险单据和商业发票以外的单据时，信用证中应规定该单据的出单人及其措辞或内容。如信用证对此未作规定，只要所提交单据的内容与提交的其他规定单据不矛盾，银行将接受此类单据。

第二十二条　出单日期与信用证日期

除非信用证另有规定，银行将接受出单日期早于信用证日期的单据，但该单据必须在信用证和本惯例规定的期限内提交。

第二十三条　海洋运输提单

a. 如信用证要求港至港运输提单，除非信用证另有规定，银行将接受下述单据，不论其称谓如何。

Ⅰ 表面注明承运人的名称，并由下列人员签字或以其他方式证实：

——承运人或承运人的具名代理或代表，或

——船长或船长的具名代理或代表。

承运人或船长的任何签字或证实，必须表明"承运人"或"船长"的身份。代理人代表承运人或船长签字或证实时，也必须表明所代表的委托人的名称和身份，即注明代理人所代表的承运人或船长，及

Ⅱ 注明货物已装船或已装具名船只。

已装船或已装具名船只，可由提单上印就的"货物已装上具名船只"或"货物已装运具名船只"的词语来表示，在此情况下，提单的出具日期即视为装船日期与装运日期。

在所有其他情况下，装上具名船只，必须以提单上注明货物装船日期的批注来证实，在此情况下，装船批注日期即视为装运日期。

当提单含有"预期船"字样或类似有关限定船只的词语时，装上具名船只必须由提单上的装船批注来证实。该项装船批注除注明货物已装船的日期外，还应包括实际装货的船名，即使实际装货船只的名称为"预期船"，亦是如此。

如提单注明的收货地或接受监管地与装货港不同，已装船批注仍须注明信用证规定的装货港和实际装货船名，即使已装货船只的名称与提单注明的船只名称一致，亦是如此。本规定还适用于由提单上印就的装船词语来表示装船的任何情况，及

Ⅲ 注明信用证规定的装货港和卸货港，尽管提单上可能有下述情况：

（a）注明不同于装货港的接受监管地及/或不同于卸货港的最终目的地，

及/或

（b）含有"预期"或类似有关限定装货港及/或卸货港的标注者，只要该单据上表明了信用证规定的装货港及/或卸货港，

及

Ⅳ 包括仅有一份的正本提单，或如签发一份以上正本时，应包括全套正本提单，

及

Ⅴ 含有全部承运条款或部分承运条款须参阅提单以外的某一出处或文件（简式/背面空白提单）者，银行对此类承运条款的内容不予审核，

及

Ⅵ 未注明受租船合约约束及/或未注明承运船只仅以风帆为动力者，

及

Ⅶ 在其他所有方面均符合信用证规定者。

b. 就本条款而言，转运意指在信用证规定的装货港到卸货港之间的海运过程中，将货物由一艘船卸下再装上另一艘船的运输。

c. 除非信用证禁止转运，只要同一提单包括了海运全程运输，银行将接受注明货物将转运的提单。

d. 即使信用证禁止转运，银行对下列单据予以接受：

Ⅰ 对注明将发生转运者，只要提单证实有关货物已由集装箱、拖车及/或子母船运输，并且同一提单包括海运全程运输，

及/或

Ⅱ 含有承运人声明保留转运权力条款。

第二十四条　非转让的海运单

a. 如信用证要求港至港非转让海运单，除非信用证另有规定，银行将接受下述单据，不论其称谓如何：

Ⅰ 表面注明承运人名称，并已由下列人员签字或以其他方式证实：

——承运人或承运人的具名代理或代表，

或

——船长或船长的具名代理或代表。

承运人或船长的任何签字或证实，必须表明"承运人"或"船长"的身份。代理人代表承运人或船长签字或证实时，也必须表明所代表的委托人的名称和身份，即注明代理人所代表的承运人或船长，

及

Ⅱ 注明货物已装船或已装具名船只。

已装船或已装具名船只，可由非转让海运单上印就的"货物已装上具名船只"或"货物已装具名船只"的词语来表示，在此情况下，非转让海运单的出具日期即视为装船日期与装运日期。

在所有其他情况下，装上具名船只，必须以非转让海运单上注明货物装船日期的批注来证实。在此情况下，装船批注日期即视为装运日期。

如非转让海运单含有"预期船"或类似有关限定船只的词语时，装上具名船只必须由非转让海运单上装船批注来证实，该项装船批注除注明货物已装船日期外，还应包括装货的船名。即使实际装货船只的名称为"预期船"，亦是如此。

如果非转让海运单注明的收货地或接受监管地与装货港不同，已装船批注中仍须注明信

用证规定的装货港和实际装货船名，即使装货船只的名称与非转让海运单上注明的船只一致，亦是如此。本规定适用于由非转让海运单上印就的装船词语来表示装船的任何情况，

及

Ⅲ 注明信用证规定的装货港和卸货港，尽管非转让海运单可能有下述情况：

注明不同于装运港的接受监管地及/或不同于卸货港的最终目的地，

及/或

（b）含有"预期"或类似有关限定装运港及/或卸货港的标注者，只要单据上表示了信用证规定的装运港及/或卸货港，

及

Ⅳ 包括仅有一份的正本非转让海运单，或如签发一份以上正本时，应包括全套正本非转让海运单，及

Ⅴ 含有全部承运条款或部分承运条款须参阅非转让海运单以外的某一出处或文件（简式/背面空白的非转让海运单）者，银行对此类承运条款的内容不予审核。

及

Ⅵ 未注明受租船合约约束及/或未注明承运船只仅以风帆为动力者。

及

Ⅶ 在所有其他方面均符合信用证规定者。

b. 就本条款而言，转运意指在信用证规定的装货港到卸货港之间的海运过程中，将货物由一艘船卸下再装上另一艘船的运输。

c. 除非信用证禁止转运，只要同一非转让海运单包括了海运全程运输，银行将接受注明货物将转运的非转让海运单。

d. 即使信用证禁止转运，银行将接受下列非转让海运单：

Ⅰ 对注明将发生转运者，只要非转让海运单证实有关货物已由集装箱、拖车及/或子母驳船运输，并且同一非转让海运单包括海运全程运输，

及/或

Ⅱ 含有承运人声明保留转运权力的条款者。

第二十五条　租船合约提单

a. 如果信用证要求或允许提交租船合约提单，除非信用证另有规定，银行将接受下述单据，不论其称谓如何：

Ⅰ 含有受租船合约约束的任何批注，

及

Ⅱ 表面上已由下列人员签字或以其他方式证实：

——船长或船长的具名代理或代表，或

——船东或船东的具名代理或代表。

船长或船东的任何签字或证实，必须表明"船长"或"船东"的身份。代理人代表船长或船东签字或证实时，亦须表明所代表的委托人的名称和身份，即注明代理人所代表的船长或船东，及

Ⅲ 注明或不注明承运人的名称，

及

Ⅳ 注明货物已装船或已装具名船只。

已装船或已装具名船只，可由提单上印就"货物已装上具名船只"或"货物已装运具名船只"的词语来表示，在此情况下，提单的出单日期将视为装船日期与装运日期。

在所有其他情况下，装上具名船只，必须以提单上注明的货物装船日期的批注来证实，在此情况下，装船批注日期即视为装运日期，

及

Ⅴ 注明信用证规定的装货港和卸货港，

及

Ⅵ 包括仅有的一份正本提单，或如签发一份以上正本时，应包括全套正本提单，

及

Ⅶ 未注明承运船只仅以风帆为动力者，

及

Ⅷ 在所有其他方面均符合信用证规定者。

b. 即使信用证要求提交与租船合约提单有关的租船合约，银行对该租船合约不予审核，但将予以照转而不承担责任。

第二十六条　多式联运单据

a. 如信用证要求提供至少包括两种不同运输方式（多式联运）的运输单据，除非信用证另有规定，银行将接受下述运输单据，不论其称谓如何：

Ⅰ 表面注明承运人的名称或多式联运经营人的名称，并由下列人员签字或其他方式证实：

——承运人或多式联运经营人，或承运人或多式联运经营人的具名代理或代表，或

——船长或船长的具名代理或代表。

承运人或多式联运经营人或船长的任何签字或证实，必须分别表明"承运人"和"多式联运经营人"或"船长"的身份。代理人代表承运人或多式联运经营人或船长签字或证实时，也必须注明所代表的委托人的名称和身份，即注明代理人所代表的承运人或多式联运经营人或船长，及，

Ⅱ 注明货物已发运、接受监管或已装载者。发运、接受监管或装载，可在多式联运单据上以文字表明，且出单日期即视为发运、接受监管或装载日期及装运日期。然而，如果单据以盖章或其他方式表明发运、接受监管或装载日期，则此类日期即视为装运日期，

及

Ⅲ（a）注明信用证规定的货币接受监管地，该接受监管地可以不同于装货港、装货机场和装货地，及/或注明信用证规定的最终目的地，该最终目的地可以与卸货港、卸货机场或卸货地不同，及/或

（b）含有"预期"或类似限定有关船只及/或装货港及/或卸货港的批注，

及

Ⅳ 包括仅有的一份正本多式联运单据，或如签发一份以上正本时，应包括全套正本多式联运单据，

及

Ⅴ 含有全部承运条款或部分承运条款须参阅多式联运单据以外的某一出处或文件（简式/背面空白的多式联运单据）者，银行对此类承运条款的内容不予审核，

及

Ⅵ 未注明受租船合约约束及/或未注明承运船只仅以风帆为动力者，

及

Ⅶ 在所有其他方面均符合信用证规定者。

b. 即使信用证禁止转运，银行也将接受注明转运将发生或可能发生的多式联运单据，只要同一多式联运单据包括运输全程。

第二十七条　空运单据

a. 如果信用证要求空运单据，除非信用证另有规定，银行将接受下列单据，不论其称谓如何：

Ⅰ 表面注明承运人名称并由下列人员签字或以其他方式证实：

——承运人，

或

——承运人的具名代理或代表。

承运人的任何签字或证实必须表明承运人的身份。代理人代表承运人签字或证实亦须表明所代表的委托人的名称和身份，即表明代理人所代表的承运人，

及

Ⅱ 注明货物已收妥待运。

及

Ⅲ 如信用证要求实际发运日期，应对此日期做出专项批注。在空运单据上如此表示的发运日期，即视为装运日期。

就本条款而言，在空运单据的方格（标明"仅供承运人使用"或类似说明）内所表示的有关航班号和起飞日期的信息不能视为发运日期的专项批注。

在所有其他情况下，签发空运单据的日期即视为装运日期，

及

Ⅳ 注明信用证规定的发运机场及目的地机场。

及

Ⅴ 开始委托人/发货人的正本空运单据,即使信用证规定全套正本,或有类似意义的词语,及

Ⅵ 含有全部承运条款,或其中某些承运条款须参阅空运单以外的某一出处或文件者,银行对此类承运条款的内容将不予审核,

及

Ⅶ 所有其他方面均符合信用证规定。

b. 就本条款而言,转运意指在信用证规定的起飞机场到目的地机场的运输过程中,将货物从一架飞机上卸下再装到另一架飞机上的运输。

c. 即使信用证禁止转运,银行将接受注明将发生或可能发生转运的空运单据,只要是同一空运单据包括运输全程。

第二十八条 公路、铁路或内河运输单据

a. 如果信用证要求公路、铁路或内河运输单据,除非信用证另有规定,银行将接受所要求的类型的运输单据,不论其称谓如何:

Ⅰ 表面注明承运人的名称并且已由承运人或承运人的具名代理或代表签字或以其他方式证实,及/或载有承运人或承运人的具名代理或代表的收妥印章或其他收妥的标志。

承运人的任何签字、证实、收妥印章或其他收妥标志,表面须表明承运人的身份,代表承运人签字或证实的代理人,亦须表明其所代表的委托人的名称和身份,即注明代理人所代表的承运人。

及

Ⅱ 注明货物已收妥待运、发运或承运或类似意义的词语,除非运输单据盖有收妥印章,运输单据的出具日期即视为装运日期。在加盖收妥印章的情况下,盖章的日期即视为装运日期。

及

Ⅲ 注明信用证规定的装运地和目的地。

及

Ⅳ 所有其他方面均符合信用证规定。

b. 如运输单据未注明出具单据的份数,银行将接受所提交的运输单据,并视为全套正本。不论运输单据是否注明为正本,银行将作为正本予以接受。

c. 就本条款而言,转运意指在信用证规定的装运地到目的地之间的运输过程中,以不

同的运输方式，从一种运输工具卸下再装至另一种运输工具的运输。

d. 即使信用证禁止转运，银行也将接受注明将转运或可能发生转运的公路、铁路或内河运输单据，只要运输的全过程包括在同一运输单据内，并使用同一运输方式。

第二十九条　专递及邮政收据

a. 如果信用证要求邮政收据或投递证明，除非信用证另有规定，银行将接受下述邮政收据或投邮证明：

Ⅰ 表面上有信用证规定的装运地或发运地戳记或以其他方式证实并加注日期者，该日期即视为装运或发运日期。

及

Ⅱ 所有其他各方面均符合信用证规定。

b. 如信用证要求由专递或快递机构出具证明收到待运货物的单据，除非信用证另有规定，银行将接受下列单据，不论其称谓如何：

Ⅰ 表面注明专递/快递机构的名称，并由该具名的专递/快递机构盖戳、签字或以其他方式证实的单据（除非信用证特别规定由指定的专递/快递机构出具单据，银行将接受由任何专递/快递机构出具的单据）。

及

Ⅱ 注明取件或收件日期或同义词语者，日期即视为装运或发运日期。

及

Ⅲ 所有其他各方面均符合信用证规定。

第三十条　运输行出具的运输单据

除非信用证另有授权，银行仅接受运输行出具的表面注明下列内容的运输单据：

Ⅰ 注明充当承运人或多式联运经营人的运输行的名称，并由充当承运人或多式联运经营人的运输行签字或以其他方式证实。

或

Ⅱ 注明承运人或多式联运经营人的名称并由作为承运人或多式联运经营人的具名代理或代表的运输行签字或以其他方式证实。

第三十一条　"货装舱面"，"发货人装载并计数"，发货人名称除非信用证加有规定，银行将接受下列运输单据

a. 海运或包括海运在内的一种以上运输方式，未注明货物已装或将装于舱面。然而，

运输单据内有货物可能装于舱面的规定，但未特别注明货物已装舱面或将装舱面，银行对该运输单据予以接受。

及/或

b. 表面含有"发货人装载并计数"或"内容据发货人报称"或类似文字的条款的运输单据，

及/或

Ⅲ 表明以信用证受益人以外的一方为发货人的运输单据。

第三十二条　清洁运输单据

a. 清洁运输单据系指未载有明确宣称货物及/或包装状况有缺陷的条款或批注的运输单据。

b. 除非信用证明确规定可以接受上述条款或批注，银行将不接受载有此类条款或批注的运输单据。

c. 运输单据如符合本条款和第二十三、二十四、二十五、二十六、二十七、二十八或三十条款的规定，银行即视为符合信用证中规定在运输单据上载明"清洁已装船"的要求。

第三十三条　运费到付/运费预付的运输单据

a. 除非信用证另有规定，或与信用证项下所提交的任何单据相抵触，银行将接受表明运费或运输费用（以下统称"运费"）待付的运输单据。

b. 如信用证规定运输单据中必须表明运费付讫或已预付，银行将接受以戳记或其他文字方式清楚地表明运费付讫或已预付的运输单据，或用其他方法表明运费付讫的运输单据。如信用证要求专递费用付讫或预付时，银行也将接受专递或快递机构出具的注明专递费用由收货人以外的一方承担的运输单据。

c. 运输单据上如出现"运费可预付"或"运费应预付"或类似意义的词语，不能视为运费付讫的证明，将不予接受。

d. 银行将接受以戳记或其他方式提及运费以外的附加费用，诸如有关装卸或类似作业所引起的费用或开支的运输单据，除非信用证条款明确禁止接受此类运输单据。

第三十四条　保险

a. 保险单据从其表面上看，必须是由保险公司或承保人或他们的代理人开立及签署的。

b. 除非信用证特别授权，如保险单据表明所出具正本单据系一份以上，则必须提交全部正本保险单据。

c. 除非信用证特别授权，银行将不接受由保险经纪人签发的暂保单。

d. 除非信用证另有规定，银行将接受由保险公司或承保人或他们的代理人预签的预保单项下保险证明或保险声明。虽然信用证特别要求预保单项下保险证明或保险声明，银行仍可接受保险单以取代前述保险证明和保险声明。

e. 除非信用证另有规定，或除非保险单据表明保险责任最迟于装船或发运或接受监管日起生效，银行对载明签发日期迟于运输单据注明的装船或发动或接受监管日期的保险单据将不予接受。

f. Ⅰ 除非信用证另有规定，保险单据必须使用与信用证相同的货币。

Ⅱ 除非信用证另有规定，保险单必须表明的最低投保金额，应为货物的 CIF 价（成本、保险费和运费……"指定目的港"）或 CIP 价（运费和保险费付至……"指定目的地，'）之金额加 10％，但这仅限于能从单据表面确定 CIF 或 CIP 价值的情况。否则，银行将接受的最低投保金额为信用证要求付款、承兑或议付金额的 110％，或发票毛值的 110％，两者之中取金额较大者。

第三十五条　投保险别

a. 信用证应规定所需投保险别的种类，以及必要的附加险别。诸如"通常险别"或"惯常险别"这类意义不明确的条文不应使用。如使用此类条文，银行当按照所提交的保险单据予以接受，并对未经投保的任何险别不予负责。

b. 如信用证无特别规定，银行当按照所提交的保险单据予以接受，并对未经投保的任何险别不予负责。

c. 除非信用证另有规定，银行将接受证明受免赔率或免赔额约束的保险单据。

第三十六条　投保一切险

当信用证规定"投保一切险"时，银行将接受含有任何"一切险"批注或条款的保险单据，不论其有无"一切险"标题，甚至表明不包括某种险别。银行对未经投保的任何险别不予负责。

第三十七条　商业发票

a. 除非信用证另有规定，商业发票：

Ⅰ 必须表明系由信用证中指定的受益人出具（第四十八条所规定者除外）。

及

Ⅱ 必须做成以申请人的名称为抬头（第四十八条（b）款所规定者除外）。

Ⅲ 无需签字。

b. 除非信用证另有规定，银行可拒绝接受金额超过信用证所允许的金额的商业发票。

但是，如信用证项下被授权付款、承担延期付款责任、承兑汇票或议付的银行，一旦接受此类发票，只要该银行所做出的付款、承担延期付款责任、已承兑汇票或已议付的金额没有超过信用证所允许的金额，则此项决定对各有关方面均具有约束力。

c. 商业发票中的货物描述，必须与信用证规定相符。其他一切单据则可使用货物统称，但不得与信用证规定的货物描述有抵触。

第三十八条　其他单据

在采用海运以外的运输情况下，如信用证要求重量证明，除非信用证明确规定对此项重量证明必须另行提供单据外，银行将接受承运人或其代理人附加于运输单据上的重量戳记或重量声明。

第三十九条　信用证金额、数量和单价的增减幅度

a. 凡"约"、"大概"、"大约"或类似的词语，用于信用证、数量和单价时，应解释为有关金额、数量或单价不超过 10％ 的增减幅度。

b. 除非信用证规定货物的指定数量不得有增减外，在所支付款项不超过信用证金额的条件下，货物数量准许有 5％ 的增减幅度。但是，当信用证规定数量以单位或个数计数时，此项增减幅度则不适用。

c. 除非禁止分批装运的信用证另有规定或已适用本条 b. 款者，当信用证对货物的数量有规定，且货物已全数装运，以及当信用证对单价有规定，而此单价又未降低的条件下，允许支取的金额有 5％ 的减幅。如信用证已利用本条 a. 款提到的词语，则本规定不适用。

第四十条　分批装运/分批支款

a. 除非信用证另有规定，允许分批支款及/或分批装运。

b. 运输单据表面注明货物系使用同一运输工具并经同一路线运输的，即使每套运输单据注明的装运日期不同及/或装货港、接受监管地、发运地不同，只要运输单据注明的目的地相同，也不视为分批装运。

c. 货物经寄或专递发运，如邮政收据或投邮证明或专递收据或发运通知，是在信用证规定的发货地加盖戳记、或签署、或以其他方式证实并且日期相同，则不视为分批装运。

第四十一条　分期装运/分期支款

信用证规定在指定的不同期限内分期支款及/或分期装运，如其中任何一期未按信用证所规定的期限支款及/或装运，则信用证对该期及以后各期均视为无效，信用证另有规定者除外。

第四十二条　到期日及交单地点

a. 所有信用证均须规定一个到期日及一个付款、承兑的交单地点。对议付信用证尚须规定一个议付交单地点，但自由议付信用证除外。规定的付款、承兑或议付的到期日，将视为提交单据的到期日。

b. 除第四十四条 a. 款规定外，必须于到期日或到期日之前提交单据。

c. 如开证行注明信用证的有效期限为"一个月"、"六个月"或类似规定，但未指明自何日起算，开证行开立信用证的日期即视为起算日。银行应避免用此种方式注明信用证的到期日。

第四十三条　对到期日的限制

a. 除规定的一个交单到期日外，凡要求提交运输单据的信用证，还须规定一个在装运日后按信用证规定必须交单的特定期限。如未规定该期限，银行将不接受迟于装运日期后二十一天提交的单据。但无论如何，提交单据不得迟于信用证的到期日。

b. 如第四十条 b. 款适用，则所提交的任一运输单据上的最迟装运日期即视为装运日期。

第四十四条　到期日的顺延

a. 如信用证的到期日及/或信用证规定的交单期限，或第四十三条规定所适用的交单的期限最后一天，适逢接受单据的银行因第十七条规定以外的原因而中止营业，则规定的到期日及/或装运日后一定期限内交单的最后一天，将顺延至该银行开业的第一个营业日。

b. 最迟装运日期不得按照本条 a. 款对到期日及/或装运日后交单期限的顺延为由而顺延。如信用证或修改未规定最迟装运日期，银行将不接受表明装运日期迟于信用证或修改规定的到期日的运输单据。

c. 于顺延后的第一个营业日接受单据的银行，必须申明该单据系根据跟单信用证统一惯例，1993 年修订本，国际商会第 500 号出版物第四十四条 a. 款所规定的顺延期限内提交的。

第四十五条　交单时间

银行在其营业时间以外，没有接受提交单据的义务。

第四十六条　对装运日期的一般用语

a. 除非信用证另有规定，凡用于规定最早及/或最迟装运日期的"装运"一词的含义，应理解为包括诸如"装船"、"发运"、"收妥备运"、"邮政收据日期"、"取件日期",及类似表示,如信用证要求多式联运单据,还包括"接受监管"。

b. 不应使用诸如:"迅速"、"立即"、"尽快"之类词语,如使用此类词语,银行将不予置理。

c. 如使用"于或约于"之类词语限定装运日期,银行将视为在所述日期前后各五天内装运,起讫日包括在内。

第四十七条　装运期限的日期用语

a. 诸如"止"、"至"、"直到"、"从"及类似意义的词语用于限定信用证中有关装运的日期或期限时,应理解为包括所述日期。

b. "以后"将理解为不包括所述日期。

c. "上半月"和"下半月"应分别理解为自每月"1 日至 15 日"和"16 日至月末最后一天",包括起讫日。

d. "月初"、"月中"和"月末"应分别理解为每月 1 至 10 日、11 日至 20 日和 21 日至月末最后一天,包括起讫日期。

第四十八条　可转让信用证

a. 可转让信用证系指信用证的受益人(第一受益人)可以要求授权付款、承担延期付款责任、承兑或议付的银行(统称"转让银行")或当信用证是自由议付时,可以要求信用证中特别授权的转让银行,将该信用证全部或部分转让给一个或数个受益人(第二受益人)使用的信用证。

b. 惟有开证行在信用证中明确注明"可转让",信用证方可转让。使用诸如:"可分割"、"可分开"、"可让渡"和"可转移"之类措词,并不能使信用证成为可以转让的。如使用此类措词,可不予以置理。

c. 除非转让银行明确同意其转让范围和转让方式,否则该银行无义务办理转让。

d. 在申请转让时并且在信用证转出之前,第一受益人必须不可撤销地指示转让银行,说明它是否保留拒绝允许转让银行将修改通知给第二受益人的权利。如转让银行同意按此条件办理转让,它必须在办理转让时,将第一受益人关于修改事项的指示通知第二受益人。

e. 如信用证转让给一个以上的第二受益人,其中一个或几个第二受益人拒绝接受信用证的修改,并不影响其他第二受益人接受修改。对拒绝接受修改的第二受益人而言,该信用证视作未被修改。

f. 除非另有约定,转让银行所涉及转让的费用,包括手续费、费用、成本费或其他开支等,应由第一受益人支付,如果转让银行同意转让信用证,在付清此类费用之前,转让银行没有办理转让的义务。

g. 除非信用证另有说明，可转让信用证只能转让一次。因此，第二受益人不得要求将信用证转让给其后的第三受益人，就本条款而言，再转让给第一受益人，不属被禁止转让的范畴。

只要不禁止分批装运/分批支款，可转让信用证可以分为若干部分予以分别转让（但总和不超过信用证金额），这些转让的总和将被认为该证只转让一次。

h. 信用证只能按原证中规定的条款转让，但下列项目除外：

——信用证金额；

——规定的任何单价；

——到期日；

——根据第四十三条确定的最后交单日期；

——装运期限。

以上任何一项或全部均可减少或缩短。

必须投保的保险金额比例可以增加，以满足原信用证或本惯例规定的保额。

此外，可以用第一受益人的名称替代"原信用证"申请人的名称。但是，原证中如明确要求原申请人的名称应在除发票以外的单据上出现时，该项要求亦必须做到。

i. 第一受益人有权用自己的发票（和汇票）替换第二受益人提交的发票（和汇票），其金额不得超过原信用证金额，如信用证对单价有规定，应按原单价出具发票。经过替换发票（和汇票），第一受益人可以在信用证下支取其发票与第二受益人发票间可能产生的差额。

当信用证已经转让，并且第一受益人要提供自己的发票（和汇票）以替换第二受益人的发票（和汇票），但第一受益人未能在首次要求时按此办理，则转让银行有权将所收到的已转让信用证项下的单据，包括第二受益人的发票（和汇票）交给开证行，并不再对第一受益人负责。

j. 除非原信用证明确表明不得在原信用证规定以外的地方办理付款或议付，第一受益人可以要求在信用证的受让地，并在信用证到期日内，对第二受益人履行付款或议付。这样做并不损害第一受益人以自己的发票（和汇票）替换第二受益人的发票（和汇票），并索取两者间应得差额的权利。

第四十九条　款项让渡

信用证未表明可转让，并不影响受益人根据现行法律规定，将信用证项下应得的款项让渡给他人的权利。本条款所涉及的仅是款项的让渡，而不是信用证项下执行权利的让渡。

附录 Ⅲ　联合国国际货物销售合同公约

本公约各缔约国铭记联合国大会第六届特别会议通过的关于建立新的国际经济秩序的各项决议的广泛目标，考虑到在平等互利基础上发展国际贸易是促进各国间友好关系的一个重要因素，认为采用照顾到不同的社会、经济和法律制度的国际货物销售合同统一规则，将有助于减少国际贸易的法律障碍，促进国际贸易的发展，

兹协议如下：

第一部分　适用范围和总则

第一章　适用范围

第一条

（1）本公约适用于营业地在不同国家的当事人之间所订立的货物销售合同：（a）如果这些国家是缔约国；或（b）如果国际私法规则导致适用某一缔约国的法律。

（2）当事人营业地在不同国家的事实，如果从合同或从订立合同之前任何时候或订立合同时，当事人之间的任何交易或当事人透露的情报均看不出，应不予考虑。

（3）在确定本公约的适用时，当事人的国籍和当事人或合同的民事或商业性质，应不予考虑。

第二条

本公约不适用于以下的销售：（a）购供私人、家人或家庭使用的货物的销售，除非卖方在订立合同前任何时候或订立合同时不知道而且没有理由知道这些货物是购供任何这种使用；（b）经由拍卖的销售；（c）根据法律执行令状或其他令状的销售；（d）公债、股票、投资证券、流通票据或货币的销售；（e）船舶、船只、气垫船或飞机的销售；（f）电力的销售。

第三条

（1）供应尚待制造或生产的货物的合同应视为销售合同，除非订购货物的当事人保证供应这种或生产所需的大部分重要材料。

（2）本公约不适用于供应货物一方的绝大部分义务在于供应劳力或其他服务的合同。

第四条

本公约只适用于销售合同的订立和卖方与买方因此种合同而产生的权利和义务。特别是，本公约除非另有明文规定，与以下事项无关：（a）合同的效力，或其任何条款的效力，或任何惯例的效力；（b）合同对所售货物所有权可能产生的影响。

第五条

本公约不适用于卖方给于货物对任何人所造成的死亡或伤害的责任。

第六条

双方当事人可以不适用本公约，或在第十二条的条件下，减损本公约的任何规定或改变其效力。

第二章　总则

第七条

（1）在解释本公约时，应考虑到本公约的国际性质和促进其适用的统一以及在国际贸易上遵守诚信的需要。

（2）凡本公约未明确解决的属于本公约范围的问题，应按照本公约所依据的一般原则来解决，在没有一般原则的情况下，则应按照国际私法规定适用的法律来解决。

第八条

（1）为本公约的目的，一方当事人所作的声明和其他行为，应依照他的意旨解释，如果另一方当事人已知道或者不可能不知道此一意旨。

（2）如果上一款的规定不适用，当事人所作的声明和其他行为，应按照一个与另一方当事人同等资格、通情达理的人处于相同情况中应有的理解来解释。

（3）在确定一方当事人的意旨或一个通情达理的人应有的理解时，应适当地考虑到与事实有关的一切情况，包括谈判情形，当事人之间确立的任何习惯做法、惯例和当事人其后的任何行为。

第九条

（1）双方当事人业已同意的任何惯例和他们之间确立的任何习惯做法，对双方当事人均有约束力。

（2）除非另有协议，双方当事人应视为已默示地同意对他们的合同或合同的订立适用双方当事人已知道或理应知道的惯例，而这种惯例，在国际贸易上，已为有关特定贸易所涉同类合同的当事人所广泛知道并为他们所经常遵守。

第十条

为本公约的目的：（a）如果当事人有一个以上的营业地，则以与合同及合同的履行关系最密切的营业地为其营业地，但要考虑到双方当事人在订立合同前任何时候或订立合同时所知道或所设想的情况；（b）如果当事人没有营业地，则以其惯常居住地为准。

第十一条

销售合同无需以书面订立或书面证明，在形式方面也不受任何其他条件的限制。销售合

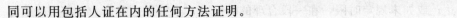

同可以用包括人证在内的任何方法证明。

第十二条

本公约第十一条、第二十九条或第二部分准许销售合同或其更改或根据协议终止，或者任何发价、接受或其他意旨表示得以书面以外任何形式做出的任何规定不适用，如果任何一方当事人的营业地是在已按照本公约第九十六条做出了声明的一个缔约国内。各当事人不得减损本条或改变其效力。

第十三条

为本公约的目的，"书面"包括电报和电传。

第二部分　合同的订立

第十四条

（1）向一个或一个以上特定的人提出的订立合同的建议，如果十分确定并且表明发价人在得到接受时承受约束的意旨，即构成发价。一个建议如果写明货物并且明示或暗示地规定数量和价格或规定如何确定数量和价格，即为十分确定。

（2）非向一个或一个以上特定的人提出的建议，仅应视为邀请做出发价，除非提出建议的人明确地表示相反的意向。

第十五条

（1）发价于送达被发价人时生效。

（2）一项发价，即使是不可撤销的，如果撤回通知于发价送达被发价人之前或同时送达被发价人，得予撤回。

第十六条

（1）在未订立合同之前，如果撤销通知于被发价人发出接受通知之前送达被发价人，发价得予撤销。

（2）但在下列情况下，发价不得撤销：（a）发价写明接受发价的期限或以其他方式表示发价是不可撤销的；或（b）被发价人有理由信赖该项发价是不可撤销的，而且被发价人已本着对该项发价的信赖行事。

第十七条

一项发价，即使是不可撤销的，于拒绝通知送达发价人时终止。

第十八条

（1）被发价人声明或做出其他行为表示同意一项发价，即是接受。缄默或不行动本身不等于接受。

（2）接受发价于表示同意的通知送达发价人时生效。如果表示同意的通知未在发价人所规定的时间内送达；或如未规定时限，在一段合理的时间内，未曾送达发价人，接受就成为无效，但须适当地考虑到交易的情况，包括发价人所使用的通讯方法的迅速程度。对口头发价必须立即接受，但情况有别者不在此限。

（3）但是，如果根据该项发价或依照当事人之间确立的习惯做法或惯例，被发价人可以做出某种行为，例如以发运货物或支付价款有关的行为来表示同意，就无需向发价人发出通知，则接受于该项行为做出时生效，但该项行为必须在上一款所规定的期间内做出。

第十九条

（1）对发价表示接受但载有添加、限制或其他更改的答复，即为拒绝该项发价并构成还价。

（2）但是，对发价表示接受但载有添加或不同条件的答复，如所载的添加或不同条件在实质上并不变更该项发价的条件，除发价人在不过分迟延的期间内以口头或书面通知反对其间的差异外，仍构成接受。如果发价人不做出这种反对，合同的条件就以该项发价的条件以及接受通知内所载的更改为准。

（3）有关货物价格、付款、货物品质和数量、交货地点和时间、一方当事人对另一方当事人的赔偿责任范围或解决争端等等的添加或不同条件，均视为在实质上变更发价的条件。

第二十条

（1）发价人在电报或信件内规定的接受期间，从电报交发时刻或信上载明的发信日期起算，如信上未载明发信日期，则从信封上所载日期起算。发价人以电话、电传或其他快速通讯方法在规定的接受期间，从发价送达被发价人时起算。

（2）在计算接受期间时，接受期间内的正式假日或非营业日应计算在内。但是，由于当天在发价人营业地是正式假日或非营业日使得接受通知在接受期间的最后一天未能送到发价人地址，则接受期间应顺延至下一个营业日。

第二十一条

（1）如果发价人毫不迟延地用口头或书面将此种意见通知被发价人，逾期接受仍有接受的效力。

（2）如果载有逾期接受的信件或其他书面文件表明，它是在传递正常、能及时送达发价人的情况下寄发的，则该项逾期接受具有接受的效力，除非发价人毫不迟延地用口头或书面通知被发价人：他认为他的发价已经失效。

第二十二条

如果撤回通知于接受原应生效之前或同时送达发价人，接受得予撤回。

第二十三条

合同于按照本公约规定对发价的接受生效时订立。

第二十四条

为本公约本部分的目的，发价、接受声明或任何其他意旨表示"送达"对方，系指用口头通知对方或通过任何其他方法送交对方本人，或其营业地或通讯地址，如无营业地或通讯地址，则送交对方惯常居住地。

第三部分　货物销售

第一章　总则

第二十五条

一方当事人违反合同的结果，如使另一方当事人蒙受损害，以致于实际上剥夺了他根据合同规定有权期待得到的东西，即为根本违反合同，除非违反合同一方并不预知而且一个同等资格、通情达理的人处于相同情况中也没有理由预知会发生这种结果。

第二十六条

宣告合同无效的声明，必须向另一方当事人发出通知，方始有效。

第二十七条

除非公约本部分另有明文规定，当事人按照本部分的规定，以适合情况的方法发出任何通知、要求或其他通知后，这种通知如在传递上发生耽搁或错误，或者未能到达，并不使该当事人丧失依靠该项通知的权利。

第二十八条

如果按照本公约的规定，一方当事人有权要求另一方当事人履行某一义务，法院没有义务做出判决，要求其具体履行此一义务，除非法院依照其本国法律对不属本公约范围的类似销售合同愿意这样做。

第二十九条

（1）合同只需双方当事人协议，就可更改或终止。

（2）规定任何更改或根据协议终止必须以书面做出的书面合同，不得以任何其他方式更改或根据协议终止。但是，一方当事人的行为，如经另一方当事人寄以信赖，就不得坚持此项规定。

第二章　卖方的义务

第三十条

卖方必须按照合同和本公约的规定，交付货物，移交一切与货物有关的单据并转移货物所有权。

第一节　交付货物和移交单据

第三十一条

如果卖方没有义务要在任何其他特定地点交付货物，他的交货义务如下：（a）如果销售合同涉及到货物的运输，卖方应把货物移交给第一承运人，以运交给买方；（b）在不属于上一款规定的情况下，如果合同指的是特定货物或从特定存货中提取的或尚待制造或生产的未经特定化的货物，而双方当事人在订立合同时已知道这些货物是在某一特定地点，或将在某一特定地点制造或生产，卖方应在该地点把货物交给买方处置；（c）在其他情况下，卖方应在他于订立合同时的营业地把货物交给买方处置。

第三十二条

（1）如果卖方按照合同或本约的规定将货物交付给承运人，但货物没有以货物上加标记或以装运单据或其他方式清楚地注明有关合同，卖方必须向买方发出列明货物的发货通知。

（2）如果卖方有义务安排货物的运输，他必须订立必要的合同，以按照通常运输条件，用适合情况的运输工具，把货物运到指定地点。

（3）如果卖方没有义务对货物的运输办理保险，他必须在买方提出要求时，向买方提供一切现有的必要资料，使他能够办理这种保险。

第三十三条

卖方必须按以下规定的日期交付货物：（a）如果合同规定有日期，或从合同可以确定日期，应在该日期交货；（b）如果合同规定有一段时间，或从合同可以确定一段时间，除非情况表明应由买方选定一个日期外，应在该段时间内任何时候交货；（c）在其他情况下，应在订立合同后一段合理时间内交货。

第三十四条

如果卖方有义务移交与货物有关的单据，他必须按照合同所规定的时间、地点和方式移交这些单据。如果卖方在那个时间以前已移交这些单据，他可以在那个时间到达前纠正单据中任何不符合同规定的情形，但是，此一权利的行使不得使买方遭受不合理的不便或承担不合理的开支。但是，买方保留本公约所规定的要求损害赔偿的任何权利。

第二节　货物相符与第三方要求

第三十五条

（1）卖方交付的货物必须与合同所规定的数量、品质和规格相符，并须按照合同所规定的方式装箱或包箱。

（2）除双方当事人业已另有协议外，货物除非符合以下规定，否则即为与合同不符：（a）货物适用于同一规格货物通常使用的目的；（b）货物适用于订立合同时曾明示或默示地通知卖方的任何特定目的，除非情况表明买方并不依赖卖方的技能和判断力，或者这种依赖对他是不合理的；（c）货物的品质与卖方向买方提供的货物样品或样式相同；（d）货物按照同类货物通用的方式装箱或包装，如果没有此种通用方式，则按照足以保全和保护货物的方式装箱或包装。

（3）如果买方在订立合同时知道或者不可能不知道货物不符合同，卖方就无需按上一款（a）项至（d）项负有此种不符合同的责任。

第三十六条

（1）卖方应按照合同和本公约的规定，对风险移转到买方时所存在的任何不符合同情形，负有责任，即使这种不符合同情形在该时间后方始明显。

（2）卖方对在上一款所述时间后发生的任何不符合同情形，也应负有责任，如果这种不符合同情形是由于卖方违反他的某项义务所致，包括违反关于在一段时间内货物将继续适用于其通常使用的目的或某种特定目的，或将保持某种特定品质或性质的任何保证。

第三十七条

如果卖方在交货日期前交付货物，他可以在交货日期到达前，交付任何缺漏部分或补足所交付货物的不足数量，或交付用以替换所交付不符合同规定的货物，或对所交付货物中任何不符合同规定的情形做出补救，但是，此一权利的行使不得使买方遭受不合理的不便或承担不合理的开支。同时，买方保留本公约所规定的要求损害赔偿的任何权利。

第三十八条

（1）买方必须在按情况实际可行的最短时间内检验货物或由他人检验货物。

（2）如果合同涉及到货物的运输，检验可推迟到货物到达目的地后进行。

（3）如果货物在运输途中改运或买方需再发运货物，没有合理机会加以检验，而卖方在订立合同时已知道或理应知道这种改运或再发运的可能性，检验可推迟到货物到达新的目的地后进行。

第三十九条

（1）买方对货物不符合同，必须在发现或理应发现不符情形后一段合理时间内通知卖方，说明不符合同情形的性质，否则就丧失声称货物不符合同的权利。

（2）无论如何，如果买方不在实际收到货物之日起两年内将货物不符合同情形通知卖方，他就丧失声称货物不符合同的权利，除非这一时限与合同规定的保证期限不符。

第四十条

如果货物不符合同规定指的是卖方已知道或不可能不知道而又没有告知买方的一些事实，则卖方无权援引第三十八条和第三十九条的规定。

第四十一条

卖方所交付的货物，必须是第三方不能提出任何权利或要求的货物，除非买方同意在这种权利或要求的条件下，收取货物。但是，如果这种权利或要求是以工业产权或其他知识产权为基础的，卖方的义务应依照第四十二条的规定。

第四十二条

（1）卖方所交付的货物，必须是第三方不能根据工业产权或其他知识产权主张任何权利或要求的货物，但以卖方在订立合同时已知道或不可能不知道的权利或要求为限，而且这种权利或要求根据以下国家的法律规定是以工业产权或其他知识产权为基础的：（a）如果双方当事人在订立合同时预期货物将在某一国境内转售或作其他使用，则根据货物将在其境内转售或作其他使用的国家的法律；或者（b）在任何其他情况下，根据买方营业地所在国家的法律。

（2）卖方在上一款中的义务不适用于以下情况：（a）买方在订立合同时已知道或不可能不知道此项权利或要求；或者（b）此项权利或要求的发生，是由于卖方要遵照买方所提供的技术图样、图案、程式或其他规格。

第四十三条

（1）买方如果不在已知道或理应知道第三方的权利或要求后一段合理时间内，将此权利或要求的性质通知卖方，就丧失援引第四十一条或第四十二条规定的权利。

（2）卖方如果知道第三方的权利或要求以及此权利或要求的性质，就无权援引上一款的规定。

第四十四条

尽管有第三十九条第（1）款和第四十三条第（1）款的规定，买方如果对他未发出所需的通知具备合理的理由，仍可按照第五十条规定减低价格，或要求利润损失以外的损害赔偿。

第三节　卖方违反合同的补救办法

第四十五条

（1）如果卖方不履行他在合同和本公约中的任何义务，买方可以：（a）行使第四十六条至第五十二条所规定的权利；（b）按照第七十四条至第七十七条的规定，要求损害赔偿。

（2）买方可能享有的要求损害赔偿的任何权利，不因他行使采取其他补救办法的权利而丧失。

（3）如果买方对违反合同采取某种补救办法，法律或仲裁庭不得给予卖方宽限期。

第四十六条

（1）买方可以要求卖方履行义务，除非买方已采取与此要求相抵触的某种补救办法。

（2）如果货物不符合同，买方只有在此种不符合同情形构成根本违反合同时，才可以要求交付替代货物，而且关于替代货物的要求，必须与依照第三十九条发出的通知同时提出，或者在该项通知发出后一段合理时间内提出。

（3）如果货物不符合同，买方可以要求卖方通过修理对不符合同之处做补救，除非他考虑了所有情况之后，认为这样做是不合理的。修理的要求必须与依照第三十九条发出的通知同时提出，或者在该项通知发出后一段合理时间内提出。

第四十七条

（1）买方可以规定一段合理时限和额外时间，让卖方履行其义务。

（2）除非买方收到卖方的通知，声称他将不在所规定的时间内履行义务，买方在这段时间内不得对违反合同采取任何补救办法。但是，买方并不因此丧失他对迟延履行义务可能享有的要求损害赔偿的任何权利。

第四十八条

（1）在第四十九条的条件下，卖方即使在交货日期之后，仍可自付费用，对任何不履行义务做出补救，但这种补救不得造成不合理的迟延，也不得使买方遭受不合理的不便，或无法确定卖方是否将偿付买方预付的费用。但是，买方保留本公约所规定的要求损害赔偿的任何权利。

（2）如果卖方要求买方表明他是否接受卖方履行义务，而买方不在一段合理时间内对此一要求做出答复，则卖方可以按其要求中所指明的时间履行义务。买方不得在该段时间内采取与卖方履行义务相抵触的任何补救办法。

（3）卖方表明他将在某一特定时间内履行义务的通知，应视为包括根据上一款规定要买方表明决定的要求在内。

（4）卖方按照本条第（2）和第（3）款做出的要求或通知，必须在买方收到后，始产生效力。

第四十九条

（1）买方在以下情况下可以宣告合同无效：（a）卖方不履行其在合同或本公约中的任何义务，等于根本违反合同；或（b）如果发生不交货的情况，卖方不在买方按照第四十七条第（1）款规定的额外时间内交付货物，或卖方声明他将不在所规定的时间内交付货物。

（2）但是，如果卖方已交付货物，买方就丧失宣告合同无效的权利，除非（a）对于迟延交货，他在知道交货后一段合理时间内这样做；（b）对于迟延交货以外的任何违反合同事情：（i）他在已知道或理应知道这种违反合同后一段合理时间内这样做；或（ii）他在卖方按照第四十七条第（1）款规定的任何额外时间满期后，或在卖方声明他将不在这一额外时间履行义务后一段合理时间内这样做；或（iii）他在卖方按照第四十八条第（2）款指明的任何额外时间满期后，或在卖方声明他将不接受买方履行义务后一段合理时间内这样做。

第五十条

如果货物不符合同，不论价款是否已付，买方都可以减低价格，减价按实际交付的货物在交货时的价值与符合合同的货物在当时的价值两者之间的比例计算。但是，如果卖方按照第三十七条或第四十八条的规定对任何不履行义务做出补救，或者买方拒绝接受卖方按照该两条规定履行义务，则买方不得降低价格。

第五十一条

（1）如果卖方只交付一部分货物，或者交付的货物中只有一部分符合合同规定，第四十六条至第五十条的规定适用于缺漏部分及不符合同规定部分的货物。

（2）买方只有在卖方完全不交付货物或不按照合同规定交付货物等于根本违反合同时，才可以宣告整个合同无效。

第五十二条

（1）如果卖方在规定的日期前交付货物，买方可以收取货物，也可以拒绝收取货物。

（2）如果卖方交付的货物数量大于合同规定的数量，买方可以收取也可以拒绝收取多交部分的货物。如果买方收取多交部分货物的全部或一部分，他必须按合同价格付款。

第三章　买方的义务

第五十三条

买方必须按照合同和本公约规定支付货物价款和收取货物。

第一节　支付价款

第五十四条

买方支付价款的义务包括根据合同或任何有关法律和规章规定的步骤和手续，以便支付价款。

第五十五条

如果合同已有效地订立，但没有明示或暗示地规定价格或规定如何确定价格，在没有任何相反表示的情况下，双方当事人应视为已默示地引用订立合同时此种货物在有关贸易的类似情况下销售的通常价格。

第五十六条

如果价格是按货物的重量规定的，如有疑问，应按净重确定。

第五十七条

（1）如果买方没有义务在任何其他特定地点支付价款，他必须在以下地点向卖方支付价款：（a）卖方的营业地；或者（b）如凭移交货物或单据支付价款则为移交货物或单据的地点。

（2）卖方必须承担因其营业地在订立合同后发生变动而增加的支付方面的有关费用。

第五十八条

（1）如果买方没有义务在任何其他特定时间内支付价款，他必须于卖方按照合同和本公约规定将货物或控制货物处置权的单据交给买方处置时支付价款。卖方可以支付价款作为移交货物或单据的条件。

（2）如果合同涉及到货物的运输，卖方可以在支付价款后方可把货物或控制货物处置权的单据移交给买方作为发运货物的条件。

（3）买方在未有机会检验货物前，无义务支付价款，除非这种机会与双方当事人议定的交货或支付程序相抵触。

第五十九条

买方必须按合同和本公约规定的日期或从合同和本公约可以确定的日期支付价款，而无需卖方提出任何要求或办理任何手续。

第二节　收取货物

第六十条

买方收取货物的义务如下：（a）采取一切理应采取的行动，以期卖方能交付货物；和（b）接收货物。

第三节　买方违反合同的补救办法

第六十一条

（1）如果买方不履行他在合同和本公约中的任何义务，卖方可以：（a）行使第六十二条至第六十五条所规定的权利；（b）按照第七十四条至第七十七条的规定，要求损害赔偿。

（2）卖方可能享有的要求损害赔偿的任何权利，不因他行使采取其他补救办法的权利而丧失。

（3）如果卖方对违反合同采取某种补救办法，法院或仲裁庭不得给予买方宽限期。

第六十二条

卖方可以要求买方支付价款、收取货物或履行他的其他义务，除非卖方已采取与此要求相抵触的某种补救办法。

第六十三条

（1）卖方可以规定一段合理时限的额外时间，让买方履行义务。

（2）除非卖方收到买方的通知，声称他将不在所规定的时间内履行义务，卖方不得在这段时间内对违反合同采取任何补救办法。但是，卖方并不因此丧失他对迟延履行义务可能享有的要求损害赔偿的任何权利。

第六十四条

（1）卖方在以下情况下可以宣告合同无效：（a）买方不履行其在合同或本公约中的任何义务，等于根本违反合同；或（b）买方不在卖方按照第六十三条第（1）款规定的额外时间内履行支付价款的义务或收取货物，或买方声明他将不在所规定的时间内这样做。

（2）但是，如果买方已支付价款，卖方就丧失宣告合同无效的权利，除非：（a）对于买方迟延履行义务，他在知道买方履行义务前这样做；或者（b）对于买方迟延履行义务以外的任何违反合同事情：①他在已知道或理应知道这种违反合同后一段合理时间内这样做；或②他在卖方按照第六十三条第（1）款规定的任何额外时间满期后或在买方声明他将不在这一额外时间内履行义务后一段合理时间内这样做。

第六十五条

（1）如果买方应根据合同规定订明货物的形状、大小或其他特征，而他在议定的日期或在收到卖方的要求后一段合理时间内没有订明这些规格，则卖方在不损害其可能享有的任何其他权利的情况下，可以依照他所知的买方的要求，自己订明规格。

（2）如果卖方自己订明规格，也必须把订明规格的细节通知买方，而且必须规定一段合理时间，让买方可以在该段时间内订出不同的规格。如果买方在收到这种通知后没有在该段时间内这样做，卖方所订的规格就具有约束力。

第四章　风险移转

第六十六条

货物在风险移转到买方承担后遗失或损坏，买方支付价款的义务并不因此解除，除非这种遗失或损失是由于卖方的行为或不行为所造成。

第六十七条

（1）如果销售合同涉及到货物的运输，但卖方没有义务在某一特定地点交付货物，自货物按照销售合同交付给第一承运人以转交给买方时起，风险就移转到买方承担。如果卖方有义务在某一特定地点把货物交付给承运人，在货物于该地点交付给承运人以前，风险不移转到买方承担。卖方受权保留控制货物处置权的单据，并不影响风险的移转。

（2）但是，在货物以货物上加标记或以装运单据或向买方发出通知或其他方式清楚地注明有关合同以前，风险不移转到买方承担。

第六十八条

对于在运输途中销售的货物，从订立合同时起，风险就移转到买方承担。但是，如果情况表明有此需要，从货物交付给签发载有运输合同单据的承运人时起，风险由买方承担。尽管如此，如果卖方在订立合同时已知道或理应知道货物已经遗失或损坏，而他又不将这一事实告知买方，则这种遗失或损坏应由卖方负责。

第六十九条

（1）在不属于第六十七条和第六十八条规定的情况下，从买方接收货物时起，或如果买方不在适当时间内这样做，则从货物交给他处置但他不收取货物从而违反合同时起，风险移转到买方承担。

（2）但是，如果买方有义务在卖方营业地以外的某一地点接收货物，当交货时间已到而买方知道货物已在该地点交给他处置时，风险方始移转。

（3）如果合同指的是当时未加识别的货物，则这些货物在未清楚注明有关合同以前，不得视为已交给买方处置。

第七十条

如果卖方已根本违反合同，第六十七条、第六十八条和第六十九条的规定，不损害买方因此种违反合同而可以采取的各种补救办法。

第五章　卖方和买方义务的一般规定

第一节　预期违反合同和分批交货合同

第七十一条

（1）如果订立合同后，另一方当事人由于下列原因显然将不履行其大部分重要义务，一方当事人可以中止履行义务：（a）他履行义务的能力或他的信用有严重缺陷；或（b）他在准备履行合同或履行合同中的行为。

（2）如果卖方在上一款所述的理由明显化以前已将货物发运，他可以阻止将货物交付给买方，即使买方持有其有权获得货物的单据。本款规定只与买方和卖方间对货物的权利有关。

（3）中止履行义务的一方当事人不论是在货物发运前还是发运后，都必须立即通知另一方当事人，如经另一方当事人对履行义务提供充分保证，则他必须继续履行义务。

第七十二条

（1）如果在履行合同日期之前，明显看出一方当事人将根本违反合同，另一方当事人可以宣告合同无效。

（2）如果时间许可，打算宣告合同无效的一方当事人必须向另一方当事人发出合理的通知，使他可以对履行义务提供充分保证。

（3）如果另一方当事人已声明他将不履行其义务，则上一款的规定不适用。

第七十三条

（1）对于分批交付货物的合同，如果一方当事人不履行对任何一批货物的义务，便对该批货物构成根本违反合同，则另一方当事人可以宣告合同对该批货物无效。

（2）如果一方当事人不履行对任何一批货物的义务，使另一方当事人有充分理由断定对今后各批货物将会发生根本违反合同，该另一方当事人可以在一段合理时间内宣告合同今后无效。

（3）买方宣告合同对任何一批货物的交付为无效时，可以同时宣告合同对已交付的或今后交付的各批货物均为无效，如果各批货物是互相依存的，不能单独用于双方当事人在订立合同时所设想的目的。

第二节　损害赔偿

第七十四条

一方当事人违反合同应负的损害赔偿额，应与另一方当事人因他违反合同而遭受的包括利润在内的损失额相等。这种损害赔偿不得超过违反合同一方在订立合同时，依照他当时已知道或理应知道的事实和情况，对违反合同预料到或理应预料到的可能损失。

第七十五条

如果合同被宣告无效，而在宣告无效后一段合理时间内，买方已以合理方式购买替代货物，或者卖方已以合理方式把货物转卖，则要求损害赔偿的一方可以取得合同价格和替代货物交易价格之间的差额以及按照第七十四条规定可以取得的任何其他损害赔偿。

第七十六条

（1）如果合同被宣告无效，而货物又有时价，要求损害赔偿的一方，如果没有根据第七十五条规定进行购买或转卖，则可以取得合同规定的价格和宣告合同无效时的时价之间的差额以及按照第七十四条规定可以取得的任何其他损害赔偿。但是，如果要求损害赔偿的一方在接收货物之后宣告合同无效，则应适用接收货物时的时价，而不适用宣告合同无效时的时价。

（2）为上一款的目的，时价指原应交付货物地点的现行价格，如果该地点没有时价，则指另一合理替代地点的价格，但应适当地考虑货物运费的差额。

第七十七条

声称另一方违反合同的一方，必须按情况采取合理措施，减轻由于该另一方违反合同而引起的损失，包括利润方面的损失。如果他不采取这种措施，违反合同一方可以要求从损害赔偿中扣除原可以减轻的损失数额。

第三节　利息

第七十八条

如果一方当事人没有支付价款或任何其他拖欠金额，另一方当事人有权对这些款额收取利息，但不妨碍要求按照第七十四条规定可以取得的损害赔偿。

第四节　免责

第七十九条

（1）当事人对不履行义务，不负责任，如果他能证明此种不履行义务，是由于某种非他所能控制的障碍，而且对于这种障碍，没有理由预期他在订立合同时能考虑到或能避免或克服它或它的后果。

（2）如果当事人不履行义务是由于他所雇佣履行合同的全部或一部分规定的第三方不履行义务所致，该当事人只有在以下情况下才能免除责任：（a）他按照上一款的规定应免除责任，和（b）假如该款的规定也适用于所雇佣的人，这个人也同样会免除责任。

（3）本条所规定的免责对障碍存在的期间有效。

（4）不履行义务的一方必须将障碍及其对他履行义务能力的影响通知另一方。如果该项通知在不履行义务的一方已知道或理应知道此一障碍后一段合理时间内仍未为另一方收到通知而造成的损害应负赔偿责任。

（5）本条规定不妨碍任何一方行使本公约规定的要求损害赔偿以外的任何权利。

第八十条

一方当事人因其行为或不行为而使得另一方当事人不履行义务时，不得声称该另一方当事人不履行义务。

第五节　宣告合同无效的效果

第八十一条

（1）宣告合同无效解除了双方在合同中的义务，但应负责的任何损害赔偿仍应负责。宣告合同无效不影响合同中关于解决争端的任何规定，也不影响合同中关于双方在宣告合同无效后权利和义务的任何其他规定。

（2）已全部或局部履行合同的一方，可以要求另一方归还他按照合同供应的货物或支付的价款。如果双方都需归还，他们必须同时这样做。

第八十二条

（1）买方如果不可能按实际收到货物的原状归还货物，他就丧失宣告合同无效或要求卖方支付替代货物的权利。

（2）上一款的规定不适用于以下情况：（a）如果不可能归还货物或不可能按实际收到货物原状归还货物，并非由于买方的行为或不行为所造成；或者（b）如果货物或其中一部分的毁灭或变坏，是由于按照第三十八条规定进行检验所致；或者（c）如果货物或其中一部分，在买方发现或理应发现与合同不符以前，已为买方在正常营业过程中售出，或在正常使用过程中消费或改变。

第八十三条

买方虽然依第八十二条规定丧失宣告合同无效或要求卖方交付替代货物的权利，但是根据合同和本公约规定，他仍保有采取一切其他补救办法的权利。

第八十四条

（1）如果卖方有义务归还价款，他必须同时从支付价款之日起支付价款利息。

（2）在以下情况下，买方必须向卖方说明他从货物或其中一部分得到的一切利益：（a）如果他必须归还货物或其中一部分；或者（b）如果他不可能归还全部或一部分货物，或不可能按实际收到货物的原状归还全部或一部分货物，但他已宣告合同无效或已要求卖方交付替代货物。

第六节　保全货物

第八十五条

如果买方推迟收取货物，或在支付价款和交付货物应同时履行时，买方没有支付价款，而卖方仍拥有这些货物或仍能控制这些货物的处置权，卖方必须按情况采取合理措施，以保全货物。他有权保全这些货物，直至买方把他所付的合理费用偿还给他为止。

第八十六条

（1）如果买方已收到货物，但打算行使合同或本公约规定的任何权利，把货物退回，他必须按情况采取合理措施，以保全货物。他有权保全这些货物，直至卖方把他所付的合理费用偿还给他为止。

（2）如果发运给买方的货物已到达目的地，并交给买方处置，而买方行使退货权利，则买方必须代表卖方收取货物，除非他这样做需要支付价款而且会使他遭受不合理的不便或需承担不合理的费用。如果卖方或授权代表他掌管货物的人也在目的地，则此一规定不适用。如果买方根据本款规定收取货物，他的权利和义务与上一款所规定的相同。

第八十七条

有义务采取措施以保全货物的一方当事人，可以把货物寄放在第三方的仓库，由另一方当事人担负费用，但该项费用必须合理。

第八十八条

（1）如果另一方当事人在收取货物或收回货物或支付价款或保全货物费用方面有不合理的迟延，按照第八十五条或第八十六条规定有义务保全货物的一方当事人，可以采取任何适当办法，把货物出售，但必须事前向另一方当事人发出合理的意向通知。

（2）如果货物易于迅速变坏，或者货物的保全牵涉到不合理的费用，则按照第八十五条或第八十六条规定有义务保全货物的一方当事人，必须采取合理措施，把货物出售。在可能的范围内，他必须把出售货物的打算通知另一方当事人。

（3）出售货物的一方当事人，有权从销售所得收入中扣回为保全货物和销售货物而付的合理费用。他必须向另一方当事人说明所余款项。

第四部分　最后条款

第八十九条

兹指定联合国秘书长为本公约保管人。

第九十条

本公约不优于业已缔结或可能缔结并载有与属于本公约范围内事项有关的条款的任何国际协定，但以双方当事人的营业地均在这种协定的缔约国内为限。

第九十一条

（1）本公约在联合国国际货物销售合同会议闭幕会议上开放签字，并在纽约联合国总部继续开放签字，直至一九八一年九月三十日为止。

（2）本公约须经签字国批准、接受或核准。

（3）本公约从开放签字之日起开放给所有非签字国加入。

（4）批准书、接受书、核准书和加入书应送交联合国秘书长存放。

第九十二条

（1）缔约国可在签字、批准、接受、核准或加入时声明它不受本公约第二部分的约束或不受本公约第三部分的约束。

（2）按照上一款规定就本公约第二部分或第三部分做出声明的缔约国，在该声明适用的部分所规定事项上，不得视为本公约第一条第（1）款范围内的缔约国。

第九十三条

（1）如果缔约国具有两个或两个以上的领土单位，而依照该国宪法规定，各领土单位对本公约所规定的事项适用不同的法律制度，则该国得在签字、批准、接受、核准或加入时声明本公约适用于该国全部领土单位或仅适用于其中的一个或数个领土单位，并且可以随时提出另一声明来修改其所做的声明。

（2）此种声明应通知保管人，并且明确地说明适用本公约的领土单位。

（3）如果根据按本条做出的声明，本公约适用于缔约国的一个或数个但不是全部领土单位，而且一方当事人的营业地位于该缔约国内，则为本公约的目的，该营业地除非位于本公约适用的领土单位内，否则视为不在缔约国内。

（4）如果缔约国没有按照本条第（1）款做出声明，则本公约适用于该国所有领土单位。

第九十四条

（1）对属于本公约范围的事项具有相同或非常近似的法律规则的两个或两个以上的缔约国，可随时声明本公约不适用于营业地在这些缔约国内的当事人之间的销售合同，也不适用于这些合同的订立。此种声明可联合做出，也可以相互单方面声明的方式做出。

（2）对属于本公约范围的事项具有与一个或一个以上非缔约国相同或非常近似的法律规则的缔约国，可随时声明本公约不适用于营业地在这些非缔约国内的当事人之间的销售合同，也不适用于这些合同的订立。

（3）作为根据上一款所做声明对象的国家如果后来成为缔约国，这项声明从本公约对该新缔约国生效之日起，具有根据第（1）款所做声明的效力，但以该新缔约国加入这项声明，或做出相互单方面声明为限。

第九十五条

任何国家在交存其批准书、接受书、核准书或加入书时，可声明它不受本公约第一条第（1）款（b）项的约束。

第九十六条

本国法律规定销售合同必须以书面订立或书面证明的缔约国，可以随时按照第十二条的规定，声明本公约第十一条、第二十九条或第二部分准许销售合同或其更改或根据协议终止，或者任何发价、接受或其他意旨表示得以书面以外任何形式做出的任何规定不适用，如果任何一方当事人的营业地是在该缔约国内。

第九十七条

（1）根据本公约规定在签字时做出的声明，须在批准、接受或核准时加以确认。

（2）声明和声明的确认，应以书面提出并应正式通知保管人。

（3）声明在本公约对有关国家开始生效时同时生效。但是，保管人于此种生效后收到正式通知的声明，应于保管人收到声明之日起六个月后的第一个月第一天生效。根据第九十四条规定做出的相互单方面声明，应于保管人收到最后一份声明之日起六个月后的第一个月第一天生效。

（4）根据本公约规定做出声明的任何国家可以随时用书面正式通知保管人撤回该项声明。此种撤回于保管人收到通知之日起六个月后的第一个月第一天生效。

（5）撤回根据第九十四条做出的声明，自撤回生效之日起，就会使另一个国家根据该条所作的任何相互声明失效。

第九十八条

除本公约明文许可的保留外，不得作任何保留。

第九十九条

（1）在本条第（6）款规定的条件下，本公约在第十件批准书、接受书、核准书或加入书、包括载有根据第九十二条规定做出的声明的协议书交存之日起十二个月后的第一个月第一天生效。

（2）在本条第（6）款规定的条件下，对于在第十件批准书、接受书、核准书或加入书交存后才批准、接受、核准或加入本公约的国家，本公约在该国交存其批准书、接受书、核准书或加入书之日起十二个月后的第一个月第一天对该国生效，但不适用的部分除外。

（3）批准、接受、核准或加入本公约的国家，如果是一九六四年七月一日在海牙签订的《关于国际货物销售合同的订立统一法公约》（《一九六四年海牙订立合同公约》）和一九六四年七月一日在海牙签订的《关于国际货物销售统一法的公约》（《一九六四年海牙货物销售公约》）中一项或两项公约的缔约国，应按情况同时通知荷兰政府声明退出《一九六四年海牙货物销售公约》或《一九六四年海牙订立合同公约》或退出该两公约。

（4）凡为《一九六四年海牙货物销售公约》缔约国并批准、接受、核准或加入本公约和根据第九十二条规定声明或业已声明不受本公约第二部分约束的国家，应于批准、接受、核准或加入时通知荷兰政府声明退出《一九六四年海牙货物销售公约》。

（5）凡为《一九六四年海牙订立合同公约》缔约国并批准、接受、核准或加入本公约和根据第九十二条规定声明或业已声明不受本公约第三部分约束的国家，应于批准、接受、核准或加入时通知荷兰政府声明退出《一九六四年海牙订立合同公约》。

（6）为本条的目的，《一九六四年海牙订立合同公约》或《一九六四年海牙货物销售公约》的缔约国批准、接受、核准或加入本公约，应在这些国家按照规定退出该两公约生效后方始生效。本公约保管人应与一九六四年两公约的保管人——荷兰政府进行协商，以确保在这方面进行必要的协调。

第一零零条

（1）本公约适用于合同的订立，只要订立合同的建议是在本公约对第一条第（1）款（a）项所指缔约国或第一条第（1）款（b）项所指缔约国生效之日或其后做出的。

（2）本公约只适用于在它对第一条第（1）款（a）项所指缔约国或第一条第（1）款（b）项所指缔约国生效之日或其后订立的合同。

第一零一条

（1）缔约国可以用书面正式通知保管人声明退出本公约，或退出本公约第二部分或第三部分。

（2）退出于保管人收到通知十二个月后的第一个月第一天起生效。凡通知内订明一段退出生效的更长时间，则退出于保管人收到通知后该段更长时间满时起生效。

1984 年 4 月 11 日订于维也纳，正本一份，其阿拉伯文本、中文本、英文本、法文本、俄文本和西班牙文本都具有同等效力。

参考文献

1 黎孝先．国际贸易实务．北京：对外经贸大学出版社，2003

2 刘文广．国际贸易实务．北京：高等教育出版社，2002

3 周玮．国际贸易结算单据．广州：广东经济出版社，2002

4 尹哲．国际贸易单证流转实务．北京：中国轻工业出版社，2004

5 袁永友．国际贸易实务案例分析．武汉：湖北人民出版社，1999

6 吴伯福．进出口贸易实务教程．上海：上海人民出版社，2000

7 王宗湖．对外贸易综合技能教程．北京：对外经贸大学出版社，2000

8 陈晶莹．2000 年国际贸易术语解释通则解释与应用．北京：对外经贸大学出版社，2000

9 金乐闻．国际货运代理实务．北京：对外经贸大学出版社，2000

10 石玉川．国际结算惯例及案例．北京：对外经贸大学出版社，1998